Orlock   Bereit für die Unsterblichkeit?

Das Ziel des Lebens ist: jung zu sterben – so spät wie möglich.
Ashley Montagu

Inhalt

Vorwort

Stellen Sie sich einen milden, sonnigen Frühlingstag vor. Sie sitzen während Ihrer Mittagspause im Park, beobachten die Leute: die Mütter und ihren Nachwuchs, der im Sandkasten spielt, die Sonnenanbeter, die Jogger und die zwei alten Männer, die unter dem schimmernden Blätterdach einer Weide Schach spielen.

Die beiden Männer haben interessante Gesichter. Sie beugen sich über ein Schachbrett mit schwarzen und roten Feldern, die Augenbrauen konzentriert zusammengezogen. Doch nach jedem Zug blitzt es in ihren Augen, wenn sie aufblicken. So sollte Alter sein, denken Sie bei sich. Es sollte eine Zeit für Vergnügen sein, die sich Berufstätige mit Achtstundentag nicht leisten können. Es sollte anregend sein, vielleicht mit gesunder Rivalität beim Schach. Gleichzeitig hoffen Sie, im Alter so weise zu werden, daß Sie das Spiel, daß Sie das ganze Leben nicht zu ernst nehmen.

Der eine Mann läßt eine Figur auf das Brett plumpsen und räumt dann eine Handvoll gegnerischer Spielfiguren ab. Sein Lächeln steigert sich zu einem triumphierenden Grinsen. Das Spiel ist beendet, die beiden packen das Schachspiel ein und verstauen es in einer Einkaufstasche. Dann versuchen sie, sich zu erheben.

Noch bevor die beiden Männer aufrecht stehen, revidieren Sie Ihr Urteil über die späteren Lebensjahre. Das rosige Bild, das Sie sich gemacht hatten, bekommt scharfe Schwarzweißkontraste. Die gebeugte Haltung, die Ihnen bei den sitzenden Männern als Zeichen der Konzentration erschien, stellt sich beim Stehen als Buckel heraus. Die Furchen zwischen den Brauen, die Sie fälschlich gesteigerter Aufmerksamkeit zuschrieben, sind in Wirklichkeit unabänderlich als tiefe Falten ins Gesicht gegraben. Von Falten durchzogen sind auch die Wangen der Männer und die Haut an ihren Hälsen. Und sogar die Hand, die die Tasche mit der nur leichtgewichtigen Last trägt, zittert unter der Mühe des Festhaltens. Die beiden Männer, die auf den ersten Blick nicht älter als fünfundsechzig zu sein schienen, stolpern aufeinander zu, um sich per Handschlag zu verabschieden.

Die Weisheit in ihrem Blick bleibt, und sie winken einander zu. Schlurfend gehen sie in verschiedene Richtungen auseinander, als trügen sie zu große Pantoffel.

Weisheit wäre fabelhaft, aber den Rest können Sie vergessen. Insgesamt ist Altwerden alles andere als erfreulich. Dann fällt Ihnen ein, daß diese Dinge auch Ihnen eines Tages blühen werden. Plötzlich frösteln Sie trotz des warmen Frühlingstags.

Es ist Zeit, daß Sie sich aufraffen und ins Büro zurückeilen. Sie sind tatsächlich schon spät dran, aber während Sie den Weg entlanghasten, registrieren Sie – zur Unzeit –, daß auch Ihr Körper nicht mehr ist, was er mal war. Sie haben nicht gehört, daß sich hinter Ihnen jemand auf dem Pflaster näherte, aber ein Schrei des Radlers, der fast in Sie hineingefahren wäre, läßt Sie zur Seite springen. Diese jungen Leute, denken Sie, die flitzen hier viel zu schnell. Wenn der Radler nun einen der alten Schachspieler erwischt hätte?

Während Sie mühsam Ihr Gleichgewicht finden, blicken Sie dem davonrasenden Teufelskerl nach. Der kein Jugendlicher ist. Tatsächlich dürfte der Mann, bedenkt man den weißen Haarkranz um den sonst kahlen Schädel, die aus dem gestreiften Renntrikot ragenden leberfleckigen Arme und die dünnen muskulösen Beine, in den Siebzigern sein. Kräftig tritt der »Opa« in die Pedale seines alten Rennrads und überholt eine Gruppe Zehnjähriger, die ein Wettrennen auf Inline-Skates veranstalten. Der Radler flitzt um eine Kurve, und weg ist er.

Und mit ihm verschwindet jede Gewißheit, die Sie über das Alter zu haben glaubten. Vielleicht wäre es nicht so schlimm, siebzig zu sein, wenn Sie auf diese Weise altern würden.

Aber ist das möglich? Wird es auf Sie zutreffen? Und gesetzt den Fall, Sie und Ihre Altersgenossinnen könnten mit Anmut *und* Lebensfreude altern, was würde aus der gängigen Vorstellung vom Alter?

Mit jedem Jahr, das vorübergeht, werden die Antworten auf diese Fragen klarer. Davon – und von Ihnen – handelt dieses Buch. Ob Sie altern werden wie Ihre Eltern und Großeltern oder ob Sie Ihre späten Lebensjahre ganz anders erleben werden, das hängt von Hunderten von Forschungslaboratorien weltweit ab.

Neue Erkenntnisse der Medizin und der biologischen Grundlagenforschung vermitteln uns wichtige Einsichten in die Natur des Alterns. Theorien werden entwickelt und Erkenntnisse gewonnen, wie Altern vor sich geht, warum wir altern und was sich dagegen tun läßt. Derweil untersuchen andere Forscher und Denker, welche gesellschaftlichen Folgen es hätte, wenn hohes Alter nicht länger auch schlechte Gesundheit bedeutete.

In den letzten hundert Jahren ist es gelungen, die durch Krankheiten und hohe Sterblichkeit gefährdete Kindheit zu einem Lebensabschnitt voller Gesundheit und Vitalität zu wandeln. Ähnlich werden viele von uns vielleicht den Tag erleben, da hohes Alter eher ein Hauptgewinn des Lebens als bloß ein Trostpreis sein wird. Wenn das geschieht, können wir uns darauf freuen, auf unseren Rennrädern – natürlich mit halsbrecherischem Tempo – bergan zu fahren.

Einleitung: eine Frage der Zeit

Möchten Sie hundert Jahre alt werden? Nur wenige Menschen würden diese Frage spontan mit Ja beantworten, obwohl sie das Leben über alles schätzen. Die meisten sagen: »Kommt darauf an.« Dann fangen sie an, ihre *Wenns* aufzuzählen. Natürlich würden sie sich gern mehr von dem kostbarsten Gut der Welt wünschen, aber nur unter bestimmten Bedingungen.

Wir wollen gern weitere sechzig oder siebzig Jahre leben, wenn die Augen uns nicht im Stich lassen, wenn wir noch gut zu Fuß sind, wenn das Herz so leistungsfähig bleibt wie bisher. Und wenn wir schon beim Wünschen sind, wir möchten auch im Alter körperlich einigermaßen attraktiv bleiben, unsere intellektuellen Fähigkeiten bewahren und das Herzklopfen des Begehrens noch in uns spüren.

Kurz und gut – nachdem wir erwachsen geworden sind und Generationen vor uns altern sahen, würden wir wohl freudig ja zu einem etwas längeren Leben sagen, aber nur unter ziemlich rigorosen Bedingungen – Bedingungen, von denen wir realistischerweise nicht erwarten, daß sie erfüllt werden. Wir möchten viele Jahre leben, freilich ohne zu altern.

Tatsache ist, daß viele von uns, böte man ihnen zusätzliche fünfzig oder sechzig Lebensjahre unter der Bedingung »Jetzt oder nie!«, statt dessen lieber Kredit hätten. Das zusätzliche halbe Jahrhundert möchten wir aufsparen und zu einem späteren Zeitpunkt darauf zurückgreifen – wenn das Angebot besser wäre, wenn ein Großteil der fundamentalen Probleme des Alterns gelöst sein würde. Dann könnten wir weiter leben, ohne den Preis für den körperlichen Verfall zahlen zu müssen, der uns mit zunehmendem Alter droht: faltige Haut, verlangsamter Gang, verringerte Kraft und eine Fülle von anderen Beschwerden. Es wäre uns lieber, wenn unser Immunsystem stark bliebe, unser Gedächtnis weiterhin rasiermesserscharf funktionierte, unsere Reflexe blitzschnell blieben und auch unsere Haare nicht ergrauten. Natürlich würden wir unser Zeitguthaben möglichst lange aufsparen wollen, vielleicht über den Zeitpunkt unseres Todes hinaus.

Wahrscheinlich wären wir im Irrtum. Während wir davon ausgehen, daß alle vom Alter wie vom Wetter reden, aber niemand was dagegen tut, mag dieser Fatalismus vielleicht bald nur noch auf das Wetter zutreffen. Auf die uralte Frage, wie das Alter zu besiegen sei, gibt es inzwischen einige vielversprechende Antworten.

In nicht allzu ferner Zukunft wird ein junger Mann das Alter zwischen zwanzig und vierzig Jahren vielleicht als eine Periode betrachten, durch die er durch muß, bis mit fünfzig oder später das wirkliche Leben beginnt. Eine Frau in den Vierzigern mag sich dann körperlich und psychisch wie eine flotte Siebzehnjährige fühlen, da die eigentliche Blüte ihres Lebens erst in den Sechzigern oder Siebzigern beginnt.

Viele Menschen können sich ein solches Szenario nicht vorstellen. Für andere wiederum ist es nur eine Frage der Zeit. Sie erkennen, daß im Laufe der Geschichte viele Dinge für unmöglich galten, bloß weil sie nicht vorstellbar waren. Sobald wir lernen, uns etwas bildlich vorzustellen, finden wir bald heraus, wie es zu realisieren ist. Um ein Gefühl dafür zu bekommen, welche neuen Vorstellungen vom Alter bereits existieren und wie man glaubt, es aufhalten zu können, wollen wir uns ansehen, wie sich die wissenschaftliche Auffassung vom Alter im Laufe der Zeit gewandelt hat.

Die Zeiten ändern sich ...

Angenommen, Sie fühlten sich ein bißchen alt für Ihre Jahre und lebten im sechzehnten Jahrhundert, dann würden Sie vielleicht den Jungbrunnen suchen. Es geht die Sage um, er solle sich mitten im indischen Dschungel befinden, wo immer das sein mag. Nehmen wir mal an, Sie wären bis nach Indien gelangt und hätten den richtigen Brunnen gefunden, dann hätten Sie immer noch die Gefahren jener Zeit zu gewärtigen. Auf der Heimreise, die Sie jugendfrisch und beglückt über Ihre Entdeckung antreten würden, könnten Sie von marodierenden Räubern überfallen und ausgeplündert werden, von wilden Tieren angegriffen werden oder einer der vielen Krankheiten, gegen die es noch keine Impfung gibt, zum Opfer fallen. Die Jugend verleiht zwar Kräfte, macht aber ärgerlicherweise keineswegs unbesiegbar.

Vielleicht zögen Sie es auch vor, daheim zu bleiben und dort nach der ewigen Jugend zu suchen. Sofern Ihr Einkommen es gestattete und Ihre Heimstatt über genügend Zimmer verfügte, könnten Sie den Rat eines Alchimisten befolgen. Dazu benötigen Sie ein kleines, gut isoliertes Schlafgemach mit fünf Betten, in denen fünf Jungfrauen nächtigen – sie sollten möglichst noch keine dreizehn Jahre zählen. Im Monat Mai sollte, während die Mägdlein schlummern, ihr feuchter Atem aufgefangen und an der Wandung einer gläsernen Flasche kondensiert werden (der lange Flaschenhals wird zu diesem Zweck durch ein kleines Loch in der Wand ins Jungfrauengemach geschoben). Nur wenige Tropfen dieses konzentrierten Elixiers, das als »sehr dickflüssiges Wasser« beschrieben wird, sollen alle Gebrechen heilen. Das Elixier, hieß es, vertreibe jegliche Krankheit und gebe einem »animalische Kraft« zurück.

Die Geschichte läßt offen, ob die Theorie von dem jungfräulichen Fluidum in der Praxis funktionierte. Die Methode erscheint fragwürdig. Den besten Beweis für ihre Mängel liefert das zwanzigste Jahrhundert, denn auch heute noch forschen Wissenschaftler weiterhin nach dem Jungbrunnen oder vielleicht nach vollkommenen Jungfrauen. Von der griechischen Antike bis in unsere Zeit wurde unermüdlich nach Möglichkeiten gesucht, dem Altern Paroli zu bieten.

Erst neuerdings zeichnen sich positive Ergebnisse ab. Eine Erfolgsstory wurde im Jahr 1990 aus Milwaukee, im US-Staat Wisconsin, berichtet. Ein Wissenschaftler bot einem Dutzend freiwilliger Versuchspersonen die Gelegenheit, ein neues Elixier zu testen. Nach den Ergebnissen könnte man annehmen, daß er den legendären indischen Jungbrunnen besucht und ein paar Tropfen davon mitgebracht hatte.

Es handelte sich um männliche freiwillige Versuchspersonen über sechzig Jahre. Anstatt ihnen den kondensierten Atem vorpubertärer Mädchen einzuflößen, injizierte man ihnen dreimal wöchentlich ein Hormon, das der menschliche Körper selbst produziert. Dieses sogenannte Wachstumshormon befähigt uns natürlicherweise, Muskelprotein aufzubauen und Energie aus Fetten freizusetzen, allerdings nimmt die Rate mit zunehmendem Alter ab. Bei dem Experiment in Milwaukee wurde das mangelnde Hormon diesen zwölf – glücklichen – Männern auf künstlichem Wege zugeführt.

Nach sechsmonatiger Behandlung wirkten die Versuchspersonen wenn nicht jünger, so doch gewiß jugendlicher in dem Sinn, wie Wissenschaftler Alter beurteilen. Obwohl während des Versuchs kein begleitendes körperliches Training erfolgte, nahm bei den Männern das Fettgewebe zugunsten von Muskelgewebe ab. Ihre Knochen wurden kräftiger. Die im Laufe der Jahre dünn gewordene Haut wurde dicker.

Der Forscher zog den Schluß, daß die im höheren Alter verringerte Bildung von Wachstumshormon zu einigen Symptomen beiträgt, die wir im allgemeinen mit dem Altern assoziieren. Andere Beobachter lasen den Bericht und gingen in ihren Überlegungen einen Schritt weiter; das menschliche Wachstumshormon, eine inzwischen synthetisch produzierbare Substanz, vermochte das wiederherzustellen, was einst die Alchimisten als »animalische Kraft« zu bezeichnen pflegten. Es wirkte verjüngend.

Die Theorie von dem jungfräulichen Fluidum und das Experiment mit dem menschlichen Wachstumshormon zeigen die breite Palette dessen auf, was sich während 500 Jahren im ständigen Kampf, das Altern aufzuhalten, ereignete. Was die Alchimisten zwischen dem 9. und Mitte des 17. Jahrhunderts alles ausprobierten – wobei es fast ebensoviele Versuche wie Irrtümer gab –, führte schließlich zu der modernen Hexerei mit den Hormoninjektionen. Weitere Versuche, und etwas weniger Irrtümer, haben auch eine Fülle anderer Einflußmöglichkeiten hervorgebracht: spezielle Ernährungsweisen, komplizierte chirurgische Eingriffe, Transplantation von Organen und sogar von einzelnen Zellen sowie ein breites Spektrum vorbeugender Maßnahmen mit Diät und körperlichem Training, um die Schwächen fernzuhalten, denen das Alter seinen schlechten Ruf verdankt. Doch wenn der Kontrast zwischen jungfräulichem Fluidum und Wachstumshormon auch belegt, wie weit wir gekommen sind, sagt er kaum etwas darüber aus, wohin wir nun gehen.

═══ Triebfedern

Drei starke Kräfte treffen aufeinander und bedeuten uns, daß unsere bisherigen Vorstellungen vom Alter überholt sind. An der Schwelle zum 21. Jahrhundert überschneiden sich die Bevölkerungsstruktur, der technische Fortschritt und die Spezialisierung in der Medizin an einem Punkt.

Der erste Faktor ist rein zahlenmäßig zu sehen. Nie zuvor in der Geschichte sind so viele Menschen so alt geworden. Zum Teil liegt das daran, daß heutzutage so wenige Menschen jung sterben.

Im 16. Jahrhundert liefen die Menschen während ihrer Pilgerfahrt zum Jungbrunnen Gefahr, das Opfer von Räubern, wilden Tieren oder Seuchen zu werden. Wohl ist die Zahl der Gewalttaten in der heutigen Gesellschaft erschreckend hoch, aber die Zahl der Marodeure hält sich doch in Grenzen, verglichen mit dem, was unseren Vorfahren blühte. Eine (in mancher Hinsicht) weniger erfreuliche Entwicklung ist, daß die Zahl der gefährlichen Tierarten in freier Natur ebenfalls jäh abgenommen hat. Und was jene ominösen Krankheiten betrifft – Malaria, Cholera, Pocken und Pest –, hat der zivilisatorische Fortschritt diese keineswegs gänzlich auszurotten vermocht.

Da so viele Menschen heute lange genug leben, um am eigenen Leib zu erfahren, was Altsein bedeutet, stehen der Erforschung des Alterns, zumindest was die verfügbaren Probanden angeht, reichlich Quellen zur Verfügung. Hätte dagegen ein Alchimist des 16. Jahrhunderts seine Verjüngungselixiere an sehr alten Leuten prüfen wollen, dann hätte er das Land durchkämmen müssen, um Kandidaten für sein Vorhaben zu finden. Angenommen, er lebte in einer stabilen, einigermaßen gesunden Dorfgemeinschaft, so waren seine ältesten Nachbarn vielleicht Mitte Vierzig. Bedenkt man die Gefahren von Krieg, regionalen Konflikten und Krankheiten, dann währte ein Durchschnittsleben wahrscheinlich weniger als fünfundzwanzig Jahre. Da so viele Nachbarn jung starben, wäre der Alchimist mit einem Liebestrank besser gefahren.

Ein moderner Wissenschaftler, der untersuchen will, was sich in einem älteren Organismus abspielt, braucht sich nur in seiner näheren Umgebung nach freiwilligen Versuchspersonen umzuschauen. Heute ist von acht Menschen jeweils einer älter als fünfundsechzig Jahre. Wenn wir in die Vergangenheit zurückschauen und alle Menschen zusammenzählen, die je über sechzig Jahre alt wurden, dann würden wir feststellen, daß zwei Drittel von ihnen unsere Zeitgenossen sind, also heute leben.

Heute sind wir – auch was Theorie und Praxis angeht – sehr viel weiter. Seit der Zeit, als die Alchimisten sich betätigten, ist unser Wissen über das Erhalten von Leben mehrfach revolutioniert worden. Die Hilfsmittel und Techniken, die wir heute anwenden, um Schäden zu reparieren, Krankheiten abzuwehren und die Selbstheilungskräfte des Körpers zu fördern, übersteigen bei weitem die Möglichkeiten, über die wir auch nur vor fünfzig Jahren geboten. Eine Fülle von Therapien kann bei den geringsten Anzeichen von Krankheit oder Funktionsstörungen eingesetzt werden, und dies im Rahmen eines Gesundheitswesens, das in den hochzivilisierten Ländern immer größer, komplizierter und teurer wird. Auch wegen der großen Zahl alter Menschen steht zu erwarten, daß sich dieses riesige Gesundheitsbetreuungssystem zunehmend mit den Problemen des letzten Lebensabschnitts auseinandersetzen wird.

Im Zuge dieser Entwicklung kann aus den ersten beiden ein dritter Faktor entstehen, der vielleicht dem Abbau gegenzusteuern vermag, der uns im Alter droht. Ich denke an die vernetzten Kräfte aus den Spezialdisziplinen von Biologie und Medizin.

Noch vor zwanzig Jahren bedeutete ein Besuch beim Arzt, daß man zum Hausarzt oder Allgemeinmediziner ging. Das war mit der Bezeichnung »Doktor« gemeint. Heute allerdings liest sich das Hinweisschild in Ärztehäusern so, daß man ein lateinisches Wörterbuch braucht, um es zu verstehen. Die Liste der modernen »-ologen« – Kardiologen, Endokrinologen, Hämatologen, Neurologen – gleicht einer Hymne auf das Spezialistentum. Wir suchen den Schönheitschirurgen auf, um uns den Bauchspeck absaugen oder vollere Lippen verpassen zu lassen, gehen zum Schlafspezialisten, der uns Tropfen zur Ruhigstellung verschreibt, und zum Rheumatologen, wenn uns die Gelenke wehtun. Diese Spezialisten behandeln die Symptome des Alterns.

Hinter ihnen steht eine Phalanx von Experten, die das eigentliche Wesen des Alterns erforschen und die Möglichkeiten, es zu verhindern. Im Mikroskop beobachten sie auf Objektträgern, was mit der einzelnen Zelle beim Altern geschieht. Diese Forscher prüfen neuartige Ernährungsweisen und Ergänzungsstoffe und entwickeln auf dieser Basis Theorien, wie wir altern und wie sich dieser Prozeß verlangsamen läßt. Sie untersuchen die Informationen, die unserem genetischen Code eingeschrieben sind, und tüfteln an Antworten auf die Frage, warum manche Organismen lang leben, während andere jung sterben. Sie erforschen unser Gehirn und entdecken, wie die Nerven verschaltet sind und warum sie auseinanderdriften.

Andere Wissenschaftler stellen inzwischen Fragen in die Vergangenheit, nach dem Verlauf der Evolution. Sie möchten erklären können, warum Lebewesen überhaupt altern. Wieder andere Forscher blikken in die Zukunft und untersuchen, wo die Grenzen neuer Technologien sind. Schon bereitet die Gentechnik die Arzneimittel der Zukunft vor. Die Kryonik hofft, extrem niedrige Temperaturen nutzen zu können, um Leben zu erhalten oder den Tod hinauszuschieben. In der Nanotechnik schließlich erwartet man, derart miniaturisierte Maschinen herstellen zu können, daß mit ihrer Hilfe Reparaturen im Inneren der einzelnen Zelle möglich werden.

Diese drei Faktoren – eine Zunahme der alten Bevölkerung, Fortschritte in der medizinischen Technologie und eine wachsende Zahl von Spezialisten, die über viele Aspekte des Alterns forschen – werden gebündelt, um die Forschung, die das Alter aus der Welt schaffen möchte, ans Ziel zu führen. Von den schlafenden Jungfrauen und den in fernen Ländern sprudelnden Jungbrunnen bis ins Heute war es ein langer Weg, und in den modernen Laboratorien und Kongreßsälen fragen sich heute viele Experten, ob das Altern wirklich unvermeidlich ist.

=== Der politische Wille

Die Forschung verfügt heute nicht nur über das Instrumentarium, Alterungsprozesse zu untersuchen, und über Menschen, an denen sie die Folgen des Alterns studieren kann, sondern sie wird auch durch politischen Druck vorangetrieben. Die Vergabe von Geldmitteln, um neue Entdeckungen zu finanzieren, folgt den Gezeiten des politisch Gebotenen, während Interessengruppen die Mittel zu beschaffen suchen, um alles von Aids bis zur Alzheimer-Krankheit zu heilen.

Angesichts des hohen Anteils älterer Menschen, deren Zahl in naher Zukunft schwindelerregend steigen wird, entsteht eine enorme politische Kraft. Während es früher nur selten geschah, daß ein Kind, vom Glück begünstigt, zum Jugendalter heranwuchs und noch seine Großeltern kannte, dürften in dreißig Jahren auf jeden Jugendlichen zwei Personen kommen, die mehr als fünfundsechzig Jahre zählen. Welche neuen Entwicklungen auch aus der derzeitigen Debatte um das Gesundheitswesen hervorgehen, ein Blick auf die Altersstatistiken macht klar, daß es eine große Nachfrage nach Therapien gegen das Altern geben wird, und die gleichen Leute werden auch Wähler sein.

Diese älteren Menschen werden nicht nur über Wählerstimmen verfügen, sondern auch über Geld. Wissenschaftler und Politiker sind nicht die einzigen, die erkannt haben, daß die Zeit reif ist, vom Geschäft mit Liebeselixieren auf etwas Einträglicheres umzusteigen. Mit der Aussicht auf einen Boom älterer Bürger bieten Unternehmer Produkte und Behandlungen gegen das Alter an, die von der Verjüngung über Nacht bis fast zur Unsterblichkeit alles versprechen. Viele Zeitschriften bringen seitenweise Werbung für Kräuter, Vitamine, Diäten und allerlei apparative Hilfsmittel. Seit der Blütezeit des Schlangenölverkaufs haben sich noch nie so viele an der Furcht anderer Leute vor Verblödung eine goldene Nase verdient. Neben den tatsächlich wirksamen Mitteln gibt es soviel irreführende Werbung und Betrug, daß es selbst die bestinformierten Verbraucher verwirrt.

Dieser Trend ist nichts Neues. Im Laufe der Geschichte hat es stets einen Markt für Wunderkuren gegeben. Daneben bemühten sich auch seriöse Wissenschaftler ebenso lange, die Signale zu stoppen, mit denen unser Körper uns meldet, daß wir altern. Wir können unsere Einstellung zum Altern nur ändern, wenn wir wissen, wie es in guten und schlechten Zeiten wahrgenommen wurde. Um die wahren Durchbrüche zu nutzen und nicht auf die Marktschreier hereinzufallen, müssen wir zunächst verstehen, wie man im Lauf der Geschichte mit dem Altern umgegangen ist.

Wir müssen außerdem begreifen, wie der Prozeß des Alterns abläuft. Es handelt sich um komplizierte Veränderungen; sie gehen weit über äußerliche Symptome hinaus, die unserer Schönheit abträglich sind oder unsere Kräfte mindern. Jedes Individuum altert nach seinem eigenen Tempo, indem sein biologisches Alter langsamer oder schneller als das chronologische voranschreitet.

Um zu erfassen, was an der vordersten Front der Alternsforschung geschieht, müssen schließlich Entdeckungen, die das Altern hinauszögern, von dem Ziel der Langlebigkeit – also der absoluten Lebenserwartung – getrennt werden. Zwar mögen wir vielleicht irgendwann in der Zukunft einige hundert Jahre alt werden, aber zur Zeit dürfte die maximale Dauer eines Menschenlebens bei 120 Jahren liegen. Wie weit wir die Jahre jenseits der Fünfzig genießen, und zwar mehr ihre Qualität als ihre Quantität, das steht heute im Zentrum vieler Forschungen über das Altern.

Mit der höheren durchschnittlichen Lebenserwartung – sie ist seit der Jahrhundertwende immerhin um mehr als fünfundzwanzig Jahre angestiegen – und mit dem Sieg über viele Infektionskrankheiten haben sich die körperlichen Fakten des Alterns geändert. Da viele Menschen länger leben, hat sich auch die Altersstruktur unserer Gesellschaft gewandelt. Jetzt können wir beginnen, unsere Vorstellung davon, wie es sein mag, hundert Jahre oder älter zu werden, zu revidieren.

Die Geschichte des Alterns

≡ Alt sein in alten Zeiten

Einige wenige Historiker haben darüber geforscht, wie frühere Gesellschaften mit dem Alter umgingen. Oft entdeckten sie, daß dieser Lebensabschnitt in früheren Zeiten wenig zählte. Manchmal war es kein Thema, weil die Zahl der alten Leute zu gering war, als daß sie in der Gemeinschaft eine Rolle gespielt hätten. Aus anderen Zeiten wiederum gibt es Belege, wie die Wohlhabenderen ihren letzten Lebensabschnitt verbrachten, allerdings erfahren wir nichts über die Armen, die den Großteil der Bevölkerung bildeten.

Auch wenn bestimmte Gruppen alter Menschen nicht beachtet wurden, haben die Lebensbedingungen der Alten und die Bedeutung des Alters ihren Niederschlag in Mythen, Geschichten, Anekdoten und in Überlieferungen der Volkskultur gefunden. Zusammen mit den schriftlichen Zeugnissen liefern sie uns den Schlüssel zu einer Geschichte, die moderne Erwartungen widerlegt, daß der Fortschritt unaufhaltsam sei. Der bessere oder schlechtere Status der Alten ebenso wie deren Erwartungen in bezug auf Gesundheit und ein langes Leben unterlagen Kräften, die mit Wissenschaft wenig zu tun hatten. Die Lebensdauer und Lebensqualität hingen von politischen, wirtschaftlichen und Umweltfaktoren ab, aber auch von gerade populären Meinungen und Vorstellungen. In jedweder Kultur wurden die Alten als das angesehen, wofür die Gesellschaft in ihrer Wankelmütigkeit sie jeweils hielt.

Außerdem nahm der lange Weg der Menschheit, den wir heute Fortschritt nennen, keinen geraden, einspurigen Verlauf. An dem einen Schauplatz mochte eine gut organisierte Gesellschaft sich einer durchschnittlichen Lebensdauer von fünfzig oder sechzig Jahren rühmen können. Ihre eine Tagereise entfernt lebenden Nachbarn konnten vielleicht von Glück sagen, wenn sie die Dreißig erreichten. Indes konnte sich schon innerhalb Jahrzehnten – abhängig von den Wechselfällen des Lebens wie Krieg, Krankheit und Naturkatastrophen – die Situation in den beiden Gesellschaften umkehren. Die Fünfzig- und Sechzigjährigen mochten aus der ersten Ansiedlung verschwinden, während die Anwohner des zweiten Schauplatzes allmählich eine höhere Lebenserwartung hatten.

Das Ergebnis ist eine so wechselhafte und komplizierte Geschichte, daß man sie nicht in ein paar kurzen Kapiteln umfassend behandeln könnte, vor allem nicht, wenn man herausarbeiten möchte, wie es heute um das Altern bestellt ist. Dennoch werden wir – fassen wir die wesentlichen Punkte zusammen, wie sich die Vorstellung vom Altern in der westlichen Kultur entwickelt hat – leichter begreifen, welchem Wandel dieser Lebensabschnitt in der heutigen Gesellschaft unterliegt. Freilich kann eine so knappe Übersicht die sehr unterschiedlichen Einstellungen östlicher Kulturen wie China, Korea oder Japan gegenüber dem Alter nicht annähernd würdigen. Falls Sie sich dafür interessieren, mehr über die Geschichte des Alterns auf unserer Erde zu erfahren, werden Ihnen die Literaturhinweise im Anhang dieses Buches weiterhelfen.

Wenn Sie aber zu gespannt sind zu erfahren, was die moderne Wissenschaft über das Altern denkt und wie dieses Denken das Alter von morgen prägen wird, überschlagen Sie vielleicht ein paar Kapitel. Manchmal hält der Blick zurück nur auf. Die ungeduldigen Leserinnen und Leser sind also aufgefordert, sich sogleich auf den zweiten Abschnitt »*Was bedeutet das: Altern?*« zu stürzen.

≡ Die ältesten Alten der Frühzeit

Einige der ältesten Überlieferungen der westlichen Kultur berichten von einem goldenen Zeitalter, in dem niemand alt wurde. In solchen Mythen verbirgt sich ein wahrer Kern, der aber durchaus unerfreulich ist. Trotz einzelner Berichte über hochbetagte Methusalems oder Patriarchen, die ein paar hundert Jahre alt geworden sein sollen, starben die meisten Menschen sehr jung.

»Lucy«, die Frau, deren Skelett das älteste jemals gefundene ist, wurde sicher nicht älter als dreißig Jahre. Sie lebte irgendwann vor 1,5 bis 3,5 Millionen Jahren. Chinesische Knochenfunde aus dem Paläolithikum und Mesolithikum, mehr als zehntausend Jahre in der Vergangenheit, belegen, daß die meisten Menschen jung starben, viele von ihnen durch Gewalt. Bei 173 untersuchten Individuen einer Studie wurde an den Schädeln nachgewiesen, daß nur drei älter als fünfzig wurden. Selbst für die Jungsteinzeit, vor etwa 5 500 Jahren, fand ein Forscher, daß nur einer von siebzehn Menschen älter als fünfzig wurde. Wie die

Tiere in der Wildnis lebten unsere Vorfahren selten so lange, daß das Alter sie zeichnen konnte.

Damals müssen Menschen, die lange lebten, für ihre Artgenossen Zauberkräfte besessen haben. Sie wußten mehr als ihre Gefährten, hatten an vielen Jagden teilgenommen, vieles beobachtet, hatten Nahrung gesammelt und andere im Sammeln unterwiesen. Die Männer lebten länger als die Frauen, obwohl ihr Leben – wenn sie Pech hatten und Opfer eines Mastodons oder Säbelzahntigers wurden – oft ein gewaltsames Ende nahm. Die Frauen trugen das Risiko von Schwangerschaft und Geburt und bezahlten es oft genug mit ihrem Leben.

Das Leben war hart, die Menschen hielten sich überwiegend im Freien auf, den Elementen preisgegeben. Zweifellos konnten einige Krankheiten mit natürlichen Heilmitteln kuriert werden, aber eine Verletzung oder Infektion zu überleben war bestenfalls Glückssache. Nahrung und Brennmaterial waren zeitweise knapp, und die Mühsal, sie zu beschaffen, konnte auch einem jugendlichen Körper schwer zusetzen. Angesichts dieser Gefahren muß jeder, der das vierte oder fünfte Lebensjahrzehnt erreichte, ganz anders ausgesehen haben als seine Mitmenschen. Die Hochbetagten – die selten und ungewöhnlich verhutzelte Erscheinungen waren – weckten sicher große Ehrfurcht. Sie sahen merkwürdig aus, sie kannten Geheimnisse, sie besaßen Macht. Nachdem sie viele andere überlebt hatten, hatten sie große Erfahrung.

Daher mögen die Alten außergewöhnliche Privilegien genossen haben, wie es auch heute noch in überlebenden primitiven Gesellschaften der Fall ist. Derartige Kulturen sind unsere besten Quellen, um zu erfahren, wie die Alten in prähistorischer Zeit gesehen wurden, und als der Anthropologe Leo Simons Hunderte derartige Gruppen für eine 1945 veröffentlichte Übersichtsarbeit untersuchte, erkannte er wie in einem Spiegel, welches Leben unsere frühesten Vorfahren geführt haben mußten. Nach seiner Schätzung dürfte der Anteil der über Fünfundsechzigjährigen in diesen Gesellschaften höchstens zwei bis drei Prozent betragen haben. Ihre Behandlung strahlt aus der fernen Vergangenheit als kaltes Licht in unsere Zeit der Altenwohnanlagen und Renten.

In prähistorischen Gesellschaften hatten die Alten wahrscheinlich das Recht, sich beim Essen als erste mit den besten Stücken zu bedienen. In primitiven Kulturen sind Nahrungstabus häufig, doch die Betagtesten und Ergrautesten sind regelmäßig davon ausgenommen. Man kann fast das überhebliche Kichern hinter den Begründungen für diese Ausnahmen hören: Bei den Azteken durften sich nur die Alten betrinken, weil sie ihr Blut wärmen mußten; der Stamm der Fan in Westafrika erlaubte nur den Alten, Schildkrötenfleisch zu essen, waren diese doch bereits langsam und somit schildkrötenähnlich; bei den Tschuktschen in Sibirien glaubte man, daß bestimmte Teile vom Rentier Impotenz und schlaffe Brüste verursachten, aber da die Alten bereits impotent und schlaffbrüstig waren, konnten sie sich daran satt essen.

Normalerweise verhinderten auch Tabus, daß man den Alten die Gastfreundschaft verwehrte oder ihnen Nahrungsmittel wie Eier oder frische Milch vorenthielt. Simone de Beauvoir berichtet in ihrem Buch *Das Alter* über Stämme von Jägern und Sammlern im australischen Busch, deren junge Angehörige sogar ihr Blut gaben, um die alten Stammesmitglieder zu kräftigen. Entweder wurden die Alten mit dem Blut bespritzt, oder sie tranken es.

Die Gründe, warum junge, mutmaßlich gesunde Menschen sich so fürsorglich um die Alten kümmerten, gehen weit darüber hinaus, daß sie einen kenntnisreichen Stammesbruder bei sich haben wollten. Oft glaubte man, die Alten verfügten über außergewöhnliche, übernatürliche Kräfte. Der Tod ist beängstigend, und die ihm am nächsten sind, befinden sich vielleicht halb im Jenseits, haben möglicherweise Besucherprivilegien und das Recht, aus dem Reich des Todes Kräfte mitzubringen. Die Alten dienten als Magier, Zauberer, Entdecker und Heiler. Sie hatten Mitspracherecht in den Ratsversammlungen, schlichteten Streitigkeiten und deuteten unerklärliche Ereignisse.

Es war dies ein vernünftiges System, wenigstens für die Alten. Und zumindest in guten Zeiten. Leider waren die guten Zeiten nicht von Dauer. In vielen schriftlosen Kulturen wurden die Alten mit der härtesten aller Fragen konfrontiert: »Was hast du in jüngster Zeit für mich getan?«

Solange ein alter Mensch noch über körperliche Kraft verfügte, mochte es scheinen, daß er mit übernatürlichen Kreisen in Verbindung stehe. Doch unvermeidlich ließen die Augen nach, die Beine wurden schwach, und selbst die besten Stücke vom gemeinsamen Mahl vermochte der alte Magen-Darm-Trakt nicht mehr zu verdauen. Der alte Mensch

mochte Geheimnisse gehütet oder heilige Amulette und Fetische aufge-
hängt haben, um seinen Status zu bewahren. Sobald jedoch das Gedächtnis ausfiel, gingen mit ihm Wissen und Weisheit verloren. Es war genau
wie heutzutage: ein hohes Alter ist großartig, aber nur solange man gesund ist.

Mußte eine Gruppe weiterziehen, wurden die Alten oft zurückgelassen, vielleicht mit zusätzlicher Bekleidung und ein wenig Proviant
versehen. Andere wurden in einer abgelegenen Hütte oder auf einer un-
bewohnten Insel ausgesetzt. Ein edleres Schicksal war bei manchen
Gruppen der Freitod, eine Praxis, die manchenorts noch bis in unser
Jahrhundert hinein geübt wurde. Bei den Amassalik in Grönland konnten die Alten einen geeigneten Abend wählen und eine Art öffentliches
Bekenntnis ablegen, bevor sie in einem Kajak für immer davonfuhren. In
anderen Fällen wurde dem gebrechlichen alten Menschen ein Fest bereitet, er rauchte die Friedenspfeife, sang und tanzte und wurde – während
der Tanz weiterging – mit einem Hieb getötet, den ein für diese Pflicht
auserwählter Verwandter führte.

Derartige Praktiken sind keineswegs bei sämtlichen primitiven
Kulturen üblich, aber aus einer Übersichtsarbeit geht hervor, daß mehr
als die Hälfte der untersuchten Stämme ihre Alten vernachlässigte oder
aussetzte. Vor allem in patriarchalen Gesellschaften veranlaßte das erste Anzeichen von Schwäche den Sohn des Patriarchen zu raschem Handeln. Wir finden diese Praktiken schockierend, aber angesichts der harten Bedingungen des primitiven Lebens hatte das Überleben der Gruppe
Priorität.

Alt sein im Altertum

Die Untersuchung überlebender primitiver Kulturen und ar-
chäologischer Funde aus prähistorischen Zeiten ergibt nur ein schemen-
haftes Bild vom Alter unserer frühen Vorfahren. Mit dem Eintritt in die
Geschichte gewinnen wir mehr Daten, und das Bild wird klarer.

Das erste bekannte Porträt eines alten Menschen ist die Statue
des Ebih-il, eines Mannes, der im südlichen Mesopotamien lebte. Er ist
kahlköpfig und trägt einen Bart, sein Gesicht strahlt Würde aus. Zu sei-

nen Lebzeiten, etwa 2 700 Jahre vor Christi Geburt, lag die durchschnittliche Lebenserwartung in einer fortgeschrittenen Zivilisation etwa bei 48 Jahren für Männer und 45 Jahren für Frauen. Die alten Perser, die das Feiern von Geburtstagen sehr wichtig nahmen, glaubten, daß ein Mensch maximal achtzig Jahre alt werden könne. Ein weiteres Porträt, es ist mit Worten auf Tontäfelchen festgehalten, gibt ebenfalls Aufschluß über die Auffassung des Altertums vom Altern. Der Held des sumerischen Gilgamesch-Epos will, daß seine Landsleute mit ihm in den Krieg ziehen, aber der Ältestenrat zieht den Frieden vor. Im vielleicht ersten schriftlich niedergelegten Generationenkonflikt appelliert Gilgamesch an seine jüngeren, heißblütigeren Zeitgenossen. Sie schließen sich ihm an. Doch als sein bester Freund fällt, erkennt Gilgamesch, daß niemand unsterblich ist, auch ein Held nicht, und verzweifelt daran, alt zu werden. Er zieht aus, die Pflanze zu suchen, die ewige Jugend verleiht und am Grunde des Meeres wachsen soll. Doch eine Schlange kommt ihm zuvor, und sein Abenteuer nimmt ein schlechtes Ende.

Vielleicht wäre Gilgamesch zufriedener gewesen, wenn er sich ins alte Ägypten begeben hätte. Ein Dokument aus dem Jahr 2 900 vor Christus, der sogenannte Papyrus Smith, enthält genau, was er suchte, nämlich ein Verjüngungsmittel. Es handelte sich um eine hübsch in einem Gefäß aus Halbedelstein aufbewahrte Salbe, die angeblich die Haut verschönte, Falten glättete und altersbedingte Entstellungen und Verunstaltungen beseitigte. Im zugehörigen Papyrus heißt es: »...hat sich unzählige Male als wirksam erwiesen...«, eine Formulierung, derer man sich auch in unserer Zeit für moderne Kosmetika noch bedient.

Die alten Ägypter, deren Hieroglyphe den Begriff »alt« durch eine gebeugte, auf einen Stock gestützte Gestalt darstellte, wandten auch gerne Salben an, die aus Datteln und Hundezehen hergestellt wurden. Zur nachhaltigen Verjüngung wurden frische Drüsen junger Tiere verzehrt.

Es steht fest, daß die Hebräer beim Auszug aus Ägypten einiges Wissen um die Behandlung von Alterserscheinungen mitnahmen. Sie entwickelten auch eigene Heilmittel, und dreihundert Jahre später versuchten sie, die Gebrechen ihres betagten Königs David zu lindern. Wieviel Decken man auch auf David legte, ihn fror erbärmlich; folglich gebot die Behandlung, daß ihm ein junges Mädchen an die Seite gelegt werde –

Abischag hieß sie –, ihre lebendige Wärme sollte seine fehlende ersetzen. Das Beilager war therapeutisch, nicht sexuell, dennoch trug es dazu bei, künftig den Glauben zu nähren, daß junge Frauen das ideale Gegenmittel gegen die Beschwerden alter Männer sind.

Über die Frauen dieser Zeit ist wenig bekannt, aber die erhaltenen historischen Belege lassen darauf schließen, daß es alten Männern nicht schlecht ging, solange sie einigermaßen gesund blieben. Das babylonische Gesetzesbuch des Hammurabi bestimmte die Männer mit weißem Haar dazu, als Zeugen und ehrwürdige Älteste zu dienen; aus Ägypten sind Papyri erhalten, in denen Pharaonen und niedere Beamte die Söhne dringend ermahnen, ihren Vätern nachzueifern. Und zehn Jahrhunderte vor Christi Geburt schrieb ein Ägypter besondere Anweisungen für seinen Sohn nieder und ermahnte ihn: »Wenn einer steht, der älter ist als du, sollst du nicht sitzen.«

Auch das mosaische Gesetz formulierte eine ähnliche Auffassung und hielt die Jungen an, sie sollten »vor einem ergrauten Haupte sich erheben und das Antlitz des alten Mannes ehren«.

Doch auch in Gesellschaften, die den Alten mit Ehrfurcht begegneten, konnte sich dieser Status verschlechtern. Dies geschah bei den Hebräern ein paar Jahrhunderte vor Christi Geburt.

Um das Volk aus der Sklaverei und zur Besiedlung neuen Landes zu führen, waren kenntnisreiche Führer zwingend notwendig gewesen. Nachdem die Hebräer seßhaft geworden waren, forderten die jungen Männer jedoch die ältesten Führer immer öfter auf, zugunsten der Jüngeren zurückzutreten. Als die alten Ältesten im 7. Jahrhundert v. Chr. eine Senkung der Steuern verlangten, setzten die Jüngeren ihre Forderungen durch: Die Steuern wurden erhöht. Allmählich verlor der Begriff »Ältester« seine wörtliche Bedeutung. Ein erwachsener, starker Mann konnte sich hinfort als Ältester qualifizieren, während die wirklich Alten zu Honoratioren ohne Einfluß befördert wurden.

Das Buch Hiob, das etwa 400 v. Chr. entstanden ist, weist ebenfalls auf die Spannung zwischen den Generationen hin. Hiob berichtet, daß die Jungen das Alter nicht mehr als Quelle der Weisheit ansahen, daß sie sich der Autorität der alten Männer widersetzten und sie lächerlich machten. Zu Lebzeiten Hiobs galt das Alter als eine Zeit des Elends und des Leidens, von dem nur der Tod befreien konnte.

Um die Zeit von Christi Geburt begann das Greisenalter bei den Hebräern mit sechzig Jahren. Der Talmud forderte, die Alten zu ehren, aber die Rabbiner machten feine Unterschiede zwischen weisen, gelehrten Alten und den Leuten aus dem ungebildeten Volk, die einfach nur alt wurden. In manchen schriftlichen Zeugnissen aus jener Zeit wird über alte Männer geklagt, die senile Schwätzer seien, herumhockten und Heimlichkeiten austauschten und zu intrigieren versuchten. Andere Autoren bestanden darauf, daß junge Leute die Ältesten respektieren und sich in Gegenwart eines alten Mannes erheben sollten. Sodann forderten sie, alte Männer sollten sich nicht zu oft in der Öffentlichkeit zeigen, um andere nicht mit diesem ständigen Setzen und Aufstehen zu belästigen.

▬ Wen die Götter lieben...

Im Laufe des Jahrhunderte währenden Aufstiegs und Falls des babylonischen Reiches und als die Hebräer das israelitische Königreich errichteten, wendete sich auch an der nördlichen Mittelmeerküste das Glück der Alten. Die Einstellung der Griechen gegenüber dem Alter ist an Mythen erkennbar, und diese zeichnen das Alter als einen der schlimmsten Schrecken der Welt.

Die Mythen erzählen von älteren Göttern, die unerträglich verderbt, pervers und anmaßend waren – die Sorte, die ihre eigenen Kinder verspeist. Die alten Götter mußten von ihrem Thron gestoßen werden, und jüngere Götter wie Zeus taten dies freudig. Ewige Jugend wiederum war ein Geschenk des Zeus an die Menschen, denen er gewogen war.

Wer nicht die Zuneigung des Zeus genoß und ebenfalls jung bleiben wollte, mußte eine Zauberin aufsuchen, wie dies der legendäre Jason für seinen alternden Vater tat. Aus der Beratung resultierte ein Trank, der die biologische Uhr im Anwender um vierzig Jahre zurückdrehte. Allerdings muß es sehr schwierig und zeitaufwendig gewesen sein, die Inhaltsstoffe zu beschaffen: Bergkristall aus dem Orient, bei Mondschein gesammelter Rauhreif, Teile einer gehörnten Eule, die Eingeweide eines Werwolfs und der Kopf einer neunhundertjährigen Krähe – diese Ingredienzien waren selbst in einer gut sortierten griechischen Küche kaum zu finden.

Den realen Griechen, außerhalb der Mythologie, fiel es schwerer, im Alter die Macht loszulassen. Einst Meister eines stolzen Patriarchats, mußten die griechischen Männer erleben, wie ihnen ihre Rechte entglitten. Unter Solons Gesetzgebung, als Macht nach Wohlstand vergeben wurde, hatten die Alten genügend Land und Vermögen angehäuft, um sich dies zunutze zu machen. Doch die Kolonisierung erreichte bald neue Welten. Die wohlhabenden Grundbesitzer sahen sich in Konkurrenz mit den plötzlich durch Handel, Geld oder Handwerk reich Gewordenen.

Die Dramatiker begannen, sich über die Alten lustig zu machen, stellten sie als lüsterne, impotente Narren dar. Neue Gesetze sorgten für größere Unabhängigkeit der Kinder von ihren Eltern. Um das 4. Jahrhundert v. Chr., als die Demokratie entstand, war das Greisenalter nicht mehr, was es einst gewesen.

Außer in Sparta. Wenigstens konnten ältere Griechen voll Sehnsucht nach Süden blicken, zu einem Ort, wo das Alter Privilegien brachte. Alle Macht lag in den reifen Händen von Spartas »Gerusia« – der Ältestenversammlung –, und dieser Gruppe konnte man erst im hohen Alter angehören. Ihre Mitglieder dienten bis zu ihrem Tode und schlossen die Jungen nachdrücklich von der politischen Führung aus. Die jüngeren Leute lebten, bis sie sechzig waren, in kasernenartigen Unterkünften.

In Griechenland und wahrscheinlich auch in Sparta stellte die Gruppe der über Sechzigjährigen einen Bevölkerungsanteil, der – mit wohl zehn Prozent – groß genug war, daß die Ärzte und Philosophen darüber nachzudenken begannen. Der Mathematiker Pythagoras hatte die Idee, die Lebensabschnitte mit den Jahreszeiten zu vergleichen, deren jede vom Frühling der Jugend bis zum Winter des Lebens zwanzig Jahre umfaßte. Der Arzt Hippokrates, der achtzig Jahre alt wurde, glaubte, das Alter setze mit 56 Jahren ein, weil der Körper im Laufe der Jahre kalt und trocken wurde. Er riet den Alten, in allen Dingen Mäßigung zu üben, empfahl aber auch, sie sollten weiter arbeiten.

Von den griechischen Philosophen befand Plato, es dürfe niemandem unter vierzig erlaubt sein, sich zu betrinken, und den wahren Durchblick habe man erst mit fünfzig. In einem umfangreichen Werk, das er in seinem achtzigsten Lebensjahr vollendete, spricht sich Plato für die Herrschaft durch Gerontokratie aus – wörtlich »die Herrschaft der Alten«. Aristoteles hingegen dachte, daß der Verstand schwindet, wie der Körper verfällt. Das Feuer des Lebens wurde bei der Geburt entzündet, und der Geist leuchtete beständig etwa fünfzig Jahre – so alt war Aristoteles, als er mit dieser Theorie hervortrat. Dann brannte das Feuer des Lebens nieder. Aristoteles war dagegen, daß alte Männer politische Macht ausüben sollten. Alte Männer lebten in der Vergangenheit, und wenn es um die Gegenwart gehe, seien sie selbstsüchtig und feige. Die Alten würden sagen »ich denke«, aber anscheinend nichts wissen; sie würden endlos »vielleicht« dies und »möglicherweise« jenes sagen und nie zu konkreten Entscheidungen kommen.

Aristoteles starb mit 63; Plato überlebte ihn um achtzehn Jahre, er wurde 81. *Vielleicht* könnte man vom Standpunkt eines alten Mannes *möglicherweise* schließen, daß in Wirklichkeit alles Ansichtssache ist.

═ Alte Männer und Jünglinge in der Blüte des Lebens

Zu Julius Caesars Zeiten, ein halbes Jahrhundert vor Christi Geburt, betrug die Lebenserwartung in Rom bloß 22 Jahre. Weniger als drei Prozent der Männer und weniger als ein Prozent der Frauen erreichten das achtzigste Lebensjahr. Zweifellos wird diese Statistik durch die hohe Säuglingssterblichkeit verzerrt, aber sie läßt doch ahnen, wie das Leben des einfachen Volkes gewesen sein muß. Philosophen und Ärzte mochten sich guter Gesundheit und eines langen Lebens erfreuen, aber viele Menschen wurden nicht viel älter als zwanzig Jahre.

Und doch lebten diese jungen Menschen in einer von alten Männern beherrschten Welt. Der römische Senat – die Wurzel des Wortes finden Sie in unseren Wörtern »Senior« und »senil« wieder – war eine Institution der Alten. Zu Hause konnte der Vater, der *pater familias*, mit seiner Sippe nach Belieben umgehen – wie mit seinen Haustieren oder dem Tischgeschirr. Er konnte sie zu Krüppeln prügeln, sie verkaufen oder sie gar töten, ohne zur Rechenschaft gezogen zu werden.

Wie bei den Hebräern und später bei den Griechen, kam es dann auch bei den Römern unaufhaltsam zum Konflikt zwischen den Generationen. Das Prinzip des *pater familias* wurde untergraben, die Macht des Senates geschwächt, denn jüngere Männer übernahmen die Kontrolle.

In der Religion starben die alten Götter. Eine neue Religion, das Christentum, erhob einen jungen Erlöser zum Leitbild, von dem man glaubte, er müsse nicht erst alt werden, um weise zu sein.

Wie stets wurde der Generationenkonflikt zunächst in der Volkskultur sichtbar. Um den Beginn des zweiten Jahrhunderts nach Christus lachten die Römer über die Komödien von Stückeschreibern wie Plautus und Terenz, die despotische alte Wüstlinge, dumme Schwätzer und alberne Hagestolze auftreten ließen. Diese alten Männer wurden von ihrer Familie verabscheut, die ungeduldig auf das Ableben des *pater familias* wartete. Bei den alten Frauen sparten die Poeten ebensowenig mit Grausamkeit, indem sie das Bild von Hexen heraufbeschworen, bei denen man die Rippen unter der Haut zählen konnte. Properz der Jüngere, der im ersten Jahrhundert vor Christus lebte, beschrieb diese Frauen als Geschöpfe, »denen blutiger Speichel zwischen den Zahnlücken herausrinnt«.

Die damaligen Gelehrten hielten das Altern für einen krankhaften Vorgang. Am ehesten durfte man noch optimistisch in die Zukunft blicken, wenn man aktiv blieb, häufig heiße Bäder nahm und Wein trank, um die fehlende Flüssigkeit im alten Leib zu ersetzen. Der Wein half wahrscheinlich. Bedenkt man den damaligen Zeitgeist, so verwundert es kaum, daß die Alten, vom verzweifelten Wunsch beseelt, ihr Leben zu verlängern, sich manchmal in die Arena des Kolosseums begaben, um das frische Blut sterbender Gladiatoren zu trinken. Ebensowenig sollte uns überraschen, daß, wie uns in Briefen aus jener Zeit überliefert ist, eine Welle von Selbstmorden alter Menschen durch Rom schwappte.

Alt gewordene Zivilisationen

Die Ausschweifungen jener Ära machten das Römische Reich zur leichten Beute von Invasoren, und die aus dem Norden hereinbrechenden Barbaren zerstörten jegliche Hoffnung, welche die Alten für eine bessere Zukunft gehegt haben mochten. Der Wert des Menschenlebens sank, und das Leben der Alten, die nicht mehr hart kämpfen oder arbeiten konnten, zählte wahrscheinlich noch weniger.

Die Eroberer bemaßen Leben nach Geldeswert, d. h. für die Tötung eines Menschen mußte eine Geldstrafe bezahlt werden. Ihre Höhe war abhängig vom Alter des Opfers. Nach den Gesetzen der Westgoten z. B. kostete im 6. Jahrhundert n. Chr. das Leben eines 65jährigen Mannes 100 Goldsolidus – soviel wie das eines Kindes unter 10 Jahren. Männer zwischen 20 und 50 Jahren waren mehr als das Dreifache wert. Das Leben von Frauen zählte weniger, allerdings kostete der Mord an einer Frau im gebärfähigen Alter mehr, nämlich 250 Solidus. Nach dem 60. Lebensjahr waren Frauen praktisch wertlos.

Wohl war das Leben wenig wert, das Seelenheil indessen war kostbar. Während des Mittelalters kam es dahin, daß der Zustand der Seele mehr zählte als die Dauer des irdischen Lebens. Für die Christen des Mittelalters stand die Erlösung an erster Stelle – der Eingang ins himmlische Paradies, wo man ewig jung blieb. Es kam weitaus weniger darauf an, in welchem Alter ein Mensch starb, als darauf, wie erfolgreich er die Sünde mied.

Wegen dieser Einstellung verloren die körperlichen Folgen des Alterns an Bedeutung. Wichtiger wurde der religiöse Sinn, der in einer Krankheit oder Behinderung lag: wie diese den Zustand der Seele des Opfers symbolisierte. Körperliche Krankheiten galten als Strafe Gottes, und natürlich bestrafte Gott nur Sünder. Die vielen Gebrechen des Alterns wurden als sichtbarer Beweis für Sünde angesehen.

Doch bis ins hohe Alter gesund zu bleiben war noch schlimmer. Man glaubte nämlich, daß nur die bis ins fortgeschrittene Alter kräftig blieben, die einen Pakt mit dem Teufel geschlossen hatten. Die Alten hatten keine Chance.

Allerdings konnten ältere Leute tugendhaft sein. Man meinte, sie würden nicht länger von sündigen Leidenschaften heimgesucht und könnten daher ihre späteren Jahre verbringen, indem sie arbeiteten und für ihr Seelenheil beteten.

Das Leben war hart und kurz. Hatte eine Gemeinschaft das Glück, von Plünderungen verschont zu bleiben oder nicht in dumme Kriege verwickelt zu werden, wurden viele ihrer Mitglieder Opfer von Krankheiten und Hungersnot. Die der herrschenden Klasse angehörten wurden selten älter als vierzig, und die ganz hoch stehenden – die

Päpste – starben im Durchschnitt mit 65 Jahren. Das Leben der einfachen Leute endete unbemerkt.

Die Historiker wissen, daß Väter über ihren Hausstand herrschten, solange sie stark genug waren, um den Söhnen Respekt einzuflößen. Meist lebten nur zwei Generationen zusammen. Was die Alten angeht, so gibt es Hinweise, daß schon im 4. und 5. Jahrhundert jüdische Gemeinden Wohlfahrtseinrichtungen für die betagten Gemeindemitglieder schufen. Die katholische Kirche begann Asyle und Spitäler zu bauen. Almosengeben wurde Christenpflicht, und gewiß gab es viele Alte, die um diese milden Gaben bettelten.

Eine Lösung wurde im 6. Jahrhundert eingeführt, zumindest für die Wohlhabenden. Gut gestellte alte Männer konnten sich in Klöster zurückziehen, wo sie kleine Pflichten übernahmen, z. B. als Pförtner, und im Gegenzug Essen und Obdach erhielten. Im Laufe der Zeit entstand ein System, bei dem ein wohlhabender Mann einen Vertrag schließen konnte, in dem er sein Vermögen einbrachte und dafür ein Zimmer für später garantiert bekam. Ein entsprechender Vertrag aus einem Schweizer Kloster führte aus, daß der Raum geheizt werden müsse, der Käufer Anrecht habe auf zwei Gewänder im Jahr (das eine aus Wolle, das andere aus Linnen), ferner auf Schuhe und Nahrung (täglich zwei Laibe Brot, eine Suppe, einen halben Liter Bier und zwei Liter Wein).

Das ist wohl kaum ein luxuriöser Ruhestand, übertraf aber doch, was die meisten alten Frauen bekamen. Frauen, auch solche, die eine Familie versorgt hatten, konnten ins Kloster gehen, aber das Los der anderen Frauen war bitter. Bäuerinnen mußten ein Leben lang schuften, und dreißig Jahre galten bei ihnen als wahnsinnig alt. Ganz selten begegnete man Frauen, die älter waren. Ältere Frauen galten als böse, und man verbrannte Bilder alter Frauen, um sich von Sünden zu befreien. Falls eine Frau tatsächlich alt wurde – ein Geschöpf, das zweifellos verhutzelt und häßlich wie ein Waldschrat war –, vertrieb man sie. Oder tötete sie.

Kleine Liebenswürdigkeiten

Wenigstens an einigen Schauplätzen waren die Alten auf dem Dorfplatz willkommen, durften dort sitzen, sich die Läuse kratzen (damals hatten Alt und Jung Läuse) und in ihren Erinnerungen graben. Alte Männer traten als Zeugen in Rechtshändeln auf und schrieben Chroniken. Ältere Priester zogen sich in Hospize zurück, und jeder Ritter, der kraftvoll geblieben war, durfte noch an Turnieren teilnehmen. Was die ärztliche Betreuung angeht, mochte ein Arzt von jenen, die es sich leisten konnten, ein kleines Einkommen beziehen, damit er im Krankheitsfall auf Abruf bereitstehe – dies dürfte so etwas wie eine der frühesten Krankenversicherungen gewesen sein.

Und die weniger Begüterten? Einige örtliche Spitäler gaben ärmeren Familien einen Hungerlohn, damit sie ihre Eltern unterstützten, eine Regelung, die besser war, als wenn die Alten betteln gehen mußten. Das Kirchengsetz bestimmte, daß die ältesten Armen vor anderen ärztliche Hilfe erhielten, und seit dem 13. Jahrhundert befahl ein Gesetz, daß die Klöster Krankenstationen für die Alten unterhielten.

Schließlich wurde eine frühe Form von Veteranenheimen eingerichtet. Dort wurden Ritter aufgenommen, die sich im Krieg ausgezeichnet hatten. Sie wurden jeweils von zwei persönlichen Bediensteten betreut. Kaufleute und Handwerker bekamen in späteren Jahrhunderten die Möglichkeit, für ihr Alter zu sparen und so ihren Ruhesitz in einem Altersheim vorzufinanzieren.

Der Traum eines alten Mannes

Zu all dem durften die Alten träumen. Während des Mittelalters blühten die Phantasien über Jungbrunnen. Viele phantastische Heilmittel versprachen, die Teufelsmale – wir sprechen heute von Altersflecken – zu tilgen.

Alchimisten empfahlen, Goldtinktur aus goldenen Bechern einzunehmen, Milch aus den Brüsten einer jungen Frau zu trinken oder, wenn die nicht aufzutreiben war, Blut eines Kindes. Auch das Baden in Blut galt als wirkungsvoll. Die Wurzel der Alraune, eines Nachtschattengewächses, ähnelt entfernt einer menschlichen Gestalt und stand deshalb als Verjüngungsmittel hoch im Kurs.

Ein besonders wirksames Elixier war der Saft der »Soma«-Pflanze (deren Identität unter Gelehrten noch umstritten ist). Es spielte keine Rolle, daß es vermutlich zu Erbrechen, Schwellungen, Muskelschrumpfung führte und Haare, Zähne und Nägel ausfallen ließ. Die Befürworter des Elixiers glaubten, daß sie nach sieben Wochen neue, diamantharte Zähne bekämen, desgleichen feste Nägel, glänzende Haare, babyzarte Haut und kräftige Muskeln. Einem Bericht zufolge erfreute sich der Somatrinker dann der Kraft einer »großen Elefantenherde«. Und zweifellos einer ebensolchen Libido.

Andere rieten dazu, Wein zu trinken, sexuell Mäßigung zu üben und auf die Ernährung zu achten. Man hielt es für besonders bekömmlich, möglichst junge Nahrung zu sich zu nehmen – z. B. Eidotter, Frühlingslamm und Spanferkel. Eine gute geistige Haltung wurde empfohlen, und wer jung bleiben wollte, wurde ermahnt, nicht zuviel zu lachen.

Es ist ungewiß, ob auch nur eines dieser Rezepte wirklich half. Dante, dessen Dichtung anfangs des 14. Jahrhunderts entstand, schätzte, der Zenit des Lebens liege zwischen dem 30. und 40. Lebensjahr, danach gehe es abwärts, dem Tode entgegen. Dem französischen König Karl V. standen sicher die besten Mittel seiner Zeit gegen das Alter zur Verfügung, und als er 1380 starb, galt er als weise und alt. Er war 42 Jahre alt geworden.

Dante wie auch Karl V. lebten in einer Gesellschaft, in der junge Leute um die Zwanzig sowohl in der Überzahl waren als auch dominierten. Um diese Zeit jedoch stellte sich ein altbekannter, unwillkommener Gast ein, der nicht nur die Rolle der Alten, sondern auch die Struktur der gesamten Gesellschaft verändern sollte.

Im Jahre 1347 kam die Pest über Europa.

≡   Jahrhunderte, die die Wissenschaft vom Altern prägten

Im Oktober 1347 legten Handelsschiffe von der Krim in Sizilien an. Sie hatten kranke und tote Männer an Bord. Kein Mensch ahnte, welche Schrecken die Leichen dieser Männer verursachen würden. Innerhalb von 50 Jahren war die Bevölkerung Europas zur Hälfte dahingerafft. Der Schwarze Tod überschattete und lähmte jegliches öffentliche und private Leben.

Allerdings war die Beulenpest eine wählerische Mörderin. Oft verschmähte sie die Älteren, vielleicht, weil diese bereits Attacken verwandter Bakterien überlebt hatten. Die Pest bevorzugte die Jungen, einschließlich der Kinder.

Nachdem der Schwarze Tod drei Jahre gewütet hatte, berichtete ein Chronist über den zunehmenden Anteil alter Menschen in der Bevölkerung. An seinem Wohnort waren an die 500 Menschen gestorben, unter ihnen befanden sich aber weniger als ein Dutzend Ältere. Beim Auftreten der Pest hatte ein Knabe eine Chance von 50 : 50, vor seinem 18. Geburtstag zu sterben. Infolgedessen waren am Beginn des 15. Jahrhunderts etwa 15 Prozent der überlebenden Bevölkerung älter als 60 Jahre.

Da die Generation der Mütter und Väter stark dezimiert war, erhielt die Erfahrung der Großeltern einen höheren Wert. Sie kannten Hausmittel gegen Krankheiten, wußten, wie man Werkzeug repariert und wichtige Nahrungsmittel anbaut. Auch konnten ältere Besitzer von Vermögen und Land sich wieder um dieses kümmern, da nur wenige junge Leute kenntnisreich genug waren, um es ihnen wegzunehmen.

Leider wurden auch diese Vorteile durch die Verheerungen der Pest zunichte gemacht. Auf dem Land wurden alte Leute zurückgelassen, nachdem die anderen erkrankt oder in der Hoffnung, dem Tode zu entgehen, geflohen waren. Zunehmend im Stich gelassen, gingen die leistungsfähigen Alten auf die Felder oder begannen einen Handel. Andere verlegten sich aufs Betteln.

Die Geburtenrate ging stark zurück, und wohlhabende Männer heirateten nun oft junge Mädchen. Dies weckte den Zorn der jüngeren Männer, die ohnmächtig zusehen mußten, wie ihnen die wenigen Mädchen weggenommen wurden, und die volkstümliche Literatur der Zeit karikierte altersschwache Bräutigame. In Boccaccios *Decamerone* aus dem 14. Jahrhundert kommt ein taperiger Bräutigam vor, der von den Pflichten der Hochzeitsnacht so entkräftet ist, daß er an jedem folgenden Abend den Namenstag eines Heiligen im Kalender findet, der ihn von seiner Pflicht entbindet. Chaucer, ein englischer Zeitgenosse Boccaccios, beschreibt in *The Wife of Bath*, wie drei alte Ehemänner keuchen, schwitzen und sich verausgaben, um die Wünsche der Gattin zu erfüllen.

Die Vorstellung, daß ein junger Mann eine alte Frau heiraten könnte, blieb natürlich abstoßend. Die öffentliche Meinung hielt alte Frauen für mißgünstig, und ihre äußerliche Häßlichkeit veranlaßte die Dichter, zahnlose Hexen mit so stinkendem Atem zu beschreiben, »daß eine Katze davon niesen mußte«, wie sich Maynard ausdrückte. Wenn eine Stadt belagert wurde, dann wurden zuerst die alten Frauen vertrieben. Und es überrascht kaum, daß bei den Hexenprozessen das Durchschnittsalter der Hexen über fünfzig lag.

Auch beschränkte sich der Generationenkonflikt nicht auf das Geschlecht oder die Konkurrenz um Ehepartner. In Italien versuchten junge Adlige, die Wahlergebnisse zu stehlen, um zu verhindern, daß ältere Politiker an die Macht kamen, die sich vorrangig selbst gewählt hatten. In einem Kloster vertrieben junge Mönche ihre älteren Glaubensbrüder.

▬ Das Wiedererstarken der Jugend

Gegen Ende des 15. Jahrhunderts waren mehrere Wellen der Pest abgeebbt, und die Zahl der jungen Menschen begann wieder zuzunehmen. In der Zeit der Renaissance wurden Jugend und Schönheit verehrt. Wie Shakespeare es ausdrückte: »Alter, ich verabscheue dich, Jugend, ich bete dich an.« Die volkstümlichen Theaterstücke zeichneten bucklige, kahlköpfige alte Narren, und der Typus des König Lear spiegelt die damals üblichen Vorurteile gegen Alte.

Erneut interessierten sich die Menschen für Methoden, ihre Jugend zu erhalten. Verjüngungselixiere und -pflaster enthielten alles Denkbare von Schlangenfleisch und Menschenblut bis hin zu zerriebenen Mumien. Ponce de Leon machte sich auf, den Jungbrunnen zu finden. Phantasten schrieben über Utopien, erkannten aber, daß sie dabei auch die Alten berücksichtigen mußten. Sie fanden, behinderte Alte sollten so höflich sein, sich das Leben zu nehmen.

Diejenigen, die an der Weisheit von Elixieren oder Utopien zweifelten, nahmen ihre Zuflucht zu moralischen Erklärungen für den Fluch des Alters. Sie gaben dem Verhalten die Schuld. Erasmus erklärte, ein tugendhafter 66jähriger habe keine Falten, keine weißen Haare und brauche keine Brille. Aber sein ausschweifender Altersgenosse könnte so alt aussehen, als wäre er dessen Vater. Möglicherweise wurde Erasmus von der Geschichte des um 1470 geborenen Luigi Cornaro zu seiner Auffassung inspiriert. Cornaro aß, trank und lebte insgesamt äußerst ausschweifend, bis er dreißig Jahre zählte und sein Arzt ihm eröffnete, er werde seinen 50. Geburtstag nicht erleben. Unverzüglich ordnete Cornaro sein Leben, begann mäßig zu essen – nicht mehr als 400 Gramm feste Nahrung täglich – und Leibesübungen zu machen und einfach zu leben. Mit 83 Jahren veröffentlichte er seinen ersten Bestseller, einen Ratgeber für ein langes und gesundes Leben. Cornaros letztes Buch kam heraus, als er 95 war, und danach lebte er noch sieben Jahre.

Im Zuge des neu erwachten Interesses, etwas gegen das Altern zu tun, fingen die Menschen auch an, sich Gedanken darüber zu machen, warum wir überhaupt altern. Leonardo da Vinci beobachtete beim Sezieren von Leichen, daß die Wände der Adern im Laufe der Jahre dicker werden. Er glaubte, dadurch werde der Blutfluß abgeschnitten und in der Folge das Leben zerstört. Seine Beschreibung deckt sich mit einem Leiden, das heute wohlbekannt ist, der Atherosklerose.

Der Arzt und Alchimist Paracelsus hielt das Altern für eine Art chemischer Zersetzung, ähnlich wie das Rosten von Metall. Als Kur empfahl er eine ausgewogene Ernährung, gemäßigtes Klima und eventuell die Einnahme des von ihm erfundenen Elixiers. Er selbst freilich verzichtete darauf, dieses Heilmittel zu nehmen, mit der Begründung, es könne unchristlich sein, die Zeit zurückzudrehen.

Weitere, volkstümliche Ratschläge mahnten zu Mäßigkeit im Essen und Trinken wie auch im Gefühlsleben. Das Schwelgen in sportlichen Wettkämpfen, traurige Gedanken und übertriebenes Gelächter könnten der Lebenskraft abträglich sein. Ironischerweise aber galt Wein als Gegengift gegen das Alter. Viele, die es mit dieser Kur versuchten, vergaßen den Teil mit der Mäßigung, so daß sich die Vorstellung von betrunkenen, abstoßenden alten Männern ins Bewußtsein der Öffentlichkeit senkte. Gegen Ende des 16. Jahrhunderts ermahnte Montaigne seine betagten Zeitgenossen sachlich, sie sollten ihre letzten Jahre damit verbringen, sich auf den Tod und das bevorstehende Jüngste Gericht vorzubereiten.

Diejenigen, die in einigem Wohlstand lebten, wurden älter und behielten die Zügel geistiger und religiöser Macht in Händen. Die Kluft zwischen Alt und Jung wurde so tief, daß manche in der Reformation, die der 34jährige Martin Luther ins Rollen brachte, einen Ausdruck des Generationenkonfliktes sehen. Als Luther mit den Männern seiner Generation gegen die Verteidiger der Tradition stritt, waren diese Verteidiger zumeist älter als fünfzig Jahre.

Könige und Königinnen, aber auch viele Kaufleute und Handwerker wurden oft siebzig Jahre und älter. Erstmals in der Geschichte hatten die Frauen, zumindest in aristokratischen Kreisen, die gleiche Lebenserwartung wie die Männer. Durch bessere Hygiene waren die Geburten sicherer geworden.

Für die weniger Begüterten blieben die Zeiten hart. Im Frankreich des 17. Jahrhunderts führte der Mangel an Nahrung und Hygiene im Verein mit Hungersnöten und schwerster körperlicher Arbeit dazu, daß dreißigjährige Frauen wie verhutzelte Greisinnen aussahen. Viele waren auf die milden Gaben der Kirche angewiesen, und unter der Landbevölkerung wurden nur wenige Frauen und Männer älter als vierzig Jahre. Fünfzig Jahre galten als sehr alt. Armenhäuser und Spitäler versuchten die Not der alten Armen zu lindern; doch nachdem sich die Puritaner durchgesetzt hatten, waren alte Leute ohne Familie weniger willkommen. Nur die Faulenzer waren auf Mildtätigkeit angewiesen, glaubten die Puritaner, denn alle gottesfürchtigen Menschen arbeiteten hart.

Neues Land für die Alten

In jenen Jahren erfreute sich eine neugegründete Siedlung jenseits des Atlantik der Blüte ihrer Jugend. Die Berichte darüber, wie gut die Siedler in den Kolonien Neuenglands mit den Alten in ihren Gemeinden umgingen, sind recht unterschiedlich, aber einer Sache dürfen wir sicher sein – es gab nicht viele Alte, über die man sich hätte ärgern können. Um die Zeit der amerikanischen Unabhängigkeitskriege betrug die durchschnittliche Lebenserwartung in den Kolonien nur 35 Jahre.

Bei den Siedlern bezogen sich Klagen über die Alten weniger auf deren Gebrechlichkeit oder Arbeitsunfähigkeit als auf ihre Herrschsucht. Alte Gemeindemitglieder wurden oft als selbstsüchtig und herrisch charakterisiert. Der Calvinismus, wie er sich in Predigten jener Zeit artikuliert, betrachtete das Alter als eine Zeit des körperlichen und moralischen Verfalls. Doch die Bibel gebot, Vater und Mutter zu ehren, und die geistlichen Herren pflichteten dem bei. Einer von ihnen, Increase Mather, mahnte seine Herde: »Graue Häupter sind klüger als grüne.«

Jenseits des Atlantik, auf dem Kontinent, wuchs die Zahl der Alten, sie erwarben sich auch Achtung. Infolge besserer Hygiene und Ernährung erreichten mehr Menschen der oberen Schichten das sechzigste und siebzigste Lebensjahr. Alte Männer führten ein aktives gesellschaftliches Leben, trugen Fahnen bei öffentlichen Festen und genossen allmählich größeren Respekt von seiten der Jungen. Selbst in den unteren Schichten besserten sich die Lebensverhältnisse, da die Armenhäuser und Asyle, welche die Puritaner zugunsten von Arbeitshäusern geschlossen hatten, wieder eingerichtet wurden.

In der aufstrebenden Mittelklasse symbolisierte bald der Patriarch den Halt der Familie. Das weiße Haupt hoch erhoben, posierte er auf Familienporträts, die Nachkommen sitzend oder kniend um sich geschart. Diese Männer hatten schließlich lange genug gelebt, um Wohlstand anzuhäufen. Das Eigentumsrecht half ihnen, das Erworbene zu bewahren. Als im späten 18. Jahrhundert die Romantik einsetzte, entstand das rosige Bild vom geliebten alten Großvater.

Wenn das Alter einen höheren Status gewann, bedeutete dies aber kaum, daß die Menschen das Altern als solches bereitwillig hinnahmen. Ganz im Gegenteil wimmelte es nur so von irren Verjüngungskuren. Für die Glatzenbildung wurden Gifte in der Luft verantwortlich gemacht. Immer noch glaubte man an die Therapie, die bereits am biblischen König David durchgeführt worden war – einen alten Mann mit einem jungen Mädchen ins Bett zu legen. In London verhökerte um 1780 ein fliegender Händler äußerst erfolgreich Wundermittel mit so überzeugenden Namen wie »Ätherische Ambrosia«, »Quintessenz« und »Elektrischer Äther«. Die ganz Verzweifelten konnten noch in ein Spezialbett investieren, das »Grand Celestial Magnet-Electrico Bed«, dessen Erfinder garantierte, daß es über magische Dämpfe verjünge, die den Zyklus der Sonne beeinflußten.

Der elektrische Körper

Neben der schrillen Werbung der Straßenhändler begannen einige der ersten Arbeiten über die eigentliche Natur des Alterns. Gegen Ende des 18. Jahrhunderts fand man mit Hilfe von Leichenöffnungen und klinischen Beobachtungen heraus, was wirklich im alternden Organismus geschah. Indem die Ärzte Einzelheiten auflisteten – die pergamentartige Haut, die ergrauenden Haare, die nachlassende Energie –, gelangte man zu einer klareren Definition dessen, was Alter bedeutete.

Viele der gewonnenen Daten sind bis heute nützlich, auch wenn die Deutungen der Ärzte gelegentlich abwegig waren. Ein seriöser Ansatz besagte, daß jedes Lebewesen bei seiner Geburt mit einem Vorrat an Lebensenergie ausgestattet sei und dieser Vorrat im Laufe des Lebens verbraucht werde. Andere Theorien verglichen den Körper mit einer Maschine – für Maschinen begeisterte sich die damalige Zeit. Einem Bild zufolge, das in vielen Köpfen bis heute überlebt, sah man Lebewesen vielfach als Maschine – mit den Lungen als Blasebalg sowie verschiedenen Zylindern, Getrieben und Rädchen, welche die Organe bildeten. Wie jede Maschine hatte auch der Organismus irgendwann ausgedient.

Was die Erklärung der Symptome des Alterns angeht, waren die Theorien des 19. Jahrhunderts kaum besser. Beispielsweise behaupteten die medizinischen Fakultäten noch anfangs des vorigen Jahrhunderts, Glatzenbildung sei das Ergebnis einer »Gehirndehnung« infolge anstrengender geistiger Tätigkeit. Die Schlüssigkeit dieser Ansicht schien auf der Hand zu liegen: Sklaven und Frauen, deren Gehirn als kleiner galt, blieben von Glatzenbildung verschont.

Die staatliche Gesundheitspolitik führte bei allen gesellschaftlichen Schichten und beiden Geschlechtern zu einer Abnahme bislang häufiger Seuchenerkrankungen wie Cholera, Pest und Pocken. Auch die Frauen lebten länger, als die Umstände des Kinderkriegens durch stärkere Beachtung der Hygiene verbessert wurden. Seit Mitte des 19. Jahrhunderts wurden Frauen älter als Männer. Im viktorianischen Zeitalter betrug der Anteil der über sechzigjährigen Frauen und Männer an der Bevölkerung 7 bis 8 Prozent.

Die gute alte Zeit

In einer Hinsicht waren diese Alten begünstigt. Die viktorianische Zeit war eine der seltenen Perioden, in der die alten Leute ausgesprochenen Respekt genossen, zumindest oberflächlich betrachtet. Das 20. Jahrhundert übernahm die Vorstellung, das Alter zu ehren, so daß wir meinen, dies sei immer so gewesen. In Wirklichkeit ist die Idee vom geehrten, würdigen Alter ziemlich neu. Und seine Erfinder, die etikettebewußten Viktorianer, ließen nichts aus, diese Idee weiter zu kultivieren.

Jetzt tummelten sich keine betrunkenen alten Geizkragen mehr auf den Theaterbühnen. Vielmehr applaudierte das Publikum würdevollen Patriarchen und braven alten Dienern, Männern mit edler Gesinnung und weichem Herzen. Jacob Grimm, der mit seinem Bruder Wilhelm die berühmte Märchensammlung herausgab, sprach vom Alter als einer Zeit der Ruhe. Bei Charles Dickens hängen die kleine Nell und ihr Großvater aneinander wie die dicksten Freunde. Kinderverse beschrieben liebevolle, weise Alte, die sich am Tun ihrer Enkel ergötzten. Volkstümliche Lieder sangen von der »Ehrfurcht vor silbernen Haaren«.

Es war eine rührende Vision, wenn auch in süßlichen Pastellfarben gemalt und mit Spitzen herausgeputzt. Wie so viele volkstümliche Vorstellungen war aber auch diese geschönt. Die oberen Schichten mochten solche liebevollen Gefühle nähren, Arbeiter hingegen konnten sich das kaum leisten. Die industrielle Revolution gewann sehr schnell ein Tempo, bei dem alte Körper nicht mithalten konnten.

Wegen der zahlreich angebotenen Arbeitsplätze in den Fabriken wurden die Städte um die Mitte des 19. Jahrhunderts immer dichter besiedelt. Die Wirtschaftsbasis verschob sich vom Agrarbereich auf Kapital und Arbeit, und der Nutzen der Alten nahm ab. England und Frankreich registrierten eine Zunahme der älteren Bettler. Die Moralapostel forderten strengere Gesetze, welche die Familien verpflichten sollten, für ihre alten Angehörigen zu sorgen. Das half ein wenig, aber die Schöpfungen auf dem kulturellen Sektor verraten, wie trotz viktorianischer Sentimentalität das Ansehen der Alten geringer wurde.

Wo einst der Patriarch auf den Porträts stehend seine Familie
überragte, wurden nun horizontale Arrangements üblich, bei denen alle
Mitglieder sitzend abgelichtet wurden. Der älteste Sohn wurde seltener
auf den Vornamen des Vaters getauft. Das Erbrecht wurde gelockert.
Priester, die bislang gepredigt hatten, daß Gott den Menschen das Leben
zum Lehen gegeben habe, bekamen Konkurrenz von den Evangelikalen,
die lehrten, daß das Leben des Menschen Besitz sei, ein Besitz, der klug
gemehrt oder aber verschwendet und verloren werden könne. Allmählich wurde der einzelne für den Verfall seines Körpers verantwortlich gemacht. Schriftsteller bevorzugten die Metapher von der Großvater-Uhr,
einem pflichtbewußt aufgezogenen und gepflegten Erbstück, das die Zeit
stets genau anzeigte, bis Großvater mit neunzig Jahren starb. Ein Blatt
mit einem Lied über diese Legende wurde 1876 immerhin 800 000mal
verkauft.

Gleichzeitig änderte sich auch die Vorstellung von Zeit. Lange
hatte man die Spanne des Lebens mit einem großen Rad verglichen, das
sich für eine Runde langsam über die Erde dreht. Nun aber lief diese einmalige wichtige Runde rasend schnell von der Morgendämmerung bis
zum Einbruch der Dunkelheit. Die Fabriksirenen bestimmten den Tagesablauf und damit den stetig zunehmenden sogenannten »Fortschritt«. Nicht länger war die Zeit ein Kreis, sie wurde zu einer Geraden,
die einem schnellenden Pfeil glich. Damit konnten die Alten nicht
Schritt halten.

Schlechte alte Zeit

Frankreich sah das Problem kommen und versuchte, seine älteren Bürger zu schützen. Ein neues Gesetz sorgte dafür, daß der Vater,
wenn er seinen Besitz übergab, dafür von seinen Nachkommen bis zum
Ende seines Lebens eine Leibrente erhielt. Der Plan hatte böse Folgen.
Leibrentenempfänger begannen zu verschwinden, und allein im Jahre
1855 wurden vier Fälle von Vatermord bekannt.

Die Familien wurden kleiner, und es wohnten weniger Generationen unter einem Dach zusammen. Oft lebten verwitwete alte Männer als Logiergäste in Familien, mit denen sie nicht verwandt waren. Viele alte Menschen arbeiteten, und manche bezogen kleine Renten oder erhielten geringe Unterhaltszahlungen von ihren Söhnen. In der Oberschicht behielten die Alten die Vorteile von Wohlstand und politischer Macht, aber in der Mittelklasse verdrängte der unternehmerische Geist der Jungen oft die älteren Männer aus ihren Beteiligungen. Die aufgeschlosseneren Söhne brachten Ideen für eine Modernisierung, neue Maschinen und fortschrittlicheres Management ein. Aktionäre planten in die Zukunft.

Schriftsteller und sogar manche Ärzte holten gegen das übertrieben rosige Bild, das die viktorianische Zeit vom Alter gezeichnet hatte, zum Gegenschlag aus. Mit dreißig Jahren äußerte ein aufmüpfiger Henry Thoreau, er warte immer noch auf nur einen einzigen vernünftigen Rat von seinen Alten. Emerson verglich das Alter mit einer Krankheit und stellte unverblümt fest:»Sehen Sie den Tatsachen ins Gesicht und betrachten Sie das Ergebnis: Tabak, Kaffee, Alkohol, Haschisch, Blausäure und Strychnin sind nur schwach wirkende Gifte; das sicherste Gift ist die Zeit.« Das waren noch harmlose Worte, verglichen mit dem Kommentar eines prominenten Mediziners. Eigentlich war seine Bemerkung, Männer über sechzig seien nutzlos und sollten mit Chloroform aus dem Verkehr gezogen werden, als Scherz gedacht. Die Leute verstanden das aber ganz anders, das Volk schrie auf, und eine Welle von Selbstmorden folgte.

Wie schon im Mittelalter revidierte der gesellschaftliche Wandel das Bild von den Alten. Mitten in der industriellen Revolution trauerten viele Leute einem zu Ende gegangenen goldenen Zeitalter nach, als das Leben vermutlich leichter und gemächlicher war. Für sie symbolisierten die Alten die gute alte Zeit. Andere, Fortschrittsgläubige sahen beim Blick zurück nur Unwissenheit und Zerstörung.

Versuche, das Leben zu verlängern

Teilweise war es leicht, das Leben als Metapher zu nehmen und dabei die Realitäten des Alterns zu ignorieren. Dies war dadurch bedingt, daß man im Alltag nur wenigen alten Menschen begegnete. Viel wahrscheinlicher war, daß man jüngere Leute traf.

Die Zahl der jungen Leute nahm explosionsartig zu. Todesursachen, die bis dahin häufig gewesen waren, wie z. B. Tuberkulose, Cholera und Diphtherie, spielten eine immer geringere Rolle. Die Säuglingssterblichkeit nahm ab, und mehr junge Erwachsene überlebten. Während des späten 17. und des frühen 18. Jahrhunderts war eines von zehn Individuen alt, aber dieses Verhältnis sank auf etwa eins zu dreizehn im viktorianischen Zeitalter. Um die Jahrhundertwende mochte unter zwei Dutzend Leuten, die einem im täglichen Leben begegneten, vielleicht einer älter als fünfundsechzig sein.

In einer so jungen Bevölkerung wird kaum jemand von alten Leuten Notiz genommen haben, außer Wissenschaftlern, die sich für Kuriosa interessierten. Ein Dr. Ignaz G. Nascher erfand 1914 als Titel für ein Handbuch einen neuen Begriff, »Geriatrie«, das kommt aus dem Griechischen: *geron*, der Greis. Man versteht darunter die Lehre von den Krankheiten des alten Menschen. Naschers Vorstellungen brachten einen Durchbruch. Statt Erkrankungen mit der Sackgassendiagnose »das ist halt das Alter« zu belegen, faßte er die Möglichkeit ins Auge, körperliche Probleme des Alters zu behandeln. Es sollte sehr lange dauern, bis der Arzt einen Verlag gefunden hatte, der bereit war, sein Buch zu publizieren. Nur wenige hielten die gesundheitlichen Probleme alter Menschen für bedenkenswert.

Nichtsdestoweniger machte die Alternsforschung Fortschritte. In Frankreich wurden riesige Altenheime eingerichtet, in denen zwei- bis dreitausend Leute untergebracht waren. Dieses Reservoir an Forschungsobjekten ermöglichte dem französischen Arzt Jean Marie Charcot, die moderne geriatrische Medizin zu entwickeln, indem er über chronische Leiden schrieb, die vielen Überfünfzigjährigen zu schaffen machen. Zur gleichen Zeit faszinierten einige sonderbare Theorien über das Altern die Öffentlichkeit.

Ein französischer Professor mutmaßte, das Altern sei durch die Degeneration der Sexualdrüsen bedingt, und daher spritzte er sich einen Extrakt, den er aus Hoden von Meerschweinchen und Hunden gewonnen hatte. Er berichtete, daß die Kur wirksam sei, und erfand sogar eine Maschine – sie war mit Keilriemen, Flaschenzügen und Skalen ausgerüstet –, in die man am einen Ende Stierhoden einfüllte und die am anderen Ende einen gebrauchsfertigen Verjüngungstrank ausgab. Wie gut diese Maschine und die Kur funktionierten, mag man daran ermessen, daß die Gattin des Professors mit einem jüngeren Mann durchbrannte.

Ein anderer Forscher machte den Versuch, älteren Männern die Keimdrüsen von Affen zu implantieren. Ursprünglich hatte er per Inserat junge Männer gesucht, die ihm einen oder beide Hoden für Versuchszwecke verkaufen würden, aber die wenigen Männer, die sich meldeten, verlangten zuviel Geld für das benötigte Organ. Daher richtete er seine Hoffnung auf Schimpansen. Das Schimpansenexperiment soll schlecht ausgegangen sein und eine tragische Nebenwirkung gehabt haben. Durch einen der Schimpansen wurde angeblich eine syphilitische Infektion auf die Empfänger übertragen. Da der Erreger der Syphilis, wie wir heute wissen, ausschließlich menschenpathogen ist, dürfen wir wohl schließen, daß der Operateur in höchsteigener Person als Seuchenüberträger in Frage kommt.

Trotz solcher Rückschläge fand diese dubiose Wissenschaft Nachahmer. Die Implantation von Ziegenhoden führte zu Abszessen im Unterleib. Die Durchtrennung der Samenleiter, von der man sich eine gesteigerte Testosteronbildung erhoffte, beendete vorzeitig die reproduktive Phase im Leben der Betroffenen, wirkte aber keineswegs lebensverlängernd. Frauen mieden die Chirurgie und zogen die Wasserkur vor, die das Blut reinigen sollte, sowie diätetische Mittel wie Gelée royale, das immerhin die Bienenköniginnen jugendfrisch und legefreudig erhält. Die merkwürdigste Kur in dieser Palette ist wohl der »Vitalizer«. Der Konsument erwarb ein kleines Blitzlicht, das an einem Metallstab befestigt war, von dem ein Kabel abging. Um dem Körper einen Stoß elektrischer Vitalität zu verpassen und ihn dadurch zu verjüngen, wurde der Vitalizer in den After eingeschoben, das Kabel an den Strom angeschlossen und das Blitzlicht eingeschaltet.

Mit dem 20. Jahrhundert wurde der Kampf gegen das Altern um neue einträgliche Verfahren bereichert. Bei der »Zelltherapie« werden Zellen von abgetriebenen Schafembryonen injiziert. Allerlei Präparate, die das Lokalanästhetikum Procain enthalten, wurden und werden als Kur gegen das Alter sowie gegen alle möglichen Krankheiten von Arteriosklerose über Arthritis bis Asthma propagiert.

Die ersehnte Unsterblichkeit hatte freilich ihren Preis. Die Örtlichkeiten, zu denen man sich wegen dieser Therapien begab, müssen wie Wartesäle für die Reichen und Berühmten dieser Erde ausgesehen haben. Bevor sich der Protagonist der »Frischzellentherapie«, der Schweizer Dr. Paul Niehans, nach einer langen steilen Karriere 1965 aus dem Berufsleben zurückzog, behandelte er beispielsweise so prominente Persönlichkeiten wie Charlie Chaplin, den Herzog von Windsor, Sir Winston Churchill und Charles de Gaulle.

Für die weniger Wohlhabenden oder vielleicht für die Gescheiteren brachten das späte 19. und das frühe 20. Jahrhundert auch eine Fülle von Ratgeberbüchern über das Älterwerden hervor. Geistliche erteilten in Predigten und Büchern Ratschläge, wie der körperliche Verfall nicht nur hinzunehmen, sondern zu bremsen sei. Diese Autoren beschworen ihre Leser, auf ihre Gesundheit zu achten und so lange wie irgend möglich aktiv zu bleiben. Doch um mit den Beschwerden eines gealterten Körpers fertigzuwerden, muß man auch spirituelle Kräfte entwickeln.

Da die Lebenserwartung zunahm, gab es einen Markt für derartige Bücher und Ratschläge. Seit Urzeiten hatte die durchschnittliche Lebenserwartung je nach den wechselnden gesellschaftlichen Bedingungen schrittweise zu- und wieder abgenommen. Insgesamt aber ging der Trend nach oben, und zwar zunehmend steiler.

Dem Leben Jahre hinzugewinnen

Zu Zeiten des Römischen Reiches dauerte ein Menschenleben im Durchschnitt 22 Jahre. Zur Zeit des amerikanischen Unabhängigkeitskrieges wurden die Siedler im Durchschnitt 35 Jahre alt. Mitte des letzten Jahrhunderts lebten die Menschen in den Vereinigten Staaten bereits etwa zehn Jahre länger, und um 1900 erreichten sie ein Durchschnittsalter von 47 Jahren. Unter diesen Gruppen, die für westliche Zivilisationen repräsentativ sind, stieg die Lebenserwartung im Verlauf von mehr als 2000 Jahren um 25 Jahre.

Nach 1900 nahm die Kurve der Lebenserwartung dank medizinischer und sozialer Errungenschaften plötzlich einen steileren Verlauf. Und an der Schwelle zum 21. Jahrhundert sterben die meisten Amerikaner und Mitteleuropäer statistisch gesehen mit 75 Jahren. Somit hat die

Lebenserwartung in knapp hundert Jahren um ganze 28 Jahre zugenommen. In manchen Ländern werden die Menschen noch älter, vor allem in Japan, wo die Lebenserwartung derzeit 80 Jahre beträgt. Dagegen sinkt die Lebenserwartung in den heutigen Kriegsgebieten, u. a. in Teilen der früheren Sowjetunion.

Diese Zunahme der Lebenserwartung hat dazu beigetragen, daß die Alten optisch stärker in Erscheinung treten. In den USA leben derzeit mehr als 3 Millionen Menschen über 85 Jahre; 36 000 von diesen sind 100 Jahre alt oder älter. Danach wuchs die Zahl der Hundertjährigen seit 1980 um 77 Prozent. Mittlerweile haben die Leute heute weniger Kinder als in den vergangenen Jahrzehnten, was den Anteil der Alten an der Gesellschaft zusätzlich erhöht. Betrachtet man nur die über 65jährigen, so betrug der Anteil dieser Altersgruppe an der Bevölkerung in den frühen sechziger Jahren knapp 10 Prozent. 1995 waren fast 13 Prozent der Bevölkerung so alt oder älter.

Vielleicht noch aufschlußreicher sind die Vorhersagen für die nahe Zukunft. Da der Anteil der über 85jährigen in der amerikanischen Bevölkerung am schnellsten wächst, gehen die Statistiker davon aus, daß bereits in etwa dreißig Jahren 266 000 amerikanische Bürger älter als hundert Jahre sein werden. Um sich das Ausmaß dieser künftigen Umschichtung vorstellen zu können, sollten Sie bedenken, daß unsere Großeltern in einer Welt aufwuchsen, in der auf einer belebten Straße vielleicht eine von zwölf Personen, die einem begegneten, älter als sechzig war. Unsere Kinder werden wahrscheinlich feststellen, daß jeder vierte oder fünfte Passant über sechzig ist.

Überraschenderweise hat der Anstieg der durchschnittlichen Lebenserwartung überhaupt nichts daran geändert, wie lange ein einzelnes Leben insgesamt dauert. Als Gruppe werden mehr Menschen älter, aber kein einziger hat auch nur ein Fitzelchen Unsterblichkeit gewonnen. Selbst wenn die großen Krankheiten einschließlich Krebs und Herzleiden ausgerottet werden könnten, würde die Lebenserwartung allenfalls um etwa zehn Jahre steigen. Die Zunahme der Lebenserwartung bedeutet bloß, daß sich mehr Menschen einer Lebensdauer von 120 Jahren annähern. Aber daß viele über diese Grenze hinaus ihren Geburtstag feiern werden, ist nach wie vor unwahrscheinlich.

Die Jahre mit Leben erfüllen

Die durchschnittliche Lebenserwartung ist im Zuge unseres eigenen Lebens angewachsen. Dennoch fragen wir nicht: »Wie kommt es, daß ich noch am Leben bin?« Wir nehmen es für selbstverständlich. Wenn wir jedoch die Antwort auf diese Frage verstehen, kann uns dies eine Menge darüber sagen, wie sich unser Leben in der Zukunft gestalten wird. Die Wissenschaft hat unserem Leben Jahre hinzugefügt – an uns ist es nun, diesen geschenkten Jahren Leben einzugeben – Lebensqualität.

Die Veränderungen, die uns am Leben hielten, erfolgten in zwei Phasen. Erstens mußte die Medizin Krankheiten wie Diphtherie, Tuberkulose und später Kinderlähmung bekämpfen. 1856 nahm Louis Pasteur diesen Kampf erstmals auf, als er den Grund legte für seine Theorie von den infektiösen Keimen. Innerhalb von hundert Jahren sank die Sterblichkeit an Infektionskrankheiten bei den zivilisierten Völkern nahezu auf Null.

Das bedeutet, daß mehr Menschen länger lebten, so daß uns mehr Zeit blieb, neue Krankheiten zu bekommen – Herzleiden, Krebs, Altersdiabetes –, Krankheiten, die wir heute mit dem Alter assoziieren. Um sie zu beherrschen, mußte man einen anderen Ansatz finden.

Diese Krankheiten waren nicht durch Keime verursacht. Statt dessen schienen Erbfaktoren und persönliche Gewohnheiten, wie Ernährung und Rauchen, die Schuldigen zu sein. Außerdem können diese Zustände bislang nicht in dem Sinne geheilt werden, wie man die Infektionen zu »kurieren« gelernt hatte. Statt dessen werden sie »behandelt«. Vom Standpunkt des Patienten aus sind es chronische Erkrankungen.

Wenn einen um 1850 etwa die Cholera erwischte, überlebte man sie oder starb daran. Nach 1900 war es dank der verbesserten Trinkwasserhygiene weniger wahrscheinlich, an Cholera zu erkranken. Und falls Sie heute in ein Land reisen, in dem Cholera endemisch ist, können Sie sich vorher dagegen impfen lassen. Folglich bleiben Sie lange genug am Leben, um herzkrank zu werden. Keine verbesserte Hygiene, keine Impfung, nicht einmal eine Herztransplantation kann Ihnen das ganz ersparen, also lernen Sie, damit zu leben. Und da immer mehr Leute alt werden, befinden Sie sich in guter Gesellschaft.

Die erfolgreiche Therapie chronischer Krankheiten verlängert die durchschnittliche Lebensdauer noch um einiges. Zum Beispiel sank die Zahl der Todesfälle infolge Herzkrankheiten in der Dekade von 1972 bis 1982 um 24 Prozent. Tod durch Schlaganfall, oft die Folge von chronisch hohem Blutdruck und Arterienverkalkung, nahm um ein Drittel ab. Tod durch Erkältung oder Pneumonie, eine große Gefahr bei Menschen mit chronischen Bronchial- und Lungenkrankheiten, wurde um ganze 37 Prozent seltener.

Manche sagen, der Tod ist auch nicht mehr, was er mal war. Das Ende des Lebens kam wie ein Fremder, pochte an die Tür, und dann wurde es plötzlich finster. Heute – so beschrieb es ein Krebspatient – beginnt der Tod nach langem Leiden wie ein Freund auszusehen. Wir leben lange genug, um Zeugen unseres Ablebens zu werden.

Eine überalterte Gesellschaft

Unsere Kultur hat sich in den vergangenen hundert Jahren allmählich gewandelt, um sich auf die wachsende Zahl alter Menschen einzustellen. Wie in vergangenen Zeiten vollzog sich der Wandel nicht nur in unserer Wirtschaft und unseren gesellschaftlichen Beziehungen, sondern auch in der Lebenssituation alter Menschen.

Die Alten ziehen sich nicht mehr, wie im Mittelalter, in Klöster und Stifte zurück, noch werden Alte in riesigen Spitälern und Asylen untergebracht, wie zu viktorianischer Zeit üblich. Heute werden 80 Prozent der pflegebedürftigen Menschen über 75 in der Familie betreut. Nur 5 Prozent der über 65jährigen leben in Pflegeheimen, und von den über 85jährigen sind es 22 Prozent.

Zum ersten Mal in der Geschichte finden sich die Menschen in den Vierzigern nicht am Ende der Fahnenstange, sondern im mittleren Alter. Sie bilden die »Sandwich-Generation«, die sowohl für die Kinder als auch für die Alten zu sorgen hat. Drei Viertel dieser Betreuer sind Frauen, die meisten Mitte Vierzig, und heute kann eine Frau damit rechnen, daß sie mehr Jahre für die Betreuung ihrer Mutter als für die Erziehung ihrer Kinder aufwenden wird.

Die Alten sind unter uns sehr präsent. Nicht nur das, sondern ihre Bedeutung in unserer Gesellschaft wird mit Sicherheit zunehmen. Dies liegt daran, daß die zahlenmäßig größte Generation in der Geschichte des Westens, die geburtenstarken Jahrgänge von 1946 bis 1960, allmählich in die Jahre kommt. Diese Generation hat noch viele Jahre vor sich, und auch sie wird die Geschichte prägen.

Diese nach Millionen zählende Generation hat uns, als sie jung war, den Jugendkult beschert. Mit fast fünfzig überschwemmen sie uns mit Facelifting, Haartransplantation, Feuchtigkeitscremes, chemischem Peeling, Kollagenunterspritzung und speziellen Vitaminpräparaten. Die geburtenstarken Jahrgänge sehnen sich nach ewiger Jugend, weil sie – typischerweise – alles wollen.

Die jüngere Generation, die befürchtet, dereinst für die altersschwachen geburtenstarken Jahrgänge sorgen zu müssen, will natürlich auch, daß diese gesund bleiben. Wenn diese zahlenmäßig starke Generation im Alter angemessen versorgt werden soll, kommt einer Schätzung zufolge schließlich die Aufgabe auf uns zu, in den nächsten 40 Jahren täglich ein 100-Betten-Pflegeheim zu bauen.

Doch die meisten dieser Alten werden nicht in Altenheimen leben. Sie werden so lange wie möglich aktiv in der Gesellschaft verbleiben. Bei diesen Aussichten überrascht es kaum, daß das Budget des National Institute on Aging 1991 um mehr als ein Drittel aufgestockt wurde, ein viel größeres Budget, als irgendein anderes der 24 nationalen Gesundheitsinstitute der USA erhielt. Wo wir einst die Infektionstheorie brauchten, um Cholera oder Polio zu besiegen, ist nun Forschung angesagt, um chronischen Erkrankungen wie Osteoporose und Bluthochdruck beizukommen. Jetzt, da so viele Menschen ein hohes Alter erreichen, müssen wir die Vorgänge verstehen, die das Alter verursachen.

Eine neue Sicht des Alters

Wir sind die Erben einer Geschichte, die die Alten dem Tod preisgab oder ihren Selbstmord stillschweigend duldete, wenn sie den weiteren Bestand der Gruppe gefährdeten. Die Gesellschaft wies den Alten eine Führungsrolle zu, wenn sie zahlreich waren, und tötete sie oder jagte sie davon, wenn ihre Zahl gering war. In einer wilden Jagd war sie hinter Elixieren und verrückten Behandlungen her. Erst seit etwa hundert Jahren wird Altern als das betrachtet, was es ist, nämlich ein biologischer Prozeß. Könnten die Kennzeichen des Alters definiert und isoliert werden, ließe sich etwas daran ändern – wie bei Infektionen, Verletzungen und Geburtsfehlern.

Damit dies geschehen kann, müssen wir natürlich verstehen, was beim Altern passiert und warum es zu spezifischen Veränderungen kommt. Die beiden folgenden Teile des Buches befassen sich mit diesen Fragen, aber bevor wir dieses Kapitel abschließen, wollen wir innehalten für eine warnende Feststellung aus Simone de Beauvoirs Buch *Das Alter*, das sie mit 62 Jahren veröffentlichte:

> Die praktischen Lösungen, die primitive Völker gefunden haben, um mit den Problemen fertig zu werden, die durch ihre Alten entstehen, sind unterschiedlich: die Alten werden getötet; sie werden zum Sterben ausgesetzt; sie erhalten dürftigste Hilfe zum Lebensunterhalt; man bereitet ihrem Leben ein anständiges Ende; oder sie werden geehrt und liebevoll umsorgt. Wie wir sehen werden, wenden die zivilisierten Nationen die gleichen Methoden an: die offene Tötung ist verboten, sie muß verdeckt sein.

Was bedeutet das: Altern?

≡ Das Wunder, das wir alle erleben

Eine Freundin von mir, die eine Krebserkrankung überlebt hat, zeigt wenig Verständnis für das Jammern über die Altersbeschwerden. »Alt«, findet sie, »werden wir, wenn wir Glück haben.«

Und sie hat recht. Wir haben Glück, wenn wir lange genug leben, um über schmerzende Gelenke, nachlassende Sehkraft, erschlaffende Haut und vieles andere klagen zu können. Doch das heißt noch lange nicht, daß wir die unerfreulichen Folgen der Jahre preisen müßten. *Growing Old Is Not for Sissies* (»Alt werden ist nichts für Zimperliche«) betitelte die Fotografin Eta Clark ihr Buch, in dem sie alte Sportler porträtierte. Und Eta Clark hat ebenfalls recht.

Wenn wir über das Altwerden reden – ob als Glücksfall oder als persönliche Herausforderung –, glauben wir zu wissen, was gemeint ist. Schließlich sehen wir auf einen Blick, ob jemand »alt« ist. Aber wie bei vielen Definitionen des gesunden Menschenverstandes stellt sich ein Großteil dessen, was uns vernünftig erscheint, als Unsinn heraus. Um diese Hypothese zu prüfen, brauchen Sie sich nur in Erinnerung zu rufen, wann Sie andere oder, schlimmer, wann andere Sie jünger oder älter schätzten, als dem wirklichen chronologischen Alter entsprach. Wie Liebe und Schönheit liegt gewiß auch das Alter im Auge des Betrachters.

Traditionell beschäftigt dieses Problem auch die Gerontologen – das sind die Alternsforscher. Diese Wissenschaftler nennen ihr Fachgebiet »Gerontologie« im Gegensatz zu »Geriatrie«, denn die Geriatrie erforscht die Probleme und Krankheiten, die bei alten Menschen häufig auftreten. Dagegen geht die Gerontologie von der Prämisse aus, daß auch der gesunde Körper bestimmte Merkmale des Alterns aufweist, nachdem er fünfzig oder sechzig Jahre funktioniert hat. Seit Menschen alt wurden, haben Wissenschaftler nach Merkmalen gesucht, anhand derer man nicht das chronologische, sondern das biologische Alter eines Menschen feststellen könnte. Diese Merkmale werden als »Biomarker« bezeichnet.

Auf den ersten Blick scheint der Nachweis eines Biomarkers ziemlich einfach zu sein, aber die Suche danach hat ihre Tücken. Bei vielen Menschen wird die Haut mit zunehmendem Alter faltig, andere hingegen behalten bis ins Alter von achtzig oder neunzig Jahren eine glatte Haut. Herz- und Lungenprobleme finden sich zwar häufiger bei der älteren Bevölkerung, aber gut trainierte Senioren können ohne weiteres untrainierten Zwanzigjährigen davonrennen. Ganz ähnlich gehen wir meist davon aus, daß die ältere Generation geistig nicht so rege sei wie jüngere Leute. Läßt man dann aber gesunde ältere Menschen intellektuell gegen junge Leute antreten, schrumpft der Beweis für den vermeintlichen geistigen Abbau im Alter praktisch auf ein Nichts zusammen.

Solche Abweichungen werfen ein Schlaglicht auf die Schwierigkeiten, einen echten von einem nur scheinbar augenfälligen Biomarker zu differenzieren. Um einer strengen Prüfung standzuhalten, muß ein derartiger Marker bestimmte Bedingungen erfüllen. Zunächst muß er während einer begrenzten Zeitspanne auftreten. Zweitens und drittens muß er unvermeidlich und irreversibel sein.

Die meisten Kinder z. B. verlieren ihre Milchzähne um das sechste Lebensjahr und bekommen dann ihre bleibenden Zähne. Der Durchbruch der bleibenden Zähne ist ein Biomarker, weil er bei jedem Menschen zu einer ziemlich genau vorhersagbaren Zeit eintritt. Dagegen ist der Verlust der Zähne ein schlechter Biomarker. Zahnverlust ist nicht voraussagbar, denn wir können Zähne aus verschiedenen Gründen einbüßen: durch ungenügende Zahnpflege, falsche Ernährung oder durch einen Unfall; und das kann in jedem Alter passieren.

Überdies muß der Biomarker unvermeidlich auftreten und darf nicht bloß als Folge irgendeiner Handlung seitens des Individuums erscheinen. Bei einem Jugendlichen z. B. führen hormonelle Veränderungen zur Pubertät. Bis jetzt können Hygienegewohnheiten, Ernährungsweise oder körperliche Aktivität bei einem Sechsjährigen die Pubertät weder auslösen noch verhindern.

Die dritte Voraussetzung gebietet, daß ein echter Biomarker im strengsten Sinn nicht reversibel sein darf. Das Zahnen ist irreversibel, desgleichen die Pubertät. Doch stellen Sie sich vor, daß sich ein Junge oder ein Mädchen von zehn Jahren mit seinem schönen bleibenden Gebiß von Süßigkeiten und Kartoffelchips ernährt. Wahrscheinlich wird dieses Kind dick werden. Das Übergewicht läßt sich durch gesündere Ernährung und körperliche Bewegung reduzieren, es ist also reversibel.

Folglich ist das Gewicht kein Biomarker. Wenn andererseits über eine voraussagbare Zeitspanne die Muskelmasse oder Leistungsfähigkeit des Herz-Kreislauf-Systems unwiderruflich abnimmt, obwohl wir uns fit halten und richtig ernähren, ist das ein echter Biomarker.

Im Lauf der Jahrhunderte wurde eine Fülle körperlicher Veränderungen als Biomarker aufgefaßt. Etliche von ihnen wurden später verworfen, weil sie eine, zwei oder alle drei Bedingungen nicht erfüllten. Durch ständige Überprüfung kristallisierte sich eine Liste von Merkmalen heraus, die derzeit als echte Marker des Alterns gelten. Es wäre tröstlich, könnte man diese Liste für endgültig halten, aber das ist nicht der Fall. Sie wird ständig revidiert, und die Gründe dafür sagen eine Menge über das Wesen des Alterns an sich aus.

Zunächst erweist sich, daß viele Ereignisse, die vormals als vorhersagbare, unvermeidliche und irreversible Zeichen des Alterns galten, nichts dergleichen sind. Beispielsweise hielt man früher den Verlust an Kraft im höheren Alter für unvermeidlich und auch für irreversibel. Das war vor 1990. Dann beschloß ein Forscher, das nachzuprüfen, indem er zehn freiwillige Versuchspersonen, alle gebrechlich und älter als neunzig Jahre, einem achtwöchigen intensiven Training mit Gewichten unterzog. Bei den neun Personen, die das Training bis zum Schluß absolvierten, nahm die Kraft um phänomenale 174 Prozent zu.

Ein zweites Prinzip, das die fließenden Grenzen beim Altern aufzeigt, ist die Tatsache, daß dieser Prozeß viel früher in unserem Leben einsetzt, als gemeinhin angenommen. Bereits im zweiten und dritten Lebensjahrzehnt treten die Biomarker des Alterns allmählich in unserem Körper auf. Es dauert weitere dreißig bis vierzig Jahre, bis sie uns mit ihrer vollen Wucht treffen. Bei den während des Koreakriegs gefallenen amerikanischen Soldaten ergaben z. B. die Autopsien, daß mehr als 75 Prozent Cholesterinablagerungen in ihren Blutgefäßen hatten. Das Durchschnittsalter der Gefallenen betrug aber nur 22 Jahre.

Der vielleicht gewichtigste Faktor, der uns zwingt, die Liste der Biomarker neu zu schreiben, ist die große Verschiedenheit der alten Menschen selbst. So gesehen sind sie wie Kinder, die sich weigern, sich auf die ihnen zugewiesenen Plätze zu setzen und beim Verlesen ihrer Wehwehchen »hier« zu rufen.

Nachdem Forscher ausgewählte Gruppen einer einzigen Nation 35 Jahre lang beobachtet haben, stellt sich heraus, daß das Alter kaum jemals bei zwei, geschweige bei allen alten Menschen die gleichen körperlichen Veränderungen bewirkt.

Menschen in den Fünfzigern und darüber gleichen sowohl biologisch als auch psychologisch einander weniger als irgendeine andere Altersgruppe. Um ein Bild zu gebrauchen, es ist, als wäre das Leben ein zugeklappter Fächer, der mit einem Muster bedruckt ist, das auf jeder Falte nach oben verläuft. Wenn der Fächer geschlossen ist, bei der Geburt, sind die identischen Teile dicht beieinander, und das Muster der Falten überschneidet sich. Im weiteren Verlauf des Lebens jedoch öffnet sich der Fächer. Die Menschen werden verschiedener voneinander, im mittleren Alter sind die Bestandteile des Musters weiter voneinander entfernt als in der Kindheit. Beim Eintritt des Alters mögen die Falten des Fächers das gleiche Muster aufweisen, aber es wird äußerst schwierig, seine Teile zu verbinden. Die Enden der Falten liegen so weit auseinander, daß man das Gesamtbild kaum mit einem Blick erfassen kann.

Wir wollen sehen, wie diese Prinzipien funktionieren, und zu diesem Zweck einige häufige Biomarker betrachten. Dabei sollten Sie bedenken, daß wir das eigentliche Muster des Fächers vielleicht noch gar nicht richtig erkennen. Vielleicht sehen wir statt dessen nur das Muster von Licht und Schatten, wenn der Fächer bewegt wird.

≡ Man ist so alt, wie man aussieht

Graue Haare, faltige Haut, Leberflecken – diese Klagen führen oft die Liste der Beschwerden über die sichtbaren Veränderungen an, die das Älterwerden begleiten. Sie kennzeichen eine sachliche Definition des Alterns, doch wenn wir genauer hinsehen, wird der Status als echter Biomarker zumindest bei einem dieser Kennzeichen fraglich.

Das Ergrauen der Haare scheint unvermeidlich zu sein. Um die Dreißig stellt einer von zehn Menschen die ersten weißen Haare bei sich fest. Die Hälfte der Vierzigjährigen ist mehr oder weniger ergraut oder greift zur Farbflasche. Mit siebzig haben praktisch alle einige graue Haare, und etliche, die schon mit dreißig die ersten grauen Haare bekamen, sind jetzt weiß.

Die Haare werden weiß, weil die Haarwurzeln aufhören, das Pigment zu bilden, das unserem Schopf seine Farbe verleiht. Das Haar bekommt nicht etwa eine neue Farbe, es ist einfach farblos – weiß. Mit den noch pigmenthaltigen Haaren entsteht der Eindruck von Grau. Zwar kann dieses Ereignis unserer Eitelkeit einen schweren Schlag versetzen, es hat aber keinerlei Einfluß auf unsere Gesundheit.

Mit dem Alter scheinen auch mehrere andere Haarveränderungen unvermeidlich zu sein. Die Kopfhaut neigt dazu auszutrocknen, was die verminderte Aktivität der Talgdrüsen spiegelt. Die Haare werden zunehmend spröde und brechen leichter ab. Währenddessen ändert sich auch die Dicke des einzelnen Haars, teilweise weil der Umfang des Haarschaftes abnimmt. Diese Abnahme des Haardurchmessers setzt bereits ein, bevor wir vierzig sind, und mit siebzig ist ein Teil unserer Haare so fein wie bei einem Neugeborenen. Diese dünn gewordenen Haare müssen einen unverändert dicken Kopf bedecken, d.h. sie decken ihn unzureichend.

Dazu kommt, daß manche Menschen von Natur aus weniger Haare haben. Der Haarverlust tritt bei Männern und bei Frauen ein, aber in diesem Fall hat der Mann, genetisch bedingt, den höheren Preis zu zahlen. Etwa 15 Prozent der Männer beobachten schon mit Mitte Dreißig die ersten kahlen Stellen, die Hälfte der über 60jährigen hat mehr oder weniger ausgeprägte »Platten«. Es scheint, daß die Haarfollikel im Alter auf die Anwesenheit männlicher Hormone reagieren, indem sie sich zurückbilden und nur noch wenige zarte Haare produzieren. Neuerdings wurde nachgewiesen, daß bestimmte Formen männlicher Glatzenbildung mit einem erhöhten Herzerkrankungsrisiko korreliert sind, aber die Glatzenbildung an sich ist harmlos, außer daß sie das Bild stört, das man von sich hat. Was immer die Erkrankung des Herzens fördert, könnte auch für die Glatzenbildung verantwortlich sein.

Altern geht unter die Haut

Die Veränderungen der Haut laufen denen der Haare parallel, wenngleich – anders als das Grauwerden der Haare – die Faltenbildung der Haut nicht jedem widerfährt. Auch entstehen die Falten nicht gleichmäßig auf der gesamten Haut. Das bedeutet, daß manche Falten durch unsere Gewohnheiten bedingt sind. Der Preis für diese Gewohnheiten wird allerdings mit zunehmendem Alter höher.

Im allgemeinen treten Anfang Dreißig die ersten Falten auf der Stirn auf, und um Mitte Dreißig zeigen sich Krähenfüße unter den Augen. Sie breiten sich Ende Dreißig und Anfang Vierzig rund um die Augen aus. Die Augenfältchen kommen zuerst, weil die Haut um die Augen nicht nur dünn und empfindlich ist, sondern praktisch dauernd bewegt wird, wenn wir blinzeln, schielen, lächeln oder die Stirn runzeln. Würden wir unser Leben verschlafen, dann bekämen wir vielleicht gar keine Falten; freilich würde uns dann sehr viel entgehen.

Etwa ab vierzig vertiefen sich allmählich die Falten im Gesicht und prägen unseren Charakter in unsere Haut. Auch hier beginnt die Veränderung, wie so oft, unter der Oberfläche. Unter der Haut, die wir tagtäglich sehen, liegen Binde- und Stützgewebe. Ein Teil der Zellen dieses Unterhautgewebes ist elastisch und verleiht der Haut ihre Geschmeidigkeit. Der andere Teil ist starr und fest wie Draht und erhält die Haut straff. Wie Sie wohl schon vermutet haben, verursachen diese starren Fasern die Probleme.

Es ist so, als wäre die Haut eine Art Kettenhemd, eine sehr nützliche Konstruktion, da sie nicht nur schützt, sondern auch Bewegung zuläßt. Bei unserer Geburt ist diese Rüstung tadellos in Schuß, die Kettenglieder sind in jede Richtung leicht verschieblich. Unser Kettenhemd ist glatt und fließend wie ein leichter Umhang. Mit den Jahren werden dann einige der Glieder blockiert, als wären sie mit einem extra Stückchen Draht an den Nachbargliedern festgebunden. Diese »Verkantung« findet nicht nur in der Haut, sondern in allen Geweben unseres Körpers statt.

Infolge der zusätzlichen Querverbindungen kann sich die Haut nicht mehr so leicht in jede beliebige Richtung verschieben oder verziehen. Noch ist sie so elastisch wie bisher, aber die mit jedem Jahr zunehmenden Verbindungen außer der Reihe bewirken, daß die Haut eine eingenommene Form nicht so rasch aufgibt. Diese mangelnde Geschmeidigkeit läßt sich leicht nachweisen, indem man am Handrücken mit Daumen und Zeigefinger ein Stückchen Haut abhebt. Jüngere Haut wird nach dem Loslassen viel schneller wieder glatt anliegen als ältere. Die jungen Zellen sind nicht an so vielen zusätzlichen Stellen miteinander verwachsen.

Das Verhärten des Unterhautgewebes richtet keinen wirklichen Schaden an. Andere Veränderungen hingegen können Beschwerden verursachen. Die Talgdrüsen werden träge, so daß die Haut unzureichend nachgefettet wird und sich trocken und rauh anfühlt. Die oberen Schichten bilden weniger neue Zellen, daher wird die Haut dünner und verletzungsanfälliger. Gleichzeitig läßt die Leistungsfähigkeit des Netzes von Kapillaren und kleinen Venen nach, über das die Versorgung der Haut mit Sauerstoff und Nährstoffen stattfindet. Die Haut wirkt dann weniger frisch und ist schlecht durchblutet.

Natürlich nimmt die Haut trotzdem nach wie vor ihre Aufgaben wahr. Am schnellsten können Babys untergegangene Zellen ersetzen. Das Tempo, mit dem sich die Haut im Erwachsenen- und im Greisenalter erneuert, bleibt weitgehend stabil. Hinsichtlich der Regulierung der Körpertemperatur war die Lehrmeinung der Medizin, daß die Schweißdrüsen mit zunehmendem Alter unzulänglicher funktionieren, doch haben neuere Forschungsergebnisse diese Auffassung erschüttert. Eine Untersuchung belegt, daß ältere Männer, die gesund und körperlich fit waren, genauso gut schwitzen und somit ihre Temperatur regulieren wie gesunde jüngere Männer. Beide Gruppen vermochten größere Mengen Schweiß zu produzieren – was zwar meist gesellschaftlich verpönt ist, aber gerne in Kauf genommen wird, wenn man sich abkühlen will –, und zwar besser als junge Männer, die nicht sehr gut in Form waren.

Die unvermeidlichen Veränderungen unserer Haut – Verlust der Geschmeidigkeit, Dünnerwerden und Austrocknen – sind keine Gefahr für das Leben. Sie können jedoch durch unsere Lebensweise verstärkt werden. Und dadurch erhöht sich das Risiko für Erkrankungen.

Früher bevorzugten die Zigarettenhersteller für ihre Werbung die zerklüfteten wettergegerbten Gesichter von Cowboys, ein zutreffenderes Bild vielleicht, als ihnen bewußt war. Rauchen hat unter anderem zur Folge, daß die Haut schneller altert, und das Leben der Cowboys in Sonne und Wind macht die Sache nicht besser. Wind trocknet die Haut aus, und die UV-Strahlen der Sonne schädigen sie bis in tiefe Schichten. Bei der Reparatur, welche die Haut selbst vornimmt, können Fehler auftreten, die krebsfördernd wirken. Wie stark Sonne sich auswirkt, können Sie erkennen, wenn Sie die Haut am Handrücken und im Gesicht mit der an Hüften und Gesäß vergleichen. Hände und Gesicht waren häufig der Sonne ausgesetzt, Hüften und Gesäß in der Regel selten.

Ein weiteres Merkmal der alternden Haut sind Male, also Leberflecken, und jene besonderen bräunlichen Pigmentablagerungen, die Altersflecken. Bei den Leberflecken sind ältere Leute im Vorteil. Von der Kindheit an bilden sich meist immer mehr Male, die aber dann allmählich wieder verschwinden, so daß man im Alter weniger davon hat als in der Jugend. Die Altersflecken hingegen entstehen durch ein Pigment, das sich nach und nach in den Zellen des gesamten Körpers ansammelt, nicht nur in der Haut, sondern auch in der Leber, den Skelettmuskeln und im Gehirn. Diese Flecken scheinen keine Schäden anzurichten, sind aber ein untrügliches Zeichen, daß wir und unsere Haut älter werden.

Unwillkommene Bereicherungen

Unter den auftretenden sichtbaren Biomarkern gibt es zwei, die der Mensch selten an sich wahrnimmt, die aber von Gerontologen gern gemessen werden: die Gesamtlänge der Ohren nimmt um etwa 11 Prozent zu, und die Nase wird am Übergang der Nasenflügel in die Wangen um etwa 7 Prozent breiter. Dieser Prozeß beginnt in den Dreißigern und schreitet noch fort, bis wir die Siebzig überschritten haben. Glücklicherweise geht das so langsam vor sich, daß die wenigsten es gewahr werden.

Eine Verbreiterung jedoch, die wir bemerken, tritt um unsere Gürtellinie ein. Die Badezimmerwaage zeigt an, daß wir schwerer bepackt sind. Vielleicht fällt uns auch auf, daß die überzähligen Pfunde ungleichmäßig verteilt sind. Die Schultern werden schmäler, die Taille hingegen breiter. Waage und Spiegel können uns aber nicht sagen, was tatsächlich im Inneren vorgeht.

Der alternde Körper legt nicht einfach Fett zu, sondern seine bisherige Muskelmasse nimmt ab und wird durch Fett und nochmals Fett ersetzt. Auch wenn wir mit sechzig nur ein paar Kilo mehr wiegen als mit dreißig – das Mehrgewicht setzt sich anders zusammen.

Diese Verschiebung ist bei Frauen ausgeprägter. Mitte Zwanzig beträgt der Anteil an Fettgewebe bei ihnen im Durchschnitt 25 Prozent. Wenn sie Mitte Sechzig sind, ist dieser Anteil im Durchschnitt auf

43 Prozent geklettert. Bei Männern über Sechzig können 28 Prozent des Körpers aus Fett bestehen. In ihrer Jugend lag der durchschnittliche Fettanteil bei 18 Prozent. Unterdessen nimmt bei Männern wie Frauen die Muskelmasse ab. Vielleicht verschwinden die bisherigen Zellen aufgrund hormoneller Veränderungen. Um das zwanzigste Lebensjahr beginnen sie um etwa drei Kilogramm pro Dekade abzuschmelzen. Nachdem wir die Sechzig überschritten haben, ist unser Zellbestand um 30 Prozent geringer geworden. Die verbliebenen Muskelzellen warten natürlich auf ihren Abgang, deswegen ist es schwieriger, sie zur Teilnahme an irgendeinem Gruppenprojekt zu veranlassen. Dennoch können sie überzeugt werden.

Der Verlust an Muskelzellen scheint ein echter Biomarker zu sein, aber die Folgen müssen nicht unvermeidlich auftreten. So wie wir mehr Gehirnzellen besitzen, als wir jemals benutzen können, so verfügen wir über genügend Muskelzellen, um länger als hundert Jahre flink und beweglich zu bleiben. Das Blöde ist nur, daß diese Zellen einschlafen, wenn wir sie nicht gebrauchen. Sie können Nährstoffe nicht mehr so gut verwerten und Energie nicht mehr so gut freisetzen. Zahlreiche Versuche, in denen ältere Menschen trainiert wurden, zeigen jedoch, daß die Muskelzellen wieder munter werden, wenn sie nur unnachgiebig und immer wieder aufgescheucht werden. Die Muskelzellen werden dann größer und kräftiger und erinnern sich wieder, wie man eine Belastung aushält, ohne sich groß zu beklagen. So scheint wohl der Verlust an Zellen unvermeidlich zu sein, aber die Einbuße an Kraft bleibt reversibel.

═══ Allmähliche Veränderungen

Betrachtet man die sichtbarsten Biomarker genau, dann wird deutlich, wie schwer es ist, das Alter eines Menschen zu schätzen. Der Verlust von Muskelzellen scheint ein echtes Kennzeichen des Alterns zu sein, aber er setzt bereits um die Zwanzig ein, lange bevor wir ans Altwerden denken. Auch die abnehmende Geschmeidigkeit des Unterhautgewebes, die zur Faltenbildung beiträgt, beginnt früh, aber wir sind schon gut über dreißig, bevor die Haut um unsere Augen den deutlichen Beweis liefert. In ähnlicher Weise werden unsere Haare dünner, und Männer mit einer genetisch bedingten Anlage zur Glatzenbildung haben immer weniger zu kämmen. Der allmähliche Verlust wird aber auch hier für die meisten erst nach dem vierzigsten Lebensjahr deutlicher sichtbar.

Objektiv gesehen weisen somit Dreißigjährige alle Zeichen des Alterns auf. Trotzdem betrachten wir sie nicht als alt. Das liegt daran, daß speziell in puncto Älterwerden die äußere Erscheinung sehr in die Irre führen kann. Es ist Unsinn anzunehmen, das Alter sei etwas, das in einer bestimmten Phase unseres Lebens beginnt, denn wir altern, bevor wir es merken.

Wer sich mit Dreißig im Spiegel betrachtet, macht sich wohl kaum Gedanken über die Höhe seiner zukünftigen Rente oder ob er sich auf die Warteliste für ein Altenwohnheim setzen lassen soll. Es müssen vielmehr »innere« Ereignisse eintreten – die andere nicht sofort wahrnehmen können –, damit wir über den Preis der Jahre nachdenken. Diese Biomarker weisen uns darauf hin, daß wir auf unserer Lebensreise ziemlich weit gekommen sind, aber sie halten die Information zurück, bis es zu spät ist.

Man ist so alt, wie man sich fühlt

Sobald wir unser fortschreitendes Alter spüren, trifft uns die Erkenntnis wie ein Schlag. »Was, ich? Ich und alt?« Unser Körper reagiert zunächst nur mit einer allmählichen Anhäufung von Symptomen. Mit der Zeit akzeptieren wir dann, daß unser Körper nicht mehr der eines jungen Menschen ist. Den meisten kommt diese Einsicht in der vierten oder fünften Dekade ihres Lebens.

Damit verbunden sind Fragen über unsere Sexualität, unsere geistigen Fähigkeiten und unsere Krankheitsanfälligkeit. Wir müssen zwischen Beweis und Hörensagen trennen und uns entscheiden, ob wir den Geschichten trauen wollen, die über das Alter in vergangenen Zeiten kursieren. Von Anfang an stört dieser Prozeß in der Mitte des Lebens unsere intimsten Augenblicke.

Sind es die Hormone?

Mit Ende Vierzig erhalten die meisten Frauen ein deutliches Signal, daß die natürliche Phase ihrer Fortpflanzungsfähigkeit bald abläuft. Im Durchschnitt tritt die endgültige Menopause um die Fünfzig ein, aber die damit verbundenen Veränderungen können mehr als zehn Jahre früher oder auch später beginnen. Mit den sogenannten Wechseljahren geht häufig eine Fülle weiterer Symptome einher, von den sprichwörtlichen Hitzewallungen über Stimmungsschwankungen bis hin zur Knochenbrüchigkeit. Doch um kaum ein anderes Thema ranken sich so viele Mythen wie um die Wechseljahre. Der Glaube an diese Märchen nährt die Ängste sowohl der Frauen als auch derer, die ihnen zugetan sind.

Die Veränderungen treten in der Mitte des Lebens auf, weil unser Organismus, ob wir dem männlichen oder weiblichen Geschlecht angehören, einen Regelkreis beherbergt, in dem Hormone mit schöner Regelmäßigkeit erstaunliche Dinge leisten. Die Hormone, die den Fortpflanzungszyklus der Frau steuern, werden in zwei Organen dieses Funktionskreises gebildet, in der Hirnanhangsdrüse und in den Eierstöcken. Um ein Bild zu gebrauchen: unsere Hormone lassen uns dreißig bis vierzig Jahre lang durch Reifen springen und die Teller am Rotieren halten. Dann ändert der Zirkusdirektor (die Hirnanhangsdrüse) aus irgendeinem Grund den Ablauf der Show.

Östrogen weigert sich, wie angekündigt aufzutreten. Der Zirkusdirektor läßt das follikelstimulierende Hormon (FSH) das Östrogen immer wieder zum Auftritt rufen, aber der Ruf verhallt oft ungehört. Andere Hormone versuchen weiterzuarbeiten, können aber die eigenen Funktionen nicht immer synchronisieren. Nachdem die Abläufe durcheinandergeraten und Vorstellungen geplatzt sind, fällt schließlich die ganze Show ins Wasser.

Dazwischen liegen jedoch immer mal gelungene Auftritte und ein paar Monate, in denen einige Hormone zur Arbeit erscheinen, während andere ausfallen. Da man deswegen schwer sagen kann, ob alles zu Ende ist oder ob die Vorstellungen wieder aufgenommen werden, bezeichnet man die Zeit um die endgültig letzte Menstruation herum als »Perimenopause«. Die letzte Periode, aber vielfach auch die Zeit danach, wird als »Menopause« bezeichnet. Da die allerletzte Periode den vorausgegangenen gleicht, kann die Menopause nur im nachhinein datiert werden, wenn die Frau beim Rückblick feststellt, daß sie seit einem ganzen Jahr nicht mehr menstruiert hat.

Wäre die Menopause nur durch körperliche Faktoren definiert, dann würde man nicht viel Aufhebens darum machen. Doch sie bedeutet viel mehr, da sie meist in einem Lebensabschnitt eintritt, in dem sich auch viele andere Dinge ändern. Die Frau und ihr Lebenspartner sehen vielleicht ihrer Pensionierung entgegen. Die Kinder sind flügge geworden und verlassen das Elternhaus. Beförderungen im Beruf lassen auf sich warten. Die früher als lästig empfundenen bewundernden Pfiffe bleiben nun aus, wenn sie eine Straße entlanggeht. Für manche Frauen können psychische Faktoren das Ereignis der Menopause zu einer großen Belastung machen.

Trotz ihrer psychologischen Dimension ist die Menopause vor allem ein physisches Ereignis. Heute bezeichnen manche Fachleute die Zeit danach als »Östrogenmangelsyndrom«, ein Euphemismus, der aber das Ausmaß der dramatischen biochemischen Veränderung anerkennt. Heldin und zugleich Schurkin in diesem Drama ist das Östrogen.

Da die Frauen die meiste Zeit ihres Lebens unter dem Einfluß dieses Hormons stehen, bemerken sie seine Wirkungen kaum. Die wenigen Männer, die das Hormon aus therapeutischen Gründen einnahmen – z. B. im Rahmen einer Geschlechtsumwandlung –, können eine objektivere Aussage machen. Diese Männer wundern sich oft, wie gut sie sich fühlen, sobald sie Östrogen zu nehmen beginnen. Östrogen ist ein »Wohlfühl-Hormon«, und die Frauen sind daran gewöhnt. Wenn daher die regelmäßige Östrogenausschüttung wegfällt, kann es im Gefühlsbereich zu einer harten Bauchlandung kommen.

Durch die Bemühungen der anderen Hormone, den Zyklus erneut zu starten, werden die Entzugserscheinungen verschlimmert, und das ist mit plötzlichen Temperaturanstiegen, Energieverlust, schmerzenden Gelenken, Schlafstörungen und vielen anderen Beschwerden verbunden. Jede Frau, die das einige Jahre erlebt, läuft Gefahr, launisch zu werden – also alle Frauen.

Das Gefühl der Erschöpfung mag andererseits am Einfluß des Östrogens auf das Gehirn liegen. Forscher haben kürzlich herausgefunden, daß bei Ratten, denen man die Eierstöcke entfernt und damit die Östrogenzufuhr abgeschnitten hatte, die Zahl der Nervenverbindungen in einer bestimmten Gehirnregion rapide abnahm. Ratten ohne Ovarien lernten neue Aufgaben viel langsamer. Es scheint nun, daß Östrogen, das »Wohlfühl-Hormon«, die Leitungen zwischen den Gehirnzellen ordnet und das Lernen fördert.

Niemand behauptet, daß der Intelligenzquotient von Frauen nach der Menopause abnimmt. Neben der Einschränkung, daß Frauen und Laborratten wenig gemeinsam haben, würden die Frauen, wenn ihre geistigen Fähigkeiten geringer werden, dies zu kompensieren lernen. Dieser Vorgang könnte ähnlich ablaufen wie bei Menschen, die eine Hirnverletzung erlitten haben: neue Nervenverbindungen bilden sich aus, um die zerstörten zu ersetzen. Da die Menopause nicht abrupt eintritt, dürfte auch der Kompensationsprozeß allmählich erfolgen.

Viele Frauen fragen sich während der Wechseljahre, ob die hormonellen Veränderungen ihr Sexualleben beeinträchtigen könnten. Diesbezüglich stimmen die Forschungsergebnisse jedoch zuversichtlich. Einer Gallup-Umfrage zufolge gaben nahezu 40 Prozent der Frauen an, nach der Menopause habe sich die Beziehung zu ihrem Ehemann gebessert, und sie hätten mehr Spaß an Sex, seit sie nicht mehr fürchten müßten, schwanger zu werden. Manche stellen sogar fest, daß ihr sexueller Appetit irgendwann nach der Menopause zunimmt.

Schwerere und bleibende Folgen können entstehen, wenn sich das Absinken des Hormonspiegels nachteilig auf das Herz oder die Knochen der Frau auswirkt. Da Östrogen die Frau gegen Herzleiden schützt und ihre Knochen in Schuß hält, werden ältere Frauen fast so anfällig für Herzkrankheiten, wie Männer es zeit ihres Lebens sind. Außerdem laufen sie Gefahr, Osteoporose zu bekommen, eine Krankheit, die zu Kalziumverlust führt und die Knochen so porös macht, daß sie leicht brechen können.

Auch Männer können Osteoporose bekommen. Vielleicht weil ihre Knochenmasse größer ist, sind Knochenbrüche bei ihnen jedoch seltener. Das Risiko, herzkrank zu werden, tritt früher ein und bleibt lebenslang leicht höher als bei der Frau. Männer sind ebenfalls, wenn auch in geringerem Maße, von hormonellen Veränderungen in der Mitte des Lebens betroffen.

Bei Frauen sind sie zwar ausgeprägter, aber auch Männer erleben körperliche Veränderungen in der Mitte des Lebens. Die unterhalb der Harnblase gelegene Prostata oder Vorsteherdrüse vergrößert sich. Diese allgemeine Größenzunahme ist ungefährlich, wenngleich der Druck des vergrößerten Organs auf die Harnröhre das Wasserlassen behindern kann. Da die Ursache des Problems nicht sichtbar ist und da ein Prostatakrebs die gleichen Beschwerden bereiten kann, sollten sich Männer ab dem mittleren Alter regelmäßigen Vorsorgeuntersuchungen unterziehen.

Bei Männern ändert sich auch der tägliche Rhythmus der Testosteronbildung. Noch besteht eine abendliche Spitze, aber das zweite Tageshoch, früh am Morgen, ist nur noch halb so ausgeprägt wie bei jüngeren Männern. Infolgedessen beträgt der Testosteronspiegel bei einem Achtzigjährigen unter Umständen insgesamt nur noch 60 Prozent der Konzentration, die er als Dreißigjähriger hatte. Anders als die Frau bleibt der Mann fortpflanzungsfähig – manche haben noch mit neunzig Nachwuchs gezeugt –, aber die sexuelle Aktivität nimmt bei den meisten Männern ab. Bei Langzeituntersuchungen, die das Leben derselben Männer über Jahrzehnte begleiteten, stellte sich heraus, daß die Abnahme der sexuellen Aktivität und ihr Verlauf vor allem davon abhängt, wie sexuell aktiv ein Mann im Laufe seines Lebens war. Nicht nur bei Männern, auch bei Frauen hängt die sexuelle Aktivität im Alter davon ab, wie aktiv sie auf diesem Gebiet waren und wieviel Spaß sie daran hatten.

Studien dieser Art zerstören den Mythos vom Alter als geschlechtsloser Wüste. Inzwischen berichten andere Studien, daß nur wenige Männer und Frauen im Alter sexuell aktiv sind. Die Tatsache, daß die Berichte so stark voneinander abweichen, sagt eine Menge darüber aus, was in Studien über das Alter falsch laufen kann.

Die Untersuchung, bei der sich ein Zusammenhang zwischen sexueller Aktivität im Alter und früheren Erfahrungen herausstellte, beobachtete und befragte eine Gruppe von Individuen über mehrere Dekaden. Bei anderen Studien besteht der Ansatz darin, jeweils verschiedene Gruppen junger und älterer Männer nach der Anzahl ihrer jährlichen Orgasmen zu fragen. Eine dieser Studien verkündete, daß die Zahl von 121 Orgasmen pro Jahr beim typischen Dreißigjährigen auf 22 beim Siebzigjährigen sinkt, was den Schluß nahelegt, daß die sexuelle Aktivität erheblich abgenommen habe.

Natürlich gibt keine Studie Auskunft über die Aufrichtigkeit, mit der Junge und Alte diese Frage beantworteten. Auch kamen die Untersucher nicht auf die Idee, daß die jüngeren Männer kulturell wahrscheinlich so geprägt waren, daß sie häufiger die Partnerin wechselten. Anders als Längsschnittuntersuchungen werden Querschnittsuntersuchungen wahrscheinlich eine Abnahme der sexuellen Aktivität im Alter feststellen, aber sie laufen Gefahr, mangelnde Aktivität, mangelnde Libido und womöglich gar mangelnde Potenz miteinander zu verwechseln.

Ein Tausendsassa unter den Hormonen

Die Veränderungen bei anderen hormonellen Regelkreisen im Alter können dazu führen, daß sich der Körper nach einem Tag anstrengender körperlicher Arbeit nicht ausreichend erholt oder daß Verletzungen nicht mehr so rasch wie in der Jugend heilen. Haut- und Muskelzellen teilen sich noch immer so schnell wie früher, doch führt das Alter zu einer Abnahme von Faktoren, welche die Zellteilung fördern. Dies beruht zum Teil auf einem Phänomen, das man »Menopause des Wachstumshormons« genannt hat und das bei Männern und Frauen gleichermaßen auftritt.

Das Wachstumshormon ist ein Alleskönner: es trägt zur Wundheilung bei, zur gründlichen Reparatur von Haut und Knochen und anderen Organen, die tagtäglich auf Vordermann gebracht werden müssen. Es beeinflußt auch die Funktionstüchtigkeit des Immunsystems und den Fettstoffwechsel. Um das sechzigste Lebensjahr beginnt die Hirnanhangsdrüse die Ausschüttung dieses Hormons zu drosseln, und dies führt dazu, daß an allen genannten Fronten kürzer getreten wird.

Die Muskeln werden nicht mehr so schnell aufgebaut, und wenn sie nicht gebraucht werden, büßen sie ihre Kraft viel schneller ein. Eine Folge ist, daß wir nicht mehr so fest zupacken und so schwer heben können wie früher. Die Handkraft nimmt zwischen dem 25. und dem 75. Lebensjahr um etwa ein Drittel ab. Auch fällt es uns schwerer, uns zu bükken und eine Last zu heben. Der Körper wird steif und ungelenk. Es fällt schwer, die Zehen aus dem Stand mit den Fingern zu berühren, sich seitwärts oder ganz nach vorn zu beugen.

Obwohl die Abnahme des Wachstumshormonspiegels ein echter Biomarker sein kann, müssen die nachteiligen Folgen des Mangels für Kraft und Beweglichkeit nicht eintreten. Wie beim 70jährigen Gewichtheber oder beim 90jährigen, der sich Gleichgewichtsgefühl und Beweglichkeit durch T'ai chi erhält, hängt das Ausmaß dieser Veränderung weitgehend von der Lebensweise des einzelnen ab. Bedingt durch den niedrigeren Spiegel an Wachstumshormon und anderen Faktoren, wird es für den T'ai-chi-Meister und den Senior-Athleten vielleicht mühseliger sein, so gute Leistungen zu erzielen wie ihre Enkel, aber immerhin sind sie dazu imstande.

Die alternden Sinne

Um die Mitte des Lebens widerfährt es vielen von uns, daß sie sich beim Schielen erwischen, wenn sie einen näheren Blick auf das Kleingedruckte im Vertrag des Lebens werfen. Der Optiker bestellt Bifokalgläser für unsere Brille und benachrichtigt uns telefonisch, wenn sie da sind. Leider hören wir aber nicht, daß das Telefon läutet. Wir hören auch sonst schlechter. Gerade haben wir die neue Brille abgeholt und freuen uns, wieder gut lesen zu können, da wollen wir eines Tages eine harte Nuß knacken, und dabei bricht uns ein Zahn ab. So oder ähnlich scheint sich auf einmal alles aufzulösen.

Viele Menschen brauchen im mittleren Alter eine Brille, weil die Augen sich seit den Dreißigern verändert haben. Die Linsen verdickten sich, wurden etwas rauh und weniger elastisch. Die Pupille wurde kleiner, während die feinen Muskeln, die sie weiter und enger stellen, nicht mehr so schnell reagieren. In den Vierzigern oder Fünfzigern kann sich das Sehorgan nicht mehr so gut auf Nähe und Ferne und auf den Wechsel zwischen Hell und Dunkel einstellen. Dann können nur noch Brille oder Kontaktlinsen den Verlust an Sehkraft kompensieren.

In ähnlicher Weise geht es mit unserem Gehör bergab. Jahrzehnte zuvor, etwa mit zehn Jahren, funktionierte unser Gehör am besten, blieb jedoch während des frühen Erwachsenenalters annähernd gleich gut. Um das fünfzigste Lebensjahr fällt es uns dann zunehmend schwerer, Hintergrundgeräusche auszublenden und die Töne wahrzunehmen, die wir hören möchten. Bei normaler Gehörverschlechterung sind etwa 75 Prozent der Endsiebziger schwerhörig. Am ehesten werden die hohen Frequenzen nicht mehr wahrgenommen, speziell von Männern. Bei Frauen ist die Fähigkeit, das schrille Wimmern eines Säuglings oder den höchsten Ton einer Flöte wahrzunehmen, lebenslang besser.

Frauen besitzen auch einen präziseren Geruchssinn. Dieser wird aber bei Frauen wie bei Männern mit den Jahren schwächer. Warum dies geschieht, ist nicht bekannt, obwohl sich die Zellen, die uns Gerüche unterscheiden lassen, weiterhin erneuern. Doch müssen Gerüche – ob von Speisen, Blumen oder Parfüm – im höheren Alter intensiver sein, damit wir sie wahrnehmen können. Man hat festgestellt, daß die Hälfte der über Achtzigjährigen ihren Geruchssinn gänzlich eingebüßt hat und bei vielen 60- und 70jährigen schon eine deutliche Verschlechterung eingetreten ist.

Da der Geruchs- und Geschmackssinn den Appetit anregt, haben manche alten Menschen nicht mehr viel Freude am Essen. Früher glaubten die Wissenschaftler, daß mit zunehmendem Alter Geschmacksknospen zugrunde gehen, doch inzwischen hat sich herausgestellt, daß eine alte Zunge soviel Geschmacksknospen enthält wie eine junge. Nur reagieren die älteren Geschmacksknospen nicht mehr so empfindlich. Wir können noch recht gut die Geschmacksqualität »sauer« unterscheiden, so daß Zitronenmeringen ihr pikantes Aroma behalten, aber die Schwelle für »süß« scheint höher zu werden, so daß wir die Desserts nachsüßen. Auch hier ist die Schwelle bei Männern höher als bei Frauen, aber das könnte weniger ein Biomarker als durch die Lebensweise bedingt sein. Männer pflegen mehr Alkohol zu trinken und mehr zu rauchen, und beides beeinträchtigt die Geschmacksknospen. Bei Religionsgemeinschaften wie z. B. den Mennoniten, bei denen Rauchen und Alkoholgenuß verpönt sind, funktioniert der Geruchssinn bis ins hohe Alter vorzüglich. Es erstaunt nicht, daß wir uns sorgen, mit einem Schlag könnte alles vorbei sein. Sehvermögen und Gehör nehmen ab, Geruchs- und Geschmackssinn werden schwächer. Der saure Geschmack des Lebens ist klar und deutlich, während wir nur noch einen schwachen Nachgeschmack seiner Süße wahrnehmen. Irgendwann läßt sich die unerbittliche Anhäufung von Beweisen nicht mehr leugnen, und man fragt sich vielleicht:»Mit mir geht's wohl bergab?«

In einem körperlichen Sinn trifft dies wahrscheinlich zu. Wohl aber nicht in dem Bereich, in dem wir auf Draht bleiben müssen, um zu überleben. Hormonelle Veränderungen, einschließlich der geringeren Ausschüttung von Wachstumshormon, und die Veränderungen der Sehkraft, des Gehörs und des Geruchssinns sind wahrscheinlich echte Biomarker – Merkmale, die wir nicht aus eigenem Vermögen ändern können. Eine ganz andere Befürchtung vieler Menschen jedoch, nämlich das Gedächtnis und den Verstand zu verlieren, dürfte eher auf Einbildung beruhen. Im Gegensatz zur allgemeinen Überzeugung wird nicht der Verstand zuerst geschwächt. Tatsächlich verläßt er uns selten gänzlich.

Was wir alles im Kopf haben

Bei kaum einer Fragestellung zum Thema Altern gibt es mehr Ungereimtheiten als beim Schicksal des Gehirns und damit der Persönlichkeit. Die meisten Leute nehmen an, daß sie im Alter senil werden, unfähig zu lernen oder sich Veränderungen anzupassen, im besten Fall lächerliche alte Käuze, schlimmstenfalls mißgelaunte Narren. Von Kind auf haben uns Märchen und Volksglaube gelehrt, solche Menschen zu fürchten. Jetzt sind wir besorgt, wir könnten klassische Vertreter dieser Spezies werden.

Bemühungen, derartige Ansichten wissenschaftlich zu begründen, sind jedoch meist zum Scheitern verurteilt. Geschichten über den unvermeidlichen geistigen Abbau im Alter sind eher fragwürdig und wurden nicht selten als Irrtum erkannt.

Zum Beispiel haben moderne Wissenschaftler Obduktionsbefunde überprüft, die einige der ersten Alternsforscher erhoben hatten. Diese frühen Studien lieferten unwiderlegbare Beweise für den physischen Abbau im gealterten Gehirn, zumindest bis jemand fragte, um wessen Gehirne es sich handelte. Dabei stellte sich heraus, daß die frühen Studien an Gehirnen vorgenommen wurden, an die am leichtesten heranzukommen war: solche von Heiminsassen. Es gab Gründe, warum diese Menschen in Pflegeheimen untergebracht waren. Darüber hinaus kann der Aufenthalt in solchen Einrichtungen die Stimulierung verringern, die bewirkt, daß auf den Leitungen im Gehirn die Funken sprühen. Von derartigen Befunden auf ein gesundes Altern zu schließen wäre, als würde man die Geschwindigkeit eines Panthers im Käfig mit der Stoppuhr messen und daraus das Tempo von Panthern in freier Wildbahn ableiten.

Zwar führt das Altern »in freier Wildbahn« zu Veränderungen im Gehirn, aber moderne Untersuchungen zeigen, daß nahezu jegliche Degeneration geistiger Fähigkeiten krankheitsbedingt und nicht altersabhängig ist. Bei normalen gesunden Menschen dürften die meisten Gehirnzellen für immer, oder sagen wir zeitlebens, erhalten bleiben.

Wir verlieren einige Hirnzellen. Das geht schon früh los, wenn wir noch kein Jahr alt sind. Von da an bis zur Pubertät werden 30 bis 50 Prozent der Synapsen (Schaltstellen) in der Hirnrinde abgebaut. Im Jugendalter geschieht dieser Abbau langsamer, und während des Erwachsenenalters verlieren wir täglich bloß 100 000 Neuronen. Jenseits der Sechzig kann sich diese Verlustrate beschleunigen und eventuell wichtige Hirnbereiche für das Lernen und das Gedächtnis beeinträchtigen. Das ist eine unheimliche Vorstellung, zumindest bis man die Perspektive entzerrt.

Zum einen wird zwischen dem 20. und dem 90. Lebensjahr das Gehirngewicht durch den Nervenzellverlust um bloße 10 Prozent gemindert. Außerdem ergaben die bisherigen Bemühungen, Zusammenhänge zwischen Gehirnvolumen, Zellzahl und Intelligenzquotient herzustellen, nichts als negative Befunde.

Viele Hirnforscher bewerten den Zellverlust heute nicht als Schwächung, sondern als Verfeinerung. Der in der Kindheit erfolgende Abbau paßt das Gehirn anscheinend den jeweiligen Anforderungen an, wobei der Schaltplan endgültig festgelegt wird. Die normale Gehirnfunktion im Erwachsenenalter mag eine ähnliche Revision erfordern.

Andere Veränderungen bei zunehmendem Alter beinhalten, daß das Volumen des Gehirns schrumpft und sich die Gestalt der Zellen ändert. Durch die geringere Durchblutung werden weniger Nährstoffe herangeführt, manche Nervenfasern, die Nervenzellen miteinander verbinden, verschwinden; außerdem können Nervenfasern durcheinandergeraten und sich verheddern. Während der gleichen langen Periode jedoch kommt eine bestimmte Neuronenart zunehmend reichlicher vor. Dieses besondere Neuron ist mit einem Enzym angereichert, das die Kommunikation zwischen den Zellen fördert, und es ist auf höhere Denkprozesse spezialisiert.

═══ Die richtige Fragestellung austüfteln

Die Neurowissenschaftler haben die Landkarte des alternden Gehirns noch längst nicht fertiggezeichnet. Mittlerweile stellen Erziehungswissenschaftler und Psychologen ebenso wichtige Fragen danach, ob das alternde Gehirn noch seiner Aufgabe gewachsen ist. Auf den ersten Blick sieht es aus, als wäre dies leicht zu beantworten. Auf den zweiten Blick kann die Untersuchung, wie gut das Gehirn tatsächlich funktioniert, aufreizend komplizierte Probleme aufwerfen.

Eigentlich müßte es doch leicht sein, alte neben junge Leute zu setzen, sie denselben Test machen zu lassen und dann die Ergebnisse zu vergleichen. Dieser Ansatz kann erhebliche I.Q.-Defizite aufdecken – bei der Intelligenz der Versuchsleiter. Alte und junge Menschen sind durch ihre jeweilige Erziehung so verschieden wie Einwohner von Bombay und Boston; sie lassen sich nicht einfach am Schreibtisch miteinander vergleichen.

Alte und Junge wurden in verschiedenen Schulsystemen ausgebildet. Sie haben sehr unterschiedliche Lebenserfahrungen und haben vermutlich ganz verschiedene Erwartungen an sich als Testpersonen. Es stellt sehr hohe Anforderungen an den Untersucher, solche Faktoren auszuklammern. Problematisch ist außerdem, welche Gruppen man überhaupt vergleichend testen kann.

Auch hier Fallstricke allenthalben. Typisch ist beispielsweise eine Studie, die in einer Merkprüfung 60 ältere Erwachsene mit Universitätsstudenten verglich. Die älteren Probanden konnten sich fast so viele einzelne Wörter merken wie die Studenten, aber ihre Leistung nahm in dem Maße ab, wie die Sätze komplizierter wurden. Bei den sehr Alten war die Merkfähigkeit für einen einfachen Aussagesatz – »Fred fuhr den

Bagger« – um 10 Prozent schlechter als bei den Collegestudenten. Wenn der Satz verschachtelt wurde – »Fred, der Bankangestellte aus Topeka, fuhr den Bagger, den er vom Kiwanis Club geliehen hatte, auf den Parkplatz des überteuerten Hotels.« –, fiel die Leistung der sehr Alten 28 Prozent unter die der Studenten.

Diese Ergebnisse erscheinen ziemlich einleuchtend, bis uns einfällt, daß Collegestudenten normalerweise täglich Stunden damit verbringen zu lesen, Vorlesungen zu hören und Notizen zu machen. Um vergleichbare Testbedingungen zu schaffen, dürften nur über 80jährige Probanden in den Test genommen werden, die als Gerichtsreporter gearbeitet hatten.

Eine zunehmende Spitzfindigkeit beim Versuchsdesign schließt verfälschende Zufälle aus, und dann funktioniert die Sache. So wurde bei alten und jungen Menschen die Reaktionszeit bestimmt, das Erinnern von Adressen, ihre Fähigkeit, Buchstaben in Unsinnswörtern zu erkennen. Es wurde überprüft, wie gut sie Entwürfe mit Bauklötzchen nachbauen, Objekte in zufälligen Arrangements wiedererkennen und Bilder identifizieren, die blitzartig auf eine sonst dunkle Leinwand geworfen werden. All diese Studien ergeben ein sehr verwirrendes Bild, eine Doppelbelichtung mit derart vielen Überschneidungen zwischen Jungen und Alten, daß sich oft gar keine Rückschlüsse auf die geistigen Fähigkeiten beider Gruppen ziehen lassen. Biomarker für das Gehirn zu definieren gleicht etwa dem Versuch, Farbtupfer auf fließendes Wasser zu malen.

Bei ungewohnten Aufgaben nimmt die Reaktionszeit im Alter um 10 bis 20 Prozent ab. Derartige Aufgaben sind z. B. Tests, bei denen ein Licht im Augenblick, da es aufblitzt, durch Knopfdruck auszuschalten oder mit dem Finger soundsooft auf eine Unterlage zu klopfen ist. Überträgt man diese Ergebnisse auf alltägliche Aufgaben, dann mag sich ergeben, daß ein älterer Mensch vielleicht eine Viertelsekunde länger braucht, um ein Objekt zu identifizieren oder einen Tachometer abzulesen.

Allerdings ist es im Alltag selten erforderlich, ein aufblitzendes Licht auszuschalten oder mit den Fingern zu trommeln. Andere Studien versuchen nachzuweisen, wie schnell ältere Menschen vertrautere Aufgaben lösen, z. B. Druckfehler finden oder nach entsprechendem Training auf einen Reiz reagieren. In solchen Situationen sind die Reaktionszeiten von Jungen und Alten recht gut vergleichbar.

Natürlich läßt sich mit der Reaktionszeit nur messen, wie rasch ein Signal aus dem Gehirn irgendeinen Teil des Körpers erreicht. In bestimmten Situationen müssen wir schnell reagieren, doch meistens können wir auf unser Gedächtnis zurückgreifen, um zu denken und zu handeln. Solche Tests, die das Gedächtnis prüfen, sind wesentlich, um die echten geistigen Fähigkeiten zu bestimmen.

Die Prüfung des Gedächtnisses ist kompliziert, weil das Erinnern in zwei Stufen erfolgt. Zuerst machen wir eine Notiz auf dem informellen Notizblock des Kurzzeitgedächtnisses, mit dessen Hilfe wir Dinge erinnern, die wir weniger als eine Minute zuvor registriert haben. Dann gravieren wir diese Information ins Langzeitgedächtnis, das uns befähigt, Ereignisse oder Einzelheiten zu erinnern, die Jahre oder sogar Jahrzehnte zurückliegen. Bei gesunden älteren Erwachsenen funktioniert dieses Langzeitgedächtnis so gut wie bei jungen Leuten oder besser. Das Kurzzeitgedächtnis scheint einen deutlicheren Hinweis des Alterns darzustellen, aber auch seine Kandidatur als Biomarker wurde in Frage gestellt.

Bei Prüfungen des Kurzzeitgedächtnisses werden die Probanden z. B. aufgefordert zu verfolgen, welche Farben in einem Entwurf geändert wurden, oder Änderungen der Buchstabenfolge in Wörtern zu registrieren. In solchen Tests können die Älteren mit den Jungen Schritt halten, bis die Aufgabe zunehmend kompliziert wird. Das könnte beispielsweise bedeuten, daß man mehrere ähnliche Entwürfe sehr genau betrachten muß oder, statt in einem, die verdrehten Buchstaben in zwei sinnlosen Wörtern aufspüren muß. Wenn *xonst* zu *xnost* wird, halten die Älteren mit; wird *xonst lrinq* zu *xnost lirnq*, dann hinken sie hinterher.

Ebenso ergeben Tests, daß über 70jährige siebenstellige Telefonnummern weniger zuverlässig erinnern und einmal gezeigte einzelne und dann in einer umgruppierten Porträtgalerie vorgelegte Gesichter weniger leicht wiedererkennen. Es gab auch weniger Übereinstimmung, als ihnen Videos gezeigt wurden, auf denen sich Leute vorstellen, und sie die Namen den richtigen Gesichtern zuordnen sollten. Außerhalb des Testlabors klagen alte Leute am häufigsten darüber, daß sie große Probleme haben, sich an Namen zu erinnern. Im Labor hingegen stellte sich heraus, daß zwischen dem angeblich schlechten Namengedächtnis der Probanden und ihrer Leistung in konkreten Gedächtnistests kaum ein Zusammenhang besteht.

Die Schwierigkeiten der Senioren, kompliziertere Informationen im Kurzzeitgedächtnis zu verarbeiten, hat die Forscher veranlaßt, sich die Frage zu stellen, ob das Gehirn der Älteren anders mit Daten umgeht oder ob es ihnen nur schwerfällt, sich zu konzentrieren. Bislang spricht mehr für die letztere Erklärung. Ältere Leute haben offenbar mehr Probleme, »inneren Lärm« abzuschalten, nebensächliche Informationen auszuklammern, um das Wesentliche ins Licht zu rücken. Es ist, als stünde man im Lebensmittelgeschäft und würde nicht nur seine Einkaufsliste inspizieren, sondern sich gleichzeitig die Anordnung der Regale einprägen, die Hintergrundmusik mitsummen und einen sperrigen Einkaufswagen rangieren, der sich selbständig machen und quietschend in den Stand mit den Melonen rollen will. Natürlich gelangt man mit den gesammelten Einkäufen zur Kasse, aber es dauert eben etwas länger.

Ob diese Ablenkbarkeit durch längere Reaktionszeiten oder verringerte Konzentrationsfähigkeit bedingt ist, bleibt ein Rätsel. Manche Tests versuchen, die Konzentrationsfähigkeit zu messen – z. B. sollen die Versuchspersonen auf einer gepunkteten Linie jeden siebten Punkt markieren –, und dabei zeigt sich eine allmähliche Abnahme der Konzentration, die um die Vierzig einsetzt und sich nach dem 55. Lebensjahr beschleunigt. Doch in konkreten Situationen des wirklichen Lebens, die höchste Konzentration erfordern – etwa ein Musikstück komponieren oder einen Roman beenden –, sind die Ergebnisse weniger eindeutig.

Bei den Kreativen aller Bereiche weist die schöpferische Produktivität zum Ende des Lebens hin keine jäh abfallende Kurve, sondern eher eine sanft sich neigende Linie auf. Künstler um die Sechzig und Siebzig haben normalerweise mehr Einfälle als in ihrer Jugend, und sie produzieren mehr Ideen, als sie realistischerweise ausführen können. Ihre Werke sind jedoch meist geradliniger, wie eine Untersuchung von nahezu 2 000 Kompositionen nahelegt. Die späteren Werke der betreffenden 172 Komponisten waren melodisch schlichter und präziser. Nach dem Urteil von Musikwissenschaftlern wie auch dem Konzertpublikum konnten sich jedoch diese Kompositionen an Schönheit mit der früherer Werke messen.

Wenn »innerer Lärm« zur Verschlechterung des Kurzzeitgedächtnisses beiträgt, könnte dies teilweise dadurch bedingt sein, daß wir mit zunehmendem Alter Situationen zwiespältiger wahrnehmen. Das Leben lehrt uns, daß Ereignisse und Dinge oft komplizierter sind, als es auf den ersten Blick scheinen mag, und dies könnte die winzige Verzögerung unserer Reaktion verursachen. Klug angewandt, ist die Gewohnheit, zweigleisig zu denken, durchaus sinnvoll; aber ins Extrem getrieben, kann sie zu Unentschlossenheit und verspäteter Reaktion führen.

Ursachen der Leere im Gehirn

Weitere Faktoren, die für eine verminderte Denkschärfe verantwortlich sein können, sind physischer und psychischer Natur. Physisch betrachtet, scheinen die Fähigkeiten des Gehirns eng an den Blutdruck gekoppelt zu sein, und zwar kann ein unbehandelter erhöhter Blutdruck zu niedrigeren Intelligenzquotienten beitragen. Oft steigt der Blutdruck mit zunehmendem Alter, und gefährlich hohe Werte können das Gehirn schädigen.

Das gleiche trifft auf die Ursachen der sogenannten »Pseudosenilität« zu – endokrine Störungen, ungeeignete Medikamente, Wechselwirkungen zwischen Arzneimitteln und Überdosierungen, insbesondere von Tranquilizern. Wie der kindliche Organismus ganz charakteristisch auf Arzneimittel reagiert, so auch der Organismus des alten Menschen, der häufig altersspezifischer Medikamente und Dosierungen bedarf. Trotzdem ergab eine Untersuchung des Amerikanischen Ärzteverbandes, daß ein Viertel der Rezepte für alte Patienten nicht bedürfnisgerecht war.

Im Alter ändert sich auch das Schlafmuster, und die zunehmende Schwierigkeit durchzuschlafen scheint ein echter Biomarker zu sein. Tierversuche lassen vermuten, daß Schlafunterbrechungen das Erinnerungsvermögen beeinträchtigen können. Insbesondere vermögen Unterbrechungen der Traumphasen, des sogenannten REM-Schlafs (die Phase der schnellen Augenbewegungen, *rapid eye movements*), unser Lern- und Erinnerungsvermögen zu stören.

Nicht nur körperliche Probleme wirken sich auf unsere geistigen Fähigkeiten aus, sondern auch das Gefühlsleben. In dieser Hinsicht können die Märchen über das Altern die schlimmsten sich selbst erfüllenden Prophezeiungen hervorbringen. Wenn die Allgemeinheit glaubt und regelmäßig verbreitet, daß ältere Menschen geistig beschränkt, griesgrämig und verwirrt seien, dann verinnerlichen manche Leute dieses Urteil. Es hat sich z. B. herausgestellt, daß die Klagen von Älteren, altersbedingt oft Sachen zu vergessen, mehr mit der Stimmung als mit den geistigen Fähigkeiten zusammenhängen. Wenn andererseits ältere Menschen ein Training absolvieren, bei dem sie lernen, auf ihre geistigen Fähigkeiten zu vertrauen, dann schneiden sie bei Tests des Kurzzeitgedächtnisses besser ab als untrainierte Gleichaltrige.

Während solche Erkenntnisse die angebliche Unvermeidlichkeit des schlechter werdenden Kurzzeitgedächtnisses als Vorurteil entlarven, nähren neue Untersuchungen gleichzeitig den Verdacht, daß Streß die geistige Leistungsfähigkeit beeinträchtigt. Bei Versuchen mit Ratten, die mäßigem Dauerstreß ausgesetzt wurden, kam es zu beschleunigten Veränderungen im Gehirn, die normalerweise auf das »Alter« geschoben werden. Natürlich haben ältere Gehirne eine längere potentiell schädliche Streßkarriere hinter sich. Wenn sich entsprechende Schäden durch Streß häufen, kann dies zu einer Verschlechterung des Kurzzeitgedächtnisses beitragen.

Erfreuliche Aussichten

Obwohl ältere Leute lang unter dem Streß unserer Zeit gelebt haben, leiden sie nicht vermehrt unter Angst oder Depression. Dies entlarvt das Märchen von den griesgrämigen, depressiven Alten als das, was es ist – ein Märchen. Wenn alte Menschen einigermaßen gesund sind, sind sie genauso fröhlich oder niedergeschlagen wie junge. Selbst von den über 90jährigen geben 70 Prozent an, sorglos und guter Dinge zu sein. Sie fühlen sich nicht einsam, und wenn sie morgens erwachen, freuen sie sich auf den kommenden Tag. Anscheinend werden unsere Charakterzüge – munter, pingelig, grüblerisch oder unbekümmert – mit den Jahren nur ausgeprägter. Ein optimistischer Dreißigjähriger wird mit neunzig noch lebensbejahender sein. Und für den Pessimisten wird das Leben einfach noch schwerer.

Verzweiflung und Angst sind nicht altersgebunden. Wohl klagen ältere Leute häufig über Depressionen, aber auch jüngere sind davon nicht frei. Bei den Alten hängt die Depression meist mit dem plötzlichen Verlust eines geliebten Menschen oder mit einer körperlichen Erkrankung zusammen.

Die erschreckendste körperliche Erkrankung ist natürlich die Alzheimer-Krankheit. Sie kann jeden treffen, aber zu den zählebigen Märchen, an die immer noch viele glauben, gehört die Mär, daß praktisch jeder an Alzheimer erkrankt, wenn er nur alt genug wird. Das ist falsch.

Der Prozentsatz der Alten, die dement oder deutlich senil werden, ist geringer als der Prozentsatz der Leute, die in ihrer Jugend nachweislich geistesgestört sind. Von 20 Menschen wird einer im Alter von irgendeiner Form der Senilität heimgesucht; die an Alzheimer manifest erkranken, sind meist Anfang Achtzig. Aus Obduktionsbefunden von Menschen, die noch älter wurden, schließen die Experten heute, daß nur einer von dreien Zeichen einer beginnenden Alzheimer-Krankheit aufweist. Viele haben nie auffällige Symptome bekommen.

═══ Das Gehirn im Raster

Um die Teile eines noch unvollständigen Puzzles zusammenzufügen, haben die moderne Neurobiologie und Psychologie erfreuliche sowie einige wenige beunruhigende Berichte über das alternde Gehirn veröffentlicht. Ein besorgniserregender Bericht betrifft das Kurzzeitgedächtnis. Das gealterte Gehirn braucht den Bruchteil einer Sekunde länger, um Fakten, Gesichter, Zahlen oder Namen zu erinnern. Der Effekt ist ungefähr so, wie wenn man mit einem Hochleistungscomputer gearbeitet hat, der Daten praktisch ausspuckt, bevor man sie abgerufen hat, und dann auf ein Vorjahresmodell umsteigen muß. Aufgrund der vorausgegangenen Erfahrung, Daten blitzschnell auf den Bildschirm zu bekommen, erwartet man eine rasche Reaktion des Rechners, aber leider ist der Zugriff auf die Daten verzögert.

Im Alltag macht sich dieser Effekt jedoch selten bemerkbar, weil jeder Mensch mit einer etwas anderen Datenbasis und Zugriffsgeschwindigkeit begann. Wegen der Schwierigkeit, vergleichbare Tests zu entwerfen, sind außerdem sogar die Ergebnisse der Prüfungen des Kurz-zeitgedächtnisses mit Fehlern behaftet.

Am häufigsten finden sich derartige Schwächen in Studien, die Junge und Alte miteinander vergleichen. Sie zeigen sich aber nicht so deutlich bei vergleichenden Untersuchungen, in denen die Leistung eines einzelnen über Jahrzehnte beobachtet wird. Außerdem bewegt sich ein durchschnittliches Individuum, das siebzig Jahre oder länger gelebt hat, immer noch im Normalbereich von Zwanzig- oder Dreißigjährigen.

Was das Erlernen neuer Fertigkeiten angeht, wurde keine Minderung unserer Fähigkeiten nachgewiesen, nicht einmal bei Überneunzigjährigen. Kleine Kinder eignen sich z. B. sehr schnell neue Sprachen an. Oberschüler sind beim Spracherwerb nicht ganz so schnell, und ältere Leute halten mit den Oberschülern mit. Was den Intelligenzquotienten insgesamt betrifft, gibt es einige Hinweise, daß der I.Q. eines Individuums vier oder fünf Jahre vor seinem Tod merklich abnimmt. Dabei wird dieses Bild allerdings dadurch verfälscht, daß der Betreffende unter Umständen an einer unerkannten Krankheit leidet, die zum Tode führt.

Sofern schwere Erkrankung ausgeschlossen ist, bleiben ältere Menschen nachweislich geistig viel leistungsfähiger, als üblicherweise angenommen wird. Derartige Annahmen freilich beeinflussen möglicherweise die geistige Verfassung im Alter. Geringe Selbstachtung kann zu verminderter Leistung führen.

Eine 1994 von zwei Psychologen der Harvard Universität durchgeführte Studie liefert einen schlagenden Beweis. Die beiden Forscher untersuchten in China und den USA die Gedächtnisleistung bei zwei Gruppen älterer Menschen, und zwar bei Tauben und Hörenden. Die älteren hörenden Chinesen und die älteren tauben Amerikaner erzielten vergleichbare Ergebnisse und lagen bei den Tests leicht über der Leistung der Amerikaner, die hören konnten. Die Forscher schlossen daraus, daß die hörenden Testpersonen aus den USA mehr negative Aussagen über sich erfuhren und deswegen schlechtere Leistungen zeigten. Die tauben Amerikaner waren dagegen bis zu einem gewissen Grad gegen abwertende Aussagen geschützt. In der chinesischen Kultur wiederum wird das Alter geehrt. Alte Chinesen erwarten, wie die Menschen ihrer Umgebung, daß sie ein gutes Gedächtnis haben. In den USA sind die Erwartungen weniger schmeichelhaft.

Eine letzte falsche Vorstellung über das alternde Gehirn wird vielleicht erst in den kommenden Jahrzehnten wirklich widerlegt werden können, wenn die geburtenstarken Jahrgänge das mittlere Alter überschritten haben: daß wir, da die Fähigkeiten des alternden Gehirns nicht auffällig abnehmen, keinen Wandel unserer Interessen erwarten sollten. Aber der Geist *verändert* sich im Lauf der Jahrzehnte und damit auch das, was ihn beschäftigt. Manche Beobachter glauben, daß das Wachstum der bereits erwähnten enzymreichen Neurone im älteren Gehirn das Substrat bildet, auf dem Weisheit gedeihen kann. Falls dies zuträfe, könnte die Generation, die uns mit Hula-Hoop, Elvis und Woodstock beglückte, im Alter vielleicht noch für ihre Einsicht und Weisheit gerühmt werden.

≡ So alt wie die Zahl der Jahre

Wie wir aussehen, wie wir empfinden – das sind bestenfalls unsichere Anhaltspunkte, um den Prozeß des Alterns zu erfassen. Manche Menschen werden grau, bevor sie dreißig sind. Andere zeigen die Energie von Zwanzigjährigen, wenn sie ihren siebzigsten Geburtstag feiern. Dank diesen Abweichungen von der Norm muß die Suche nach echten Indikatoren des Alterns über unsere äußere Erscheinung und unsere Stimmung hinausgehen und sich tiefer mit den nicht sichtbaren Merkmalen im Körperinneren beschäftigen.

Wie bei anderen Spezies verändert sich auch unser Körper mit zunehmendem Alter deutlich. Die inneren Veränderungen lassen sich in zwei Arten unterteilen: die vielen, gegen die wir etwas tun können, und die wenigen, die sich bisher all unseren Bemühungen zu entziehen scheinen. Derzeit arbeiten Wissenschaftler intensiv daran, die letztgenannten Veränderungen zu erfassen und zu verhindern.

═ Woher wir wissen, was wir wissen

Die Erkenntnisse über beide Arten der Veränderung stammen aus über dreißigjähriger Forschungsarbeit. In Längsschnittuntersuchungen beobachtet man jahrzehntelang dieselben Individuen und registriert, wie sich ihre Erscheinung, ihre Einstellung und ihr Körper verändern. Es handelt es sich bei allen Probanden um Freiwillige, aber der großzügige Umgang mit ihrer Zeit ist wohl das einzige Merkmal, das auf sie alle zutrifft. Diese Durchschnittsmenschen – Geschäftsleute, Arbeiter, Hausfrauen und -männer, namhafte Persönlichkeiten, Rentner – stammen aus Städten und Gemeinden in der Nähe medizinischer Zentren. In vielen Studien spiegelt das Gruppenprofil die Zusammensetzung einer ganzen Region nach Alter, Geschlecht, Ethnien und wirtschaftlichen Verhältnissen.

Die berühmte Framingham-Studie z. B. begleitete das Leben von insgesamt zehntausend Bürgern des Staates Massachusetts sowie einiger ihrer Kinder seit 1949. Die Teilnehmer der Studie, im Alter zwischen zwanzig und siebzig Jahren, unterziehen sich zunächst einer Reihe standardisierter Tests, mit denen ihr allgemeiner Gesundheitszustand, vor allem aber der Zustand des Herz-Kreislauf-Systems beurteilt wird. Danach werden sie alle paar Jahre erneut untersucht.

Eine zweite, viel kleinere Studie begann 1955 mit 271 freiwilligen Probanden. Alle wurden zwei Tage lang gründlich untersucht, und zwar nicht nur der Zustand des Herz-Kreislauf-Systems, sondern so ziemlich jeder medizinische, psychologische und soziale Parameter. Seither sind diese Probanden alle paar Jahre ähnlich umfangreich nachuntersucht worden.

Die umfassendste Studie ist die Baltimore-Längsschnittuntersuchung. Sie begann 1958 mit 660 registrierten Probanden im Alter zwischen zwanzig und sechsundneunzig Jahren. Später stieg die Zahl der Probanden auf annähernd 2 000 Personen. Diese werden alle 18 Monate untersucht, und zwar von der Belastbarkeit des Herz-Kreislauf-Systems bis zu den Reflexen, vom psychologischen Profil bis zum Urinstatus.

Durch solche Studien will man exakt klären, wie der Durchschnittsmensch altert. Da die meisten Probanden kein außergewöhnliches Interesse an Fitneß oder Krankheitsvorbeugung haben, sind sie für die Normalbevölkerung repräsentativ. Die Teilnahme dieser Probanden an der Studie hat die Wissenschaftler viel gelehrt. Vor allem fanden sie heraus, was Altern nicht ist.

Die Ärzte im alten Ägypten glaubten z. B., daß der Prozeß des Alterns seinen Ursprung im Herzen habe. Diese Auffassung hatte jahrhundertelang großen Einfluß, und auch in unserer Zeit glaubten viele Wissenschaftler, daß die Herzfunktion im Alter unvermeidlich nachläßt. Heute wissen wir, daß die Herzleistung eines gesunden alten mit der eines jungen Menschen vergleichbar ist. Nicht das Herz ist der Schlüssel zum Altern.

Im Mittelalter hingegen glaubten die Gelehrten, das Alter treffe den Menschen als Strafe für begangene Sünden. Noch im 18. Jahrhundert hielten manche Altern für eine Krankheit, die durch äußere Anstekkung herbeigeführt wurde. Untersuchungen im 20. Jahrhundert belegen, daß Altern ein innerer, vielleicht stoffwechselbedingter Prozeß ist, vielleicht eine genetisch angelegte Abfolge von Ereignissen. Es ist so wenig eine Krankheit, wie es eine Strafe ist.

Schließlich glaubten die Menschen lange Zeit im Lauf der Geschichte, daß jeder gleich schnell altert, nämlich chronologisch nach Jahren. Diese Auffassung ist vielleicht am verbreitetsten und gleichzeitig am weitesten von der Wahrheit entfernt. Altern geschieht nämlich so individuell, daß man diesbezüglich kaum verbindliche Voraussagen treffen kann. Keine einzige läßt sich an ein bestimmtes Lebensjahr knüpfen.

Statt dessen altern verschiedene Organe und Systeme bei den einzelnen Menschen unterschiedlich schnell. Die Untersuchung des Alterns ist praktisch buchstäblich eine Untersuchung von Unterschieden.

Gemeinsamkeiten und Unterschiede

Innerhalb solcher Vielfalt sind zumindest ein paar Verallgemeinerungen möglich. Von diesen kennen wir am besten Veränderungen, die wir zu verhindern oder zu verzögern wissen. Diese beziehen sich auf vier Bereiche – wie gut unsere Atmung funktioniert, was mit unserem Blut los ist, wie unser Körper zusammengesetzt ist und wie gut unsere Systeme auf die äußeren Anforderungen reagieren.

Was die Atmung betrifft, nimmt das Luftvolumen, das bei einem Atemzug in die Lunge aufgenommen und aus ihr ausgestoßen wird, nach dem dreißigsten Lebensjahr allmählich ab. Obgleich diese Abnahme nicht unvermeidlich ist – konsequentes Training kann sie verzögern und in manchen Fällen sogar wieder rückgängig machen –, verschlechtert sich die Lungenfunktion während unserer restlichen Lebensjahre langsam und stufenweise. Infolgedessen beträgt unsere Vitalkapazität mit 57 Jahren nur noch 40 Prozent der Kapazität, die wir mit dreißig hatten.

Wir können auch nicht mehr so schnell ausatmen wie früher. Diese Fähigkeit, Luft schnell aus der Lunge auszustoßen (Atemstoßtest), gilt als einer der besten Indikatoren des biologischen Alters eines Menschen. Ihre Abnahme kann auf Strukturveränderungen des Brustkorbs, der Atemmuskulatur und der Lunge selbst beruhen. Wenn man mit nur 50 bis 60 Prozent der Vitalkapazität eines Dreißigjährigen lebt, bedeutet das nicht zwangsläufig, daß man nicht mehr bergauf wandern oder einen Endspurt machen kann – viele Siebzigjährige schaffen das –, aber es kann eine Erkältung oder eine Grippe gefährlicher machen. Wenn sich Flüssigkeit in der Lunge ansammelt oder Schleimansammlungen nicht rasch genug ausgestoßen werden, ist der Husten vielleicht nicht produktiv genug, um die Atemwege freizumachen.

Ähnlich können Veränderungen der Fließ- und Transporteigenschaften des Blutes, vor allem im Erkrankungsfall, schwerwiegende Folgen haben. Wenn wir im großen und ganzen gesund sind, spielen diese Unterschiede kaum eine Rolle.

Die meisten Menschen erfahren von diesen Veränderungen erst, wenn sie einen Arzt aufsuchen. Dieser wird routinemäßig den Blutdruck messen, egal ob wir krank sind oder uns nur vorsorglich untersuchen lassen wollen. Wir vergleichen die Werte, fragen uns, ob die höheren Zahlen durch Streß, Ernährung oder dadurch bedingt sind, daß wir uns abgehetzt haben, um pünktlich zu unserem Termin zu kommen. In den meisten Fällen ist ein allmählicher Anstieg nicht krankhaft. Unser Blutdruck wird einfach älter.

Dieser Parameter zeigt mehrere Merkmale dessen, was in unserem Herzen und unseren Arterien geschieht. Bei jungen Menschen liegt der normale Blutdruck bei 120/75 mmHg, beim Siebzigjährigen hingegen ist der durchschnittliche Wert auf 155/82 mmHg gestiegen. Die erste, höhere Zahl zeigt den Druck an, mit dem das Blut bei der Kontraktion des Herzmuskels in die Arterien gepumpt wird. Das ist der systolische Druck. Der zweite, kleinere Wert zeigt den Druck in den kleinen Arterien im gesamten Körper bei entspanntem Herzmuskel an. Das ist der diastolische Druck.

Fitneßtraining kann dazu beitragen, daß der Blutdruck niedrig bleibt, doch Erbfaktoren und die Ernährung spielen ebenfalls eine wesentliche Rolle. Solange die Werte einigermaßen im Normalbereich liegen, ist ein leichter Blutdruckanstieg mit zunehmendem Alter nicht gefährlich – er kann in Wirklichkeit sogar die Blutzufuhr zum Gehirn verbessern. Sobald jedoch dieser Parameter aus dem normalen Rahmen fällt, haben wir ein erhöhtes Risiko, einem Schlaganfall, Herzinfarkt oder anderen Krankheiten zu erliegen. Es ist noch nicht geklärt, warum der Blutdruck mit dem Alter zunimmt. Die meisten Experten gehen jedoch davon aus, daß die Elastizität sowohl des Herzmuskels als auch der Gefäßwände nachläßt. Außerdem können sich die Arterien durch Ablagerungen von Abbauprodukten unserer Nahrung verengen.

Der Ernährungsfaktor, dem in letzter Zeit ein Großteil der Schuld daran angelastet wird, ist Cholesterin, ein Fetteiweißkörper (Lipoprotein), dessen Konzentration im Blut mit den Jahren zunimmt. Zwar benötigen wir eine gewisse Menge an Cholesterin, um die Zellen, speziell Nervenzellen, zu schützen, und deswegen wird es auch in der Leber (und in der Darmschleimhaut) gebildet. Wird aber durch zusätzliches Cholesterin aus der Nahrung die Gesamtmenge hochgetrieben, kann dies zu Problemen führen. Da das Cholesterin in winzigen Partikeln im Blut transportiert wird, kann es an der Arterienwand hängenbleiben. Dabei entsteht eine wachsartige, gelbliche Plaque, welche den Durchmesser des Gefäßes verengt und seine Elastizität verringert. In verengten Gefäßen kann das zäh fließende Blut gerinnen und z. B. einen Herzinfarkt oder einen Schlaganfall auslösen.

Die Lipoproteine oder Blutfette kommen in mehreren Dichteklassen vor – am bekanntesten sind die Lipoproteine hoher und geringer Dichte, die guten HDL und die bösen LDL –, entscheidend ist ihr rechnerisches Verhältnis. Mit zunehmendem Alter bleibt zwar der HDL-Wert einigermaßen stabil, der LDL-Wert hingegen steigt allmählich an, und dieses unerwünschte LDL kann die Gefäßwände überziehen und dadurch ihre Versorgung mit Sauerstoff blockieren. Bei Männern erreicht dieser Anstieg um die Fünfzig ein Plateau; bei Frauen nimmt das LDL bis in die Siebziger zu.

Wir hören viel über die Gefahren eines erhöhten Blutfettspiegels – Schlagwort »Cholesterin« –, aber auch über die Möglichkeit einer

Vorbeugung durch cholesterinarme Ernährung, doch dürfte das Problem komplizierter sein, als bislang angenommen. Zunächst zeigte die Framingham-Studie einen besonders engen Zusammenhang zwischen Cholesterinspiegel und Sterblichkeit bei Männern unter 48 Jahren. Danach wurde die Korrelation schwächer. Die Forscher hoffen, daß eine gründlichere Untersuchung über die vielfältigen Zusammenhänge zwischen Cholesterin und Gesundheit speziellere Erkenntnisse ergeben könnte, wie man Erkrankungen des Herzens und der Gefäße auch durch Ernährung vorbeugen könnte.

Die Ernährung spielt auch bei einem anderen Zeichen des Alterns, das im Blut nachzuweisen ist, eine Rolle: bei der Zuckerverträglichkeit. Im höheren Alter nimmt der Blutzucker um circa 20 Prozent zu. Dies kann man im Blut und im Urin messen, und die Ursache für die erhöhte Konzentration läßt sich bis in die Bauchspeicheldrüse hinein verfolgen.

Normalerweise bildet das Pankreas genügend Insulin, damit unsere Zellen den mit der Nahrung zugeführten Zucker verwerten können; mit den Jahren nimmt die Insulinausschüttung jedoch ab. Gleichzeitig sprechen die Zellen des Körpers weniger gut auf Insulin an. Da diese beiden altersbedingten Veränderungen zusammentreffen, weisen 20 bis 30 Prozent der Menschen um die Siebzig anormale Blutzuckerprofile auf. Sie laufen Gefahr, an einem Typ-II-Diabetes zu erkranken. Dieser Altersdiabetes kann alle möglichen Folgen haben, von Schwäche und Erschöpfung bis zur Degeneration der Blutgefäße. Diät und körperliches Training können einem Ungleichgewicht des Blutzuckers vorbeugen helfen, unter anderem durch Reduktion des Körpergewichts.

Was die Waage verrät

Körperliche Aktivität trägt dazu bei, den Blutzuckerspiegel zu beherrschen, und kann auch einer weiteren Neigung des alternden Körpers entgegenwirken – der Verschiebung der Proportionen und der Gewichtszunahme. Nach einer Schätzung kann sich bei einer Frau, die zwischen 25 und 65 körperlich relativ träge ist, der Anteil des Fettgewebes nahezu verdoppeln. Männer legen nicht so leicht Fettpolster an, aber trotzdem nimmt die Sagittalachse, der lineare Abstand zwischen Nabel und Kreuz, im gleichen Zeitraum um 10 Prozent oder noch mehr zu. Der Körper hat so viele Fettzellen wie immer, aber deren Volumen wird größer, während die Muskelzellen schrumpfen. Infolgedessen nimmt das Gewicht des Fettgewebes zuungunsten des Muskelgewebes zu.

Eine Methode, diese Verschiebung zu untersuchen, besteht darin zu bestimmen, wieviel Sauerstoff vom Blut zum Muskelgewebe bzw. zum Fettgewebe transportiert wird. Bei einem Dreißigjährigen verwerten die Muskelzellen einschließlich der Muskelzellen des Herzens und der inneren Organe etwa 62 Prozent der Tageszufuhr an Sauerstoff mit der Atmung. Um das achtzigste Lebensjahr beträgt dieser Umsatz nur noch 47 Prozent. Hinsichtlich der tatsächlichen Muskelmasse kann dies einen jährlichen Verlust von einem halben bzw. einem Pfund Muskelmasse bedeuten. Da die dickeren Fettzellen den Unterschied ausgleichen, wird dieses Geheimnis auf der Badezimmerwaage nicht offenbar.

Ein weiterer Prozeß, der unbemerkt stattfinden kann, ist das Brüchigwerden der Knochen. Diese Veränderung setzt im frühen Erwachsenenalter ein, sobald die körperliche Entwicklung abgeschlossen ist. Solange wir jung sind und noch wachsen, bilden wir viele Knochenzellen; aber im mittleren Alter verlieren wir sie viel schneller, als neue gebildet werden. Von der Jugend bis ins hohe Alter werden bei Männern etwa 18 Prozent des gesamten Kalkgehaltes der Knochen, also Knochensubstanz, abgebaut, bei Frauen im Durchschnitt satte 28 Prozent.

Wenn wir nichts tun, um den Abbau aufzuhalten, nimmt die Knochendichte ab, die Knochen werden poröser und dadurch brüchiger. Kalziumzufuhr mit der Nahrung und in Form von Tabletten kann helfen, desgleichen körperliches Training, das die Knochen und Muskeln belastet, z. B. Gewichtheben, Gehen oder Radeln. Auch wenn wir uns nicht die Knochen brechen, werden wir irgendwann feststellen, daß wir kleiner werden. Im höheren Alter fordern kleine Knochenbrüche und Kompressionen der Wirbelsäule ihren Tribut, so daß ein Durchschnittsmann mit achtzig etwa vier Zentimeter kleiner ist als mit zwanzig.

Die meisten Menschen beobachten auch, vielleicht als Folge der sich ändernden Zusammensetzung des Körpers, daß im höheren Alter ihre Kraft nachläßt. Teilweise mag dies durch mangelnde Übung bedingt sein, die zur Atrophie von Muskelzellen führt; teilweise kann es auch durch Stoffwechselvorgänge verursacht sein. Jedenfalls können sich die

Muskeln nicht mehr so kräftig kontrahieren wie früher. Die ursprünglich vorhandene Muskelmasse kann zwischen zwanzig und siebzig Jahren um 30 Prozent oder mehr abnehmen, wobei der stärkste Verlust nach dem sechzigsten Lebensjahr eintritt. Am deutlichsten schrumpfen die Muskeln, die wir benutzen, um schwere Lasten zu heben oder um schneller zu gehen oder zu laufen.

Regelmäßiges körperliches Training zusammen mit vernünftiger Ernährung trägt offenbar dazu bei, diesen Verfall auf ein Minimum zu begrenzen, wenngleich ein gewisser Kräfteverfall unvermeidlich sein dürfte. Neuere Forschungsergebnisse besagen, daß etwa die Hälfte des Verlusts an Kraft auf falschem Gebrauch beruht; dabei bleibt dann immer noch die andere Hälfte zu erklären. Ein möglicher Faktor sind die starken Veränderungen, die auch im Stoffwechsel erfolgen.

═══ Der Kalorienbedarf wird im Alter geringer

Wenn wir die Dreißig überschritten haben, ändert sich nach und nach die Art, wie unser Organismus die zugeführte Nahrung in Energie verwandelt. Das Niveau, auf dem der Körper Energie auch im Ruhezustand verbraucht – der Grundumsatz –, nimmt allmählich ab. Der zunehmende Fettgehalt des Körpers ist zum Teil durch genau diese Stoffwechselveränderungen bedingt.

Ein zehnjähriges Kind z. B. mag täglich 2 000 bis 3 000 Kalorien benötigen, um zu wachsen und damit alle Funktionen seines Körpers optimal ablaufen. Dreißig Jahre später braucht dasselbe Individuum nur noch zirka 1 900 bis 2 300 Kalorien. Der Kalorienbedarf sinkt vom Erwachsenenalter an langsam um etwa zwei Prozent im Jahr, und wenn wir wie Teenager essen würden, ohne Knochen und Muskeln aufbauen zu müssen, würden wir fett wie die Schweine. Bei einem Achtzigjährigen dürfte ein Abendessen aus Tee und Toast durchaus sättigend, wenn nicht gar völlig ausgewogen sein.

Interessanterweise scheint unser Grundumsatz auch mit unserer Lebensdauer zu korrelieren, zumindest wenn wir uns mit Tieren vergleichen. Die Tiere, die Kalorien am schnellsten verbrennen, z. B. Mäuse und Spitzmäuse, haben die kürzeste Lebensdauer. Viele größere Tiere –

etwa Kühe, Pferde und Elefanten – verbrennen weniger Kalorien pro Kilo Körpergewicht und leben länger. Menschen sind erheblich kleiner als Elefanten, aber irgendwie haben wir es zu einem noch niedrigeren Grundumsatz gebracht als sie. Ein Elefant kann 70 Jahre alt werden. Menschen können 100 Jahre und älter werden.

Der Weg zu bleibender Gesundheit auch im Alter beinhaltet natürlich unter anderem, daß wir unsere Eßgewohnheiten dem veränderten Stoffwechsel anpassen. In den späteren Jahrzehnten sind die Riesenportionen, mit denen wir aufwuchsen, nicht mehr angemessen. Wer alt werden will, muß rechtzeitig kürzer treten. Einer Studie zufolge, die 1993 mit fast 20 000 Harvard-Absolventen durchgeführt wurde, lebten schlanke Männer länger, am längsten diejenigen, deren Gewicht um 20 Prozent unter dem Durchschnittsgewicht lag.

Die Temperatur im Inneren des Körpers

Der Energieumsatz und ebenso die hormonellen Umstellungen beeinflussen noch eine Altersveränderung, gegen die wir etwas tun können, nämlich unsere Fähigkeit, auf äußere Temperaturschwankungen zu reagieren.

Ein innerer Thermostat hält uns warm, wenn draußen eisiger Wind bläst, und schaltet auf Kühlung, wenn das Thermometer nach oben klettert. Leider aber reagieren wir mit zuehmendem Alter einfach nicht mehr so gut auf äußere Veränderungen. Wir werden anfälliger für Unterkühlung und Hitzschlag. Zumindest trifft dies für die meisten älteren Menschen zu. Wer körperlich aktiv ist und sich ausgesprochen fit hält, steuert dieser Tendenz entgegen, indem er mehr Wasser im Körper gebunden hält. Auf diese Weise kann der Körper durch Wasserabgabe seine Temperatur leichter regulieren, so daß er zumindest besser schwitzt, wenn es heiß ist.

Zwei Wege – richtige Ernährung und körperliche Aktivität – bieten sich auch hier bei einer Reihe von Veränderungen, die das Alter für die meisten Menschen bereithält, als Lösung an. Wie wir altern und folglich, wie wir uns dabei fühlen, wird in hohem Maße durch unsere Ernährung und körperliche Aktivität beeinflußt. Freilich können auch lebenslange optimale Ernährung und ideales körperliches Training den Niedergang nicht gänzlich aufhalten. Es gibt andere Veränderungen, gegen die zumindest bisher kein Kraut gewachsen ist. Diese Veränderungen, gegen die unsere besten Bemühungen nichts ausrichten, betreffen die Verdauung, den Zustand der Gewebe, das hormonelle Gleichgewicht und das Immunsystem.

≡   Unsichtbare Veränderungen

Wenn ein 75jähriger zum Arzt ginge, um sich untersuchen zu lassen, und behaupten würde, er sei erst sechzig, würden wenige Ärzte an seiner Ehrlichkeit zweifeln. Die meisten Zeichen des Alters, welche die Medizin messen kann, hängen nämlich sehr stark davon ab, wie wir gelebt haben. Ein 60jähriger Organismus kann durchaus so verbraucht sein wie ein 75jähriger.

Nichtsdestoweniger unterscheidet sich der Organismus des 75jährigen nachweislich von dem des 60jährigen. Einige innere Veränderungen schreiten fort, egal wie wir mit unserem Körper umgehen, und fordern ihren Tribut trotz rigoroser Trainingsprogramme, trotz bester Ernährung und trotz eines Lebens ohne jegliches Laster. Während keine dieser Veränderungen für sich allein uns das Leben kosten muß, lassen Untersuchungen des Alterungsprozesses vermuten, daß sie zusammenwirken und uns dadurch einem viel größeren Risiko aussetzen können. Neue Therapien zur Bekämpfung des Alterns müssen an diesen ursächlichen Verfallsprozessen ansetzen.

≡   Weniger Kalorien besser nutzen

Die allmähliche Verlangsamung des Grundumsatzes macht es einfacher, leicht zu essen. Tatsächlich nehmen die meisten Menschen weniger Kalorien zu sich, wenn sie älter werden. Doch was mit der Nahrung geschieht, nachdem sie in den Verdauungtrakt gelangt ist, unterliegt ebenfalls Veränderungen, und das mindert den Nutzen der Nahrung für uns.

Es braucht schon mehr Zeit, um einen Bissen Nahrung vom Mund über die Speiseröhre in den Magen zu transportieren. Diese Verzögerung beruht auf dem gleichen Tonusverlust der Muskeln, der es anderenorts erschwert, eine Last zu heben oder ein Glas mit festem Schraubdeckel zu öffnen. Die Muskeln des Verdauungstraktes können die Nahrung nicht mehr so zügig transportieren wie früher, daher verweilt sie länger im Darm. Diese Schwäche läßt sich kaum auf einen Mangel an Bewegung zurückführen; schließlich werden diese Muskeln immer, wenn wir essen, trainiert. Es scheint dies vielmehr eine unvermeidliche Folge der Muskelalterung zu sein.

Im Dickdarm hat diese Verlangsamung zur Folge, daß dem Nahrungsbrei mehr Wasser entzogen wird, was die Gefahr einer Verstopfung vergrößert. Da aber der Magen um die Zwanzig beginnt, weniger Verdauungssäfte zu produzieren, wird eine nahrhafte Mahlzeit im Alter schlechter verwertet.

Im Alter reizt der Magensaft die Magenschleimhaut häufig stärker , so daß man eher Sodbrennen oder andere Verdauungsbeschwerden bekommt. Dieser Prozeß kann zwar die Absorption von Vitaminen und Mineralstoffen beeinträchtigen, muß aber eine ausreichende Nährstoffaufnahme nicht verhindern, sofern wir uns vernünftig ernähren. Allerdings setzt dies eine ausgewogene Ernährung voraus. Die negativen Folgen einer nährstoffarmen Ernährung sind natürlich gravierender, wenn wir weniger essen.

Außerdem vertragen viele ältere Menschen keine Milchprodukte mehr, weil das Enzym (Laktase), das den Milchzucker spaltet, nicht mehr in genügenden Mengen gebildet wird. Der Umfang dieses Rückgangs scheint genetisch festgelegt zu sein, wobei nur 10 Prozent der hellhäutigen Menschen betroffen sind, dagegen mehr als 30 Prozent der Schwarzen, der Hispano-Amerikaner und amerikanischen Ureinwohner. Betroffen sind schließlich auch nahezu alle Asiaten.

Mit zunehmendem Alter vertragen wir auch Medikamente und Alkohol schlechter, doch in diesem Fall ist die Leber schuld. Sie braucht jetzt länger, um Arzneimittel und Alkohol abzubauen, so daß eine einzelne Dosis, sei es als Pille oder als Drink, länger im Körper verweilt und stärker wirkt. Gleichzeitig hat sich auch das Entgiftungssystem, das Toxine aus dem Körper eliminieren soll, verändert.

Untersuchungen der Leber- und Nierenfunktion, bei denen verfolgt wurde, welche Substanzen im Körper bleiben und welche ihn mit dem Urin verlassen, zeigten eine allmähliche Verschiebung der Funktionen dieser Organe. Bei über 50jährigen kann die Leber Stickstoff weniger gut abbauen. Auch die Kurve der Nierenfunktion neigt sich abwärts, und zwar sinkt sie zwischen dreißig und achtzig Jahren um fast 70 Prozent.

Keine dieser Veränderungen muß lebensbedrohlich sein, aber sie bestimmen, was wir essen dürfen und wann. Der ältere Organismus ist einfach empfindlicher gegen Extreme bei der Ernährung, seien es Riesenportionen, zu scharf gewürzte oder zu fette Speisen.

Hormonelle Hochs und Tiefs

Zur gleichen Zeit, da unser Verdauungstrakt langsamer wird, schaltet unser endokrines System einen Gang zurück. Allmählich zeigen sich die Auswirkungen des Alters an der Schilddrüse, den Eierstöcken und den Hoden.

Die Schilddrüse, ein kleines Organ direkt unterhalb des Kehlkopfes, schüttet Substanzen aus, die den Stoffwechsel beeinflussen, insbesondere den Kalziumstoffwechsel. Die Konzentration an schilddrüsenstimulierendem Hormon, die etwas über die Funktion der Schilddrüse aussagt, nimmt um das fünfzigste Lebensjahr allmählich zu und hat sich beim Achtzigjährigen mehr als verdoppelt. Dieses Hormon versucht, die Schilddrüse anzufeuern, damit sie mehr Hormon ausschüttet, aber offensichtlich reagiert die Schilddrüse nicht mehr so gut wie früher.

Auch die Funktion der Eierstöcke und der Hoden läßt nach, wenngleich ihre Bedeutung vielleicht überschätzt wird. Die hormonellen Luftsprünge des Jugend- und frühen Erwachsenenalters mögen in gewisser Hinsicht eine Abweichung in einem Organismus darstellen, der sich die meiste Zeit seines Daseins in ausgeglichenerem Zustand befindet. Schossen diese Hormone in der Jugend nach oben, so beginnen sie im vierten und fünften Lebensjahrzehnt zu sinken.

Etwa vom 30. Lebensjahr an nimmt der Testosteronspiegel ganz allmählich ab, wobei sich diese Abnahme nach dem 50. Lebensjahr beschleunigt. Dagegen steigt beim Mann das Östrogen an und ist bei Achtzigjährigen fast doppelt so hoch wie bei männlichen Jugendlichen. Bei Frauen verhält es sich genau umgekehrt, sie erleben einen Absturz des Östrogens, von einem Maximum in den Zwanzigern auf einen sehr niedrigen Wert mit Mitte Fünfzig.

Als Folge dieser ganzen hormonellen Umstellung wird eine Fortpflanzung viel weniger wahrscheinlich. Der heftige Trieb, mit dem die Natur den Menschen ausgestattet hat, um ihn für Zeugung, Empfängnis und Aufzucht von Nachkommen zu motivieren, scheint sich auf das Alter zu beschränken, in dem – zu Urzeiten – die Eltern gerade lange genug überlebten, um den Nachwuchs zu ernähren und zu schützen. Da in jener Zeit nur wenige älter als dreißig wurden, inszenierte die Evolution für etwa zehn Jahre ein hormonelles Feuerwerk, um die Erhaltung der Art zu sichern.

Mit zunehmendem Alter sind wir meist auch weniger geneigt, uns für irgendwelche sexuelle Akrobatik zu erwärmen. Es ist einfach mühseliger, die Körper umeinanderzuschlingen. Die Muskeln sind nicht mehr so geschmeidig wie früher, und die Gelenke schaffen den einst gewohnten Bewegungsumfang nicht mehr. Das liegt daran, daß das im Körper reichlich vorhandene kollagene Bindegewebe deutlich weniger geschmeidig ist. Wie das Kollagen, das die Haut straff erhält, unterlag auch das Kollagen im übrigen Körper einer chemischen Reaktion mit den Zuckern im Blut. Während die Zucker im Kollagen früher frei nebeneinander angeordnet waren, sind sie jetzt quervernetzt. Daher wird das Kollagen starrer, und seine Fasern verlieren einen Großteil ihrer Elastizität.

Ein Sicherungsnetz macht allmählich schlapp

Ein Verfall, der für unser Überleben wahrscheinlich viel bedeutsamer ist, erfolgt jedoch gleichzeitig in unserem Immunsystem. Wenn wir einen aktuellen Hauptschuldigen für das Altern benennen sollen – einen Schrittmacher des Alterns, wie die Ägypter ihn im Herzen erkannten –, dann ist es das Immunsystem.

Das Immunsystem besteht aus etwa einer Billion Zellen, die von Dutzenden Enzymen kontrolliert werden, und hat die Aufgabe, eindringende Fremdkörper zu bekämpfen. Es muß diese nicht nur erkennen, wenn sie in den Blutstrom eindringen, sondern muß auch Signale aussenden, um Verstärkung anzufordern, den Eindringling zerstören, wissen, wann es sich bremsen muß, und danach die Überreste vom Schlachtfeld räumen. Und für den Fall, daß der gleiche Eindringling wieder erscheinen sollte, muß das Immunsystem verzeichnen, wen es besiegt hat, und diese Information für spätere Zusammenstöße zu den Akten nehmen.

In einem so komplizierten System kann eine Menge schiefgehen, und mit zunehmendem Alter scheint unser Immunsystem eine Fülle von Veränderungen zu erfahren. In den ersten 25 bis 30 Jahren unseres Lebens bleibt es ziemlich gleich. Danach aber beginnt es an der Front – sie wird von den sogenannten T- und B-Zellen gebildet – zu bröckeln. Zwischen Mitte Zwanzig und Fünfzig nimmt unsere Immunfunktion ungefähr um die Hälfte ab.

Anscheinend werden weniger Immunzellen gebildet, und die vorhandenen funktionieren schlechter. Als Folge treten eine Reihe von Risiken auf. Erstens scheint es, wenn irgendetwas schiefgegangen ist, länger zu dauern, bis Immunität eintritt. Das bedeutet, daß eine gewöhnliche Infektion, etwa eine Erkältung oder ein Schnupfen, sich ziemlich ausbreiten kann, bevor der Organismus seine volle Abwehr aufgebaut hat. In der Jugend ist eine leichte Erkältung oft nach ein oder zwei Tagen ausgestanden. Im höheren Alter kann uns das gleiche Ereignis für eine Woche ans Bett fesseln. Daher ist bei einem Siebzigjährigen das Risiko, an einer Erkältung zu sterben, 35mal höher als in der Kindheit.

Dieses Nachlassen des Immunsystems erleben wir sogar an der Körperoberfläche, nämlich an der Fähigkeit unserer Haut, Mikroorganismen und andere schädliche Einflüsse von außen zu erkennen. Bei Substanzen, die früher eine sofortige allergische Reaktion mit Nesselfieber oder Rötungen ausgelöst hätten, dauert es nun länger, bis eine Reaktion eintritt. Die Zellen nehmen die Signale verzögert auf.

Endlich kommen die Immunzellen zu Hilfe. Bei älteren Menschen heilen Wunden meist so gut wie bei jungen, es dauert einfach nur länger. Leider ist es aber auch wahrscheinlicher, daß das ältere Immunsystem seine Arbeit übertreibt. Es setzt die Rettungsmaßnahmen fort, nachdem das Problem gelöst wurde, und kämpft grundlos weiter.

Solcher Übereifer führt zu einem rasanten Anstieg der Autoimmunkrankheiten im Alter. Bei der rheumatoiden Arthritis z. B. greift das Immunsystem offenbar die eigenen Gelenke an. Das Leiden beginnt normalerweise in den Vierzigern oder Fünfzigern und wurde als »beschleunigte Alterung« bezeichnet, weil es diesen Prozeß der zunehmenden Autoimmunität in erschreckender Weise vorführt. Bei einer selteneren Störung, der Dermatomyositis, löst das Immunsystem entzündliche Reaktionen in den Muskeln und in der Haut aus. Zwei Drittel der Menschen, die an Dermatomyositis erkranken, sind Frauen im mittleren Alter. In Extremfällen kann sich die Entzündung auf die Lunge und andere Gewebe ausbreiten.

Solche übermäßige Wachsamkeit des alternden Immunsystems bietet aber leider keine Garantie, daß jedes entstehende Problem beherrscht würde. Im Gegenteil, selbst wenn kein Eindringling von außen droht, kann eine fehlgesteuerte Immunfunktion lange Zeit fortdauern, ohne daß das Immunsystem aufgeschreckt wird. Bei Krebserkrankungen scheint eine derartige Fehlfunktion eine Rolle zu spielen.

Ein Tumor entsteht, wenn eine Zelle, während sie sich vor ihrer Teilung selbst kopiert, Einzelheiten der DNA falsch transkribiert (umschreibt). Die neue Zelle erbt den Fehler, und vielleicht erbt sie auch die Neigung, Fehler zu machen. Folglich teilt sie sich öfter als die Nachbarzellen, und bei jeder Zellteilung entstehen mehr zu Fehlern neigende Zellen. Die zunehmende Menge fehlerhafter Zellen übertrifft bald die der normalen. Die von diesem Primärtumor gebildeten Zellen verlieren inzwischen die Fähigkeit, auf die Signale zu reagieren, die sie an den Ort ihrer Entstehung binden; sie brechen aus, wandern mit dem Blut oder der Lymphe und beginnen, sich andernorts zu teilen.

Derartige Kopierfehler geschehen täglich während unseres gesamten Lebens, aber die T-Zellen des Immunsystems fangen sie ab und sorgen dafür, daß sie eliminiert werden, bevor sich ein Tumor bilden kann. Mit zunehmendem Alter finden vielleicht mehr Mutationen statt, vielleicht nehmen unsere zunächst sehr wirksamen Abwehrkräfte gegen sie ab, womöglich geschieht auch beides. Auch junge Menschen können an Krebs erkranken, aber für über Fünfzigjährige ist das Risiko weitaus größer.

Derzeit wird intensiv erforscht, warum diese Probleme beim alternden Immunsystem öfter auftreten. Die Forscher wollen herausfinden, wie sich das Knochenmark, in dem die Immunzellen gebildet werden, mit den Jahren verändert. Sie untersuchen auch, wie Hormone, Streß, einwirkende Toxine und sogar die Ernährung zu der schwächer werdenden Funktion des Immunsystems beitragen. Ein besonders vielversprechendes Organ für derartige Untersuchungen ist die Thymusdrüse.

Ein Organ, das verschwindet

Nachdem die Immunzellen das Knochenmark verlassen haben, begeben sich die meisten von ihnen zum Thymus, einem kleinen gelblichen dreieckigen Gebilde unter dem oberen Abschnitt des Brustbeins. Im Thymus reifen diese Zellen zu spezialisierten Formen heran, die bestimmte Funktionen wahrzunehmen haben, insbesondere die gezielte Bekämpfung von Bakterien, Krebszellen und Viren.

Der Thymus beginnt bereits vor unserer Geburt, diese wichtige Aufgabe zu erfüllen, und wächst während der gesamten Kindheit. Bei Zehnjährigen ist er etwa daumengroß. Nach der Pubertät jedoch fängt dieses Organ an zu schrumpfen. Zwar bleiben geringe Reste erhalten, aber bei Vierzigjährigen ist das Organ auf Röntgenkontrastaufnahmen nicht mehr zu erkennen. Danach verschwindet es praktisch ganz.

Manche Forscher halten den Thymus – und seine allmähliche Rückbildung – für einen möglichen Schrittmacher des Alterns. Sollte sich diese Annahme bestätigen, ließe sich das Altern verzögern, wenn man die Thymusfunktion entsprechend veränderte. Experimente mit Mäusen haben gezeigt, daß die Tiere mit größerem Thymus länger leben. Wenn man älteren Mäusen Thymuszellen von jungen Mäusen transplantiert, leben sie länger.

Beim Menschen funktioniert dieser Ansatz nicht, jedenfalls noch nicht. Trotzdem traten bei Insassen von Altenpflegeheimen, denen man bei Erkältungen ein Thymuspräparat gespritzt hatte, seltener Komplikationen und weniger Todesfälle auf. Vielleicht läßt sich der Körper eines Tages durch Gaben dieser körpereigenen Hormone überlisten, so daß er gesund bleibt.

===   Inneres Altern: die Unterschiede summieren sich

Niemand weiß, ob das Nachlassen der Immunfunktion primär durch die Rückbildung des Thymus bedingt ist, dessen wichtige Aufgaben dann nicht erfüllt werden, oder ob ein ganzes Bündel innerer Veränderungen zur Schwächung der Immunität führt. Auch die Frage »Was ist Altern?« kann nicht einfach aus dem Stand beantwortet werden. Allerdings fügt sich das breite Spektrum der Veränderungen zu einem einheitlichen Bild.

Mit zunehmendem Alter wird unsere Haut faltig, wir werden kleiner, sehen schlechter, und bestimmte Zellen im Gehirn verändern sich. Wir brauchen weniger Nahrung, nehmen aber leichter zu; eine nicht zu schwere Last können wir noch heben, aber es fehlt uns die Puste, um diese Last über eine größere Entfernung zu tragen. Vielleicht überstehen wir eine Krebserkrankung, um dann an den Folgen einer Erkältung zu sterben. Nicht nur die vielen Veränderungen, sondern auch ihre Folgen addieren sich.

Altern läßt sich nicht durch Fitneß aufhalten, allerdings kann man einigen Auswirkungen des Alterns zuvorkommen, indem man sich fit hält. Altern ist keine Krankheit, obwohl die Wahrscheinlichkeit zu erkranken mit den Jahren zunimmt. Alter ist, unverblümt gesagt, die größere Nähe zum Tod.

Keiner stirbt »am Alter«. Diejenigen aber, die lange genug leben, sterben wegen des Alters. Da so viele kleine Veränderungen eintreten, werden die Gefahren, die unser Körper bislang überwinden konnte, nun tödlich.

Wie der Tod kommt, hängt davon ab, welche Defizite bei einem Individuum jeweils zusammentreffen. Bei manchen wird diese Summierung von Defiziten durch eine geschwächte Herz- und Lungenfunktion beschleunigt, die vielleicht auf andere Systeme Druck ausübt. Bei anderen kann eine Osteoporose die Wende zu einem tödlichen Ereignis bedeuten, wenn gebrochene Knochen nicht zusammenheilen und die eingeschränkte körperliche Aktivität andere Organsysteme schwächt. Bei wieder anderen führt ein träges Immunsystem zu einem höheren Risiko bei einer Zellmutation oder gar einer harmlosen Infektion.

Es ist aber zu kurz gedacht, wenn man Alter als »die erhöhte Wahrscheinlichkeit zu sterben« definiert – genauso könnte man Autofahren als die erhöhte Wahrscheinlichkeit bezeichnen, einen Unfall zu erleiden. Derartige Vergleiche mögen teilweise zutreffen, führen aber nicht weiter. Wir wollen statt dessen wissen, warum Autofahrer Unfälle bauen. Mit diesem Wissen lassen sich Methoden der Unfallverhütung erarbeiten.

Trotz allem, was wir über die Vorgänge beim Altern wissen – über unsere äußere Erscheinung, unsere Empfindungen und unsere Physiologie –, fragen wir uns immer noch, warum diese Prozesse stattfinden. Wird der Prozeß durch irgendeinen Schrittmacher, wie etwa den Thymus, in Gang gesetzt? Oder addieren sich all die vielen inneren Veränderungen – vielleicht auf Zellebene – zu einem erhöhten Sterberisiko? Oder ist das Alter etwas, das uns von außen überkommt, die Folge von zu reichlichem, zu üppigem Essen, zuviel Sonnenbaden, zu häufigen Erkältungen?

Auch wenn wir die vielen Ebenen, auf denen sich Altern abspielt, auflisten, quält uns die Frage »Warum?« Wenn es uns gelingt, sie zu beantworten, können wir vielleicht die Geschwindigkeit des Alterns bremsen. Vielleicht können wir sogar die Zahl der Todesfälle verringern.

Warum wir altern

Das große »Warum?«

»Ein Rätsel in einem Geheimnis in einem Mysterium.«

Mit diesen Worten versuchte Winston Churchill 1939, Rußland zu beschreiben. Wissenschaftler, die Altern definieren sollen, fühlen sich oft wie seinerzeit Churchill. In Anlehnung an das Wort des Staatsmanns finden sie ein Rätsel, verborgen in einem Mythos, umrankt von Metaphern.

»Aber vielleicht gibt es einen Schlüssel«, heißt es bei Churchill weiter. Die Gerontologen, die sich inzwischen wohl mit dreihundert verschiedenen Theorien über die Ursachen des Alterns herumschlagen, hoffen ebenfalls, einen Schlüssel zu finden.

Ideen über die Ursachen des Alterns kommen und gehen. Manchmal widerlegt eine neue Erkenntnis eine frühere Erklärung oder – seltener – trägt dazu bei, diese zu einer komplizierteren Theorie zu entwickeln. Mit gleicher Häufigkeit treten Erklärungen für den Prozeß des Alterns auf den Plan, die den Zeitgeist widerspiegeln, und werden wieder verworfen. Hier kommen Mythos und Metapher ins Spiel – wir sehen das Altern als einen bestimmten Baum an, weil wir zufällig in dieser Ecke des Waldes stehen.

Paradigmen im Wandel der Zeit

Vor langer Zeit glaubte man irrigerweise, alte Menschen seien von dämonischen Kräften besessen, Geschöpfe, die Gott für ihre Sünden bestraft habe; im Industriezeitalter sah man sie als lebende Maschinen, die einfach schrottreif waren. Dann ließ Thomas Edison in den Köpfen ein Licht angehen: Der Abbau im späteren Leben wurde als Verlust an Lebenskraft gedeutet, so als würde allmählich der Strom ausgehen. Wenn es uns nur gelänge, die Lebenskraft erneut zum Strömen zu bringen, durch Injektionen oder durch direkte Anwendung von Elektrizität, könnte das Alter besiegt werden.

Heute sehen manche Leute den Körper als Hochleistungscomputer, der sich selbst überwachen kann und auf einem gewissen niederen Niveau zur Eigenreparatur fähig ist. Natürlich muß die Wissenschaft dem System noch alle Macken austreiben; aber wenn das erst geschafft ist, werden die allerneuesten Modelle, die Jungen, über ein besseres Gedächtnis, höhere Leistungsfähigkeit und raffiniertere Software verfügen. Sie werden sich selbst unendlich reparieren können. Die jetzt Alten entsprechen Modellen aus früheren Zeiten und sollten besser ersetzt werden.

Was Altern sein könnte

Anschaulicher läßt sich das, was im Lauf der Jahre geschieht, an einem soziologischen Modell demonstrieren. Dieser Ansatz vergleicht das Alter des Menschen mit seiner Wohngegend.

Ein Mensch, der z. B. im Stadtzentrum wohnt, wird mit größerer Wahrscheinlichkeit arm sein. (Ich rede hier natürlich von Durchschnittsdaten, die bei jeder Art von Vorhersage mit Vorsicht zu genießen sind.) Wenn Sie reich sind, können Sie wie eine königliche Hoheit im Herzen der Stadt residieren. In den städtischen Randgebieten leben viele Menschen unterhalb der Armutsgrenze. Im allgemeinen aber haben die Menschen in den Stadtzentren ein geringeres Einkommen als die in den Vorstädten.

Auf das Alter übertragen, ist es bei den über Achtzigjährigen wahrscheinlicher, daß sie gesundheitliche Probleme haben. Zwanzigjährige können an Krebs und Herzleiden erkranken oder an einer nicht behandelten Infektion sterben; dagegen leben Achtzigjährige und noch Ältere mit hoher Wahrscheinlichkeit unterhalb der »Wohlfühl«-Grenze. Die Zeit hat die Alten in diese Umstände versetzt.

Um zu begreifen, wie diese Verschiebung zustande kommt, müssen wir herausfinden, wie die Götter – oder der Mechaniker, Elektriker oder Softwarespezialist – das in uns bewerkstelligen. Schließlich macht es keinen Sinn, daß unser Körper programmiert sein soll, am Ende zu versagen.

Doch wie sich herausgestellt hat, verfügen wir in der Tat über eine Reihe von Mechanismen, die versagen können. Bis zu einem gewissen

Punkt hatten die Denker des 19. Jahrhunderts recht: Die Maschine Organismus ist irgendwann verbraucht. Die Zahnräder greifen nicht mehr ineinander, die Scharniere sind ausgeleiert. Zum Teil ist diese Verschlechterung Folge normaler Abnutzung und unserer Lebensweise.

Gleichzeitig können unsere Körperfunktionen Gefahren der Außenwelt erliegen, nicht bloß, wenn wir das Pech haben, eine Infektionskrankheit zu erwischen, sondern auch durch subtilere Attacken. Es sieht so aus, als würden sich viele zufällige unsichtbare Schädigungen im Laufe der Jahre anhäufen und unsere Vitalität untergraben.

Doch was abgenutzt ist oder ausfällt, kann nicht für das Altern generell verantwortlich gemacht werden. Viele neuere Forschungsergebnisse deuten darauf hin, daß wir zum Teil deshalb altern, weil eine Zeitbombe in uns tickt. Ausgelöst wird sie um Dreißig; dann beginnt sie ihr Zerstörungswerk und setzt eine Verschlechterungslawine in Bewegung, die sich allmählich beschleunigt.

Diese Theorien erklären vielleicht, wie wir altern, beantworten aber nicht die Frage, warum. War es reiner Zufall, daß sich zusammen mit dem Leben ein Programm entwickelte, das dieses schließlich in eine gefährliche Nachbarschaft zum Tod brachte?

Während die Forscher die verschlungenen Wege ergründen, welche die Evolution in den vergangenen 600 Millionen Jahren genommen hat, begreifen sie allmählich, warum wir einen Körper geerbt haben, der zum Altern bestimmt ist. Anscheinend machte sich niemand von jenem Design-Komitee die Mühe, langfristig zu planen. Entweder das, oder die Pläne des Komitees liefen direkt unserem grundlegendsten Instinkt zuwider, oberhalb der Wohlfühl-Linie zu bleiben.

Abnutzung durch Gebrauch

Noch heute leuchtet vielen Leuten die Erklärung für das Altern ein, die im 19. Jahrhundert aktuell war – Altern sei die Folge von Abnutzungs- und Verschleißerscheinungen, die das Leben unserem Körper zufügt. Es scheint ganz natürlich, daß die Körperteile mit dem Gebrauch nachlassen, ihre Aufgaben weniger gut erfüllen und schließlich versagen. Wenn genügend Teile kaputtgegangen sind und nicht mehr repariert werden können – z. B. durch Medikamente oder Organtransplantation –, muß die Maschine ausrangiert werden. Sie ist am Ende.

Diese Theorie vom Altern als Verschleißerscheinung macht Sinn, wenn wir von dem ausgehen, was wir sehen. Die Haut wird faltig, die Sehkraft läßt nach, die Kräfte erlahmen. Wir erleiden Verletzungen, beispielsweise schwere Knochenbrüche, von denen wir uns nie mehr vollständig erholen. Wir sehen uns schon als Auto: erst steht es funkelnagelneu beim Händler, nach 100 000 km ist es etwas angejahrt, hat Probleme am Vergaser oder am Auspuff, und schließlich, egal wieviel Geld in die Instandhaltung gesteckt wird, ist es reif für den Schrottplatz.

Der Vergleich mit der Maschine trifft zwar auf manches zu, was dem Körper widerfährt, dennoch hat die Abnutzungs- und Verschleißtheorie schwere Mängel. Zunächst einmal gibt es – wenigstens soweit sichtbar – nur wenige Körperteile, die sich verschleißen oder versagen.

══ Abgenutzt oder kaputt?

In einem System, dessen Teile sich ständig regenerieren – von der Darmschleimhaut, die sich alle vier Tage erneuert, bis zu den roten Blutkörperchen, die alle vier Monate ersetzt werden –, ist es nicht leicht, ein mechanisches Teil zu finden, das unaufhaltsam verschlissen wird. Am ehesten scheinen die Gelenke in Frage zu kommen: Sie müssen die tägliche Belastung aushalten, die wir ihnen beim Gehen und Laufen zumuten und sogar wenn wir uns auf die Couch werfen. Nach der Abnutzungs-und-Verschleiß-Theorie tragen diese normalen Alltagsaktivitäten zur degenerativen Arthritis bei.

An degenerativer Arthritis leiden praktisch alle über Sechzigjährigen, da die Knochen durch normale Bewegungen gedrückt und gerieben werden und dies den Gelenken schadet. Die Krankheit entwickelt sich langsam, und viele Menschen sind davon betroffen, ohne jemals Symptome zu bemerken. Bei anderen wiederum kann zu große oder zu geringe Aktivität zu Gelenkschmerzen führen, und an manchen Stellen, speziell an den Fingergelenken, entwickeln sich schmerzhafte knöcherne Wucherungen.

Übergewicht kann die Folgen lebenslanger Beanspruchung verstärken, wobei die überflüssigen Pfunde eine stärkere Belastung bedeuten. Während die degenerative Arthritis eine echte Abnutzungs- und Verschleißkrankheit zu sein scheint, spiegelt sie also gleichzeitig die Folgen unserer Lebensweise. Darüber hinaus haben die Rheumatologen festgestellt, daß die Qualität des Knorpels – jenes festen, elastischen Gewebes, das die Gelenke polstert – genetisch bedingt ist. Bei manchen Menschen ist der Knorpel schwächer, und das macht sie anfälliger für eine Degeneration der Gelenke. Andere haben kräftigen Knorpel geerbt und sind dadurch besser geschützt.

Lebensweise und Erbfaktoren können somit die Auswirkungen eines Leidens verstärken, das auf den ersten Blick eher nach Abnutzung und Verschleiß aussieht. Das hat die Osteoarthritis mit den meisten Krankheiten gemeinsam, für die zunächst chronischer Verschleiß verantwortlich zu sein scheint. Ihre Auswirkungen sind je nach Art der Belastung und individuell unterschiedlich.

Bei der Arteriosklerose verhält es sich ähnlich. Diese Vorläuferin der koronaren Herzkrankheit setzt nachweislich bereits im zarten Kindesalter ein und erwischt praktisch jeden im höheren Alter. So wie sich jeder lebendige Mensch bewegen muß und dabei eine degenerative Arthritis riskiert, so müssen wir selbstverständlich auch essen. Und die Arteriosklerose ist Folge von Abbauprodukten der Nahrung, die sich in unseren Arterien ablagern. Bis zu einem gewissen Grad stellt die Arteriosklerose den Preis dar, den wir für Jahre unseres Lebens zahlen müssen.

Tiere freilich bekommen selten Arteriosklerose. Dies deutet darauf hin, daß die Nahrung, die wir Menschen zu uns nehmen, zu der Erkrankung beiträgt. Außerdem haben genetische Unterschiede zur Folge, daß die Blutgefäße bei manchen Menschen diesen Schaden in einem jüngeren Alter und massiver aufweisen als bei anderen. Auch hier stellt sich heraus, daß eine offensichtliche Abnutzungs- und Verschleißerscheinung doch eine Menge mit Lebensweise und Erbfaktoren zu tun hat.

Die Faltenbildung der Haut beruht gleichfalls auf normaler Abnutzung, aber welches Ausmaß die Schädigung gewinnt, hängt davon ab, was wir für normal halten. Vielleicht bliebe unsere Haut babyzart, wenn wir unser Leben im Haus verbringen könnten – oder wollten. Den Beweis dafür liefern die Hautpartien, die wir schamhaft nicht der Sonne aussetzen. In einer Sonnenanbetergesellschaft wird es aber auch Leute mit schrumpelhäutigen Bäuchen geben.

Die Schäden an Lunge und Gehör zeigen besonders deutlich, wie die Lebensweise zu Abnutzung und Verschleiß beiträgt. Sicher haben Adam und Eva sogar im Garten Eden schon Staub und Rauch eingeatmet, aber Tabakrauch, Abgase und Umweltverschmutzung durch die Industrie rufen Abnutzungs- und Verschleißerscheinungen hervor, die unsere Lunge nicht schnell genug reparieren kann. Auch das Bedröhnen unseres hochempfindlichen Gehörs mit anhaltendem starken Lärm verursacht bereits in jungen Jahren massive Schäden.

Wenn wir also die Fakten großzügig interpretieren und alle denkbaren Folgen von Abnutzung und Verschleiß erfassen – seien sie durch normalen Gebrauch oder durch die Lebensweise bedingt –, könnten wir diese Theorie vielleicht als Ursache des Alterns akzeptieren. Aber das ist weit hergeholt. Mehr noch: Die Abnutzungs-und-Verschleiß-Theorie des Alterns zeigt schwere Mängel, sobald wir sie streng hinterfragen.

═══ Die Grenzen von Abnutzung und Verschleiß

Ungeachtet des Glaubens im Mittelalter, daß Alterszipperlein den Preis der Sünde darstellten, blieben viele sündige Menschen bis ins hohe Alter gesund. Wohl ebenso viele tugendhafte Menschen aber starben jung. Somit deckte sich die Theorie von den Folgen des sündigen Lebens nicht mit dem, was die Erfahrung lehrte.

Heutzutage kennt jeder junge Leute, die ein durchschnittliches, mäßig anstrengendes Leben führen und dennoch von einer der sogenannten Alterskrankheiten, z. B. Krebs oder Herzleiden, heimgesucht werden. Wäre ihr Körper eine Maschine, dann sähe diese nicht anders aus als die von Menschen, die mit achtzig am Marathonlauf teilnehmen oder mit neunzig einen Bestseller schreiben. Oder nehmen wir den 90jährigen Raucher, den 95jährigen Sonnenanbeter mit der faltigen Haut oder den 100jährigen Kochkünstler, der durch seine Sahnesaucen berühmt und fett wurde. Sie alle widerlegen die Vorstellung vom Körper als einer Maschine. Wenn man den Körper durch rücksichtslosen Gebrauch zerstören kann, dann haben diese Leute gewiß ihr Bestes versucht.

Die Theorie von Abnutzung und Verschleiß ist unbrauchbar, weil der Körper eben keine Maschine ist. Er hat ja nicht einmal wirkliche Ähnlichkeit mit einer Maschine. Welche Maschine z.B. repariert sich selbst oder kann neue Teile aufbauen, wenn alte kaputtgehen? Welche Maschine kann ständig ihr Kühlwasser regulieren, ihr chemisches Gleichgewicht und ihre Temperatur einstellen? Welche Maschine drosselt, wenn der Treibstoff knapp wird, ihren Energiebedarf und speichert, wenn wieder genügend Treibstoff verfügbar ist, vorsorglich Energie für spätere Zeiten des Mangels?

Die Verfechter des mechanischen Denkens hoffen vielleicht, daß wir eines Tages eine Maschine bauen werden, die alle diese Funktionen beherrscht. Sie mögen recht haben. Doch eine derartige raffinierte Maschine müßte sich natürlich ähnliche Maschinen suchen und sich mit ihnen paaren, um Maschinenbabys zu zeugen. Diese Maschine müßte außerdem einige ihrer Aufgaben, wenn sie älter würde, besser ausüben, wie das auch beim Menschen der Fall ist. Und solange es nicht gelingt, eine Maschine zu bauen, die tatsächlich um so länger funktioniert, je mehr sie benutzt wird – denn nachweislich wirkt beharrliches Training lebensverlängernd –, sollten wir die Vorstellung vom Körper als Maschine sausen lassen. Die Altersforscher haben in diesem Bild derart viele gebrochene Federn, geplatzte Röhren und geschädigte Getriebe gefunden, daß sie das Maschinenparadigma auf die Müllhalde warfen.

= Gefahr durch freie Radikale

Im sichtbaren Bereich scheint uns der Verschleiß von Organen und Funktionssystemen nicht dem Tode näherzubringen. Doch vielleicht finden Abnutzung und Verschleiß auf einer unsichtbaren Ebene statt, in Bereichen, wo der Maschinenschaden weniger auffällig ist. Diese Denkweise ist Grundlage einer anderen Theorie vom Altern, der Theorie der freien Radikale.

Während das grobe Bild vom Körper als einer Maschine im vorigen Jahrhundert entstand, ist die mikroskopische Momentaufnahme von der Theorie der freien Radikale eine Erfindung unserer Zeit. In den fünfziger Jahren wurde sie erstmals diskutiert, sie läßt sich aber viel weiter zurückverfolgen – bis zu den ersten Spuren des Lebens auf unserem Planeten.

Will man die Theorie der freien Radikale verstehen, sollte man über die Evolution nachdenken. Vor mehr als einer Milliarde Jahren begannen sich auf einem Planeten ohne Sauerstoff die ersten Zellen zu bilden. Wahrscheinlich war es eine höchst rauhe Umwelt, doch das Leben selbst ist Zeuge, wie clever einige einzellige pflanzliche Organismen überlebten. Die einzige Atmosphäre, die sie vor der potentiell tödlichen Strahlung der Sonne schützte, wurde von den Gasen gebildet, die aus den Vulkanen strömten, und unter diesem Schutzschirm gediehen die ersten Zellen und entwickelten die Kunst der Photosynthese. Bei diesem Prozeß entstanden Kohlenhydrate – der Treibstoff des Lebens – und als Nebenprodukt Sauerstoff. Sauerstoff war ein wertloses Abfallprodukt, das eliminiert werden mußte. Und wie gewöhnlich wurde der Abfall schließlich zu einem großen Problem.

Als sich genug Rest-Sauerstoff angesammelt hatte, kam es fast zur Katastrophe. Auf die Pflanzen wirkte Sauerstoff wie Giftmüll. Dieses Gas ist wirklich »brenzlig«, es kann mit vielen Dingen reagieren, mit denen es in Berührung kommt – wie wir jedesmal erfahren, wenn wir ein Feuer anzünden. Der Sauerstoff fordert seinen Tribut von allem, was ihm begegnet: er brennt Löcher in empfindliche Zellmembranen, verletzt Gewebe und schädigt sogar die DNA. Dagegen mußte das Leben Abwehrmechanismen aufbieten.

Vielleicht könnten Barrieren errichtet werden, um den Sauerstoff draußen zu halten. Noch besser wäre eine Methode, den Sauerstoff wiederzuverwerten, um ihn zu entgiften. Oder am besten wäre es vielleicht, wenn ein Giftmüllentsorgungsgeschwader diesen ganzen Sauerstoff einsammeln und irgendwohin bringen würde, wo er weniger Schaden anrichten könnte. Die Entwicklungsgeschichte hat allen drei Ansätzen eine Chance gegeben – bis zu einem gewissen Grad.

Kräftigere Zellmembranen bildeten eine Barriere – eine Notlösung. Andere Organismen entwickelten sich und nutzten den Sauerstoff, indem sie ihn als eigene Energiequelle verwerteten, wie wir Lungenatmer es heute tun. Und schließlich entwickelten die Zellen Giftmüllentsorgungsteams, die sogenannten Antioxidanzien, die sich der einzelnen Abfallmoleküle bemächtigten.

Es war ein prekärer Waffenstillstand, wie sich an alltäglichen Vorkommnissen zeigt. Ein Apfel, der vom Baum fällt und dessen Schale dabei aufplatzt, ist dem Sauerstoff wehrlos ausgeliefert. Eine bräunliche Verfärbung beweist, daß der Sauerstoff das Fruchtfleisch anfrißt, so wie er Eisen rosten macht. Unsere Haut umhüllt uns wie ein schützender Mantel, aber es gibt ein Problem. Wir waren mit von der Partie, als die Evolution Sauerstoff benutzte, um neue Arten hervorzubringen. Mit jedem Atemzug laden wir den Feind ein, sich in unser Lager zu schleichen.

Mit jedem Atemzug gelangen Sauerstoffmoleküle in unsere Lunge, strömen von dort aus mit dem Blut zu Zellen, die den Sauerstoff benutzen, um Energie zu liefern und Eiweißbausteine zu produzieren. Leider bringen diese Produktionsvorgänge den äußerst reaktionsfähigen Sauerstoff auch mit anderen Molekülen in Kontakt. Der Zusammenstoß mit Sauerstoff kann ein Molekül aus dem Gleichgewicht bringen, so daß es danach ein Elektron zuviel oder zuwenig hat. Dabei entsteht ein freies Radikal, ein Gebilde, das so zerstörerisch ist, wie sein Name klingt.

Das elektronengierige freie Radikal klaut ein Elektron von einem benachbarten Molekül. Diesem Molekül fehlt dann ein Elektron, so daß es nun selbst zu einem freien Radikal wird. Um sich wieder zu komplettieren, geht es auf die Jagd nach einem anderen Elektron, erwischt schließlich eins und erzeugt dadurch ein weiteres Radikal. So kommt es zu einer Kettenreaktion.

Würde dieses Drama sich nur gelegentlich abspielen, dann könnte man es nicht für das Nachlassen aller möglichen Funktionen im Alter verantwortlich machen. Doch das Ganze summiert sich auf mindestens 1 000 Zusammenstöße in 24 Stunden. Das bedeutet 1 000 potentielle Möglichkeiten der Zerstörung, nicht für den Körper insgesamt, sondern für jede einzelne unserer 60 Billionen Zellen. So gesehen ist jede Zelle ein Schießstand.

Nimmt ein Radikal einem anderen Molekül während einer wichtigen Aktivität ein Elektron weg, wird diese Aktivität entweder nicht beendet oder falsch ausgeführt. Wenn das Molekül hereinplatzt, während sich die DNA gerade kopiert, kann ein Übertragungsfehler entstehen, der vielleicht eine Krebserkrankung fördert. Wenn sich zwei Radikale zusammentun, um sich ein Elektronenpaar zu teilen, können sie Zellen miteinander verbinden, die getrennt bleiben müßten. Auf diese Weise können die freien Radikale dazu beitragen, die Funktionstüchtigkeit der Zellen zu mindern, sie anfälliger für Krebs machen und durch das Verketten von Zellen die Muskeln rigide und die Haut faltig werden lassen.

Glücklicherweise ist in über drei Milliarden Jahren auch die Fähigkeit entstanden, in dieser Situation Abhilfe zu schaffen. Im Laufe der Evolution haben sich parallel zu unserem auf Sauerstoff basierenden Stoffwechsel antioxidative Entsorgungsgeschwader entwickelt. Es handelt sich um Enzyme mit so klangvollen Namen wie Superoxiddismutase, Katalase oder Glutathionperoxidase, die zu Hilfe eilen. Sie entwaffnen die freien Radikale und geleiten sie sicher aus den Zellen. Der Organismus eliminiert sie schließlich als harmlose Stoffwechselprodukte, zumindest die, die gefangen wurden.

Die Theorie der freien Radikale als Ursache des Alterns geht davon aus, daß nicht jedes marodierende Molekül mit einem freien Elektron eingefangen wird. Die durch die restlichen Treffer verursachten Schäden – vielleicht täglich nur 500 pro Zelle, vielleicht nur 300 – addieren sich. Ein paar Beschädigungen der DNA kann die Zelle reparieren, indem sie Enzyme benutzt, um gebrochene Teile abzuschneiden und den Schaden zu beheben, aber mit zunehmendem Alter nimmt die Fähigkeit der Zellen ab, schnelle und vollständige Reparaturen durchzuführen. Derweil steigt die Zahl der freien Radikale.

Die Gefahr einer Schädigung ist besonders groß, wenn kleine Defekte kumulieren. Hochakut wird sie in einer bestimmten Zellstruktur, dem Mitochondrium. Mitochondrien sind die Kraftwerke der Zellen. Sie benutzen chemische Reaktionen mit Sauerstoff, um Energie zu gewinnen. Bei diesen chemischen Reaktionen werden reichlich freie Radikale erzeugt, aber die Mitochondrien haben nicht das Reparaturvermögen, über das andere Teile der Zelle verfügen. Außerdem können Mitochondrien, sobald sie einmal beschädigt sind, noch mehr Ungemach bereiten, indem sie mehr freie Radikale bilden als zuvor.

Schlagen oft genug Treffer in den Mitochondrien ein, kann das Kraftwerk der Zelle irreparabel geschädigt werden; das hat den Tod der Zelle zur Folge. Ist eine kritische Zahl von Zellen abgestorben, kann das zugehörige Organ nicht mehr ordentlich funktionieren und wird ein Opfer von Abnutzung und Verschleiß auf molekularer Ebene. Interessanterweise weisen die Organe, welche die meisten Treffer erleiden, zugleich den intensivsten Energiestoffwechsel auf – Herz, Gehirn und Nieren.

Ältere Forschungsergebnisse deuten darauf hin, daß Schäden an den Mitochondrien der Herzmuskelzellen vor dem vierzigsten Lebensjahr minimal sind, danach aber kontinuierlich zunehmen. Einer Messung zufolge weisen Patienten mit koronarer Herzkrankheit, verglichen mit Herzgesunden, das 220fache an Mitochondrienschäden auf. In einer anderen Studie wurden im Gehirngewebe von Patienten mit Alzheimer- bzw. Parkinson-Krankheit siebenmal häufiger Mitochondrienschäden nachgewiesen als bei Gesunden. Vielleicht führen Abnutzung und Verschleiß auf mikroskopischer Ebene zu den Behinderungen des Alters.

Angriff und Abwehr

Um diese Möglichkeit zu prüfen und zu sichern, wählten die Wissenschaftler zwei Wege. Zunächst versuchten sie, die Bildung freier Radikale zu verhindern. Außerdem verstärkten sie die Antioxidanzien, um zu sehen, ob sich eine größere Abwehrkraft in diesem Sinn auswirkt. Bislang sprechen beide Versuchsansätze für diese Theorie.

Ein Forscher ging von der Annahme aus, daß ein Lebewesen um so mehr Schaden erleidet, je mehr Sauerstoff es aufnimmt, und veränderte die Lebensbedingungen von einigen gewöhnlichen Stubenfliegen. Er nahm an, daß die aktiveren Fliegen stärker durch freie Radikale gefährdet seien. Deshalb ließ er ein Kollektiv von Fliegen beengt in einem Miniaturlabyrinth herumkrabbeln. Ein zweites Kollektiv durfte frei durch normale Zimmerluft fliegen, und ein drittes bewegte sich in einer Atmosphäre von reinem Sauerstoff.

Das Leben der Labyrinthbewohner muß schauderhaft langweilig gewesen sein, aber sie lebten besonders lang. Trägere Fliegen überlebten doppelt so lange wie ihre frei fliegenden Artgenossen. Ganz ähnlich erfreuten sich die Fliegen, die ihre Akrobatik in normaler Luft vorführten, eines längeren Lebens als das Lebe-schnell-stirb-jung-Kollektiv, das reinen Sauerstoff atmete und rasch unterging. Weitere Untersuchungen ergaben, daß die Lebensdauer direkt davon abhing, wieviel DNA durch Oxidation beschädigt wurde. Experimente mit Ratten und Wüstenspringmäusen bestätigten diesen Zusammenhang zwischen Gefährdung durch freie Radikale und der Lebensdauer.

In einer weiteren Prüfung der Theorie von den freien Radikalen wurde untersucht, wie es sich auswirkt, wenn man beim Tier die Konzentration der Antioxidanzien erhöht. Bestimmte Nahrungsmittel, wie Aprikosen, Brokkoli, Karotten und Tomaten, enthalten natürlich vorkommende Antioxidanzien. Labortiere, die große Mengen dieser Gemüse als Futter erhalten, leben anscheinend länger. Tatsächlich zeigt sich, daß Arten, die von Natur aus über höhere Antioxidanzien-Konzentrationen und eine bessere Fähigkeit zur DNA-Reparatur verfügen, auch am langlebigsten sind. Der Mensch mit seinen großzügigen Reserven an Superoxiddismutase und seiner ausgeprägten Fähigkeit zur DNA-Reparatur zählt zu den langlebigsten Geschöpfen.

Nach diesen Messungen sieht es ganz danach aus, als könnten freie Radikale eine Form der Abnutzung und des Verschleißes fördern, die dem Prozeß des Alterns zugrunde liegt. Außerdem kann der Schaden, den sie verursachen, zu einem weiteren, ausgeprägteren Alterungsprozeß beitragen, der mit zunehmendem Alter immer größere Bedeutung erlangt.

=== Fehler kommen vor

Nicht nur Angriffe von freien Radikalen bedrohen die Zellen. Zellstrukturen sind ein hochorganisiertes System, das nach festen Regeln funktioniert, um Sauerstoff und Nährstoffe in Energie und die Substanzen umzuwandeln, die wir zum Leben benötigen. Betrachten wir die Zelle unter physikalischen Gesichtspunkten, so bietet diese höhere Ordnung das größtmögliche Potential für eine Katastrophe.

Physiker sehen Ordnung nicht als stabilen und dauerhaften Zustand, sondern als das glatte Gegenteil. Je mehr Ordnung eine Maus, ein Mensch oder eine Mitochondrienstruktur enthält, desto mehr Komponenten können zu Bruch gehen – und mit der Kompliziertheit steigt die Zahl der Möglichkeiten, Schaden anzurichten. Einfache Dinge, wie eine Büroklammer, sind nur auf ein oder zwei Arten kaputtzukriegen. Ein Rechner hingegen kann tausenderlei Defekte haben. Die Störungsanfälligkeit von Zellen steht in direkter Beziehung zu ihrer Organisationsebene, und die ist sehr hoch angesiedelt.

Abgesehen davon, daß freie Radikale die Leistungsfähigkeit von Zellen herabsetzen können, machen Zellen manchmal auch Fehler, die auf Toxinwirkungen, Strahlenbelastung oder eine Reihe gefährlicher Umweltfaktoren zurückgehen. Sogar manche Abfallprodukte von Prozessen, welche die Zelle selbst in die Wege leitet, können Strukturen innerhalb der Zelle schädigen. Es ist so, als würde eine Fabrik in ihren eigenen Abfällen ersticken.

Hätte die Fabrik einen neuen Maschinenpark in Reserve, wäre die Lage weniger gefährlich. Wenn die Zelle über Sicherungssysteme für den Fall einer Störung verfügt, wird der gesamte Organismus vielleicht niemals durch den Fehler Schaden erleiden. Sind jedoch die Sicherungssysteme zahlenmäßig begrenzt, können sie im Laufe der Jahre der Reihe nach zusammenbrechen, bis nach einem letzten Schlag keine Reserve mehr da ist, um einzuspringen. Aufgaben, welche die Zelle erledigen muß, und zwar stets korrekt, werden nicht zu Ende geführt.

Von da an kann man damit rechnen, daß Zufallstreffer aus einer feindlichen Welt vom gesamten Organismus ihren Tribut einfordern. Das muß nur oft genug geschehen, dann funktionieren die Organe und Systeme nicht mehr gut genug, um uns gesundzuerhalten. Ein solches Szenario könnte uns durchaus an die Schwelle des Todes befördern.

Störfälle ereignen sich bei der Verdopplung der DNA (Replikation). Die zarten DNA-Stränge können brechen, sich in die falsche Richtung drehen oder sich genau umgekehrt wie sie sollten zusammenfügen. Zum Glück besitzen die Zellen Reparaturdienste, die sofort aktiv werden, sobald ein Fehler in der DNA entdeckt wird, und ihn korrigieren. Tatsächlich können anscheinend die Zellen von Tieren, die Futter erhalten, das nachweislich die Lebensdauer erhöht, auch Brüche in der DNA besser reparieren.

══ Die Schäden summieren sich

Bedenkt man, was alles im Organismus schiefgehen kann, dann wird klar, daß der simple Vergleich mit einer Maschine viel zu allgemein ist, um zu erklären, was beim Altern geschieht. Wohl unterliegen wir Abnutzung und Verschleiß, aber das muß nicht nur auf der sichtbaren Ebene erfolgen.

Der Körper mag im normalen Lauf des Lebens Schäden erleiden – durch degenerative Arthritis in den Gelenken oder durch Faltenbildung der Haut –, aber diese leicht erkennbaren Ebenen der Zerstörung sind kaum jemals tödlich. Außerdem können diese Abnutzungs- und Verschleißerscheinungen normalerweise durch unsere Lebensweise beeinflußt werden. Übergewichtige und Sonnenanbeter erleiden natürlich weitaus mehr Schäden.

Auf einer niedrigeren Ebene läßt sich gegen Abnutzung und Verschleiß weniger tun. Als sauerstoffbedürftige Lungenatmer laden wir täglich immer wieder einen gefährlichen Feind in unsere Zellen ein. Die freien Sauerstoffradikale fordern ihren Tribut von den Zellstrukturen. Sie können die Zellen mit einem tödlichen Trommelfeuer von tausend oder – wahrscheinlicher – einigen Milliarden Treffern bombardieren.

Die Summation von Fehlern, insbesondere von Fehlern auf DNA-Ebene, kann schließlich zu den Entgleisungen führen, die uns dem Tod nahebringen. Diese Ebene von Abnutzung und Verschleiß zeigt sich erst, nachdem im mikroskopischen Bereich soviel schiefgelaufen ist, daß ein Zustand irreversibel oder irreparabel geworden ist. Ein Versagen der Zelle, das ursprünglich von außen ausgelöst wurde, durch ein Toxin oder eine zufällige Strahlenbelastung, verschlimmert sich nun durch die eigenen lebenserhaltenden Mechanismen der DNA-Replikation und Zellteilung.

Der genetische Faktor

Abnutzung und Verschleiß durch freie Radikale sind aber nicht für die so unterschiedlichen Arten des Alterns verantwortlich. Alle Menschen nehmen etwa gleiche Mengen Sauerstoff auf, essen recht ähnliche Nahrung und sind einer ähnlichen Strahlenbelastung ausgesetzt. Und doch altern wir ganz verschieden. Auch läßt sich mit der Verschleißtheorie nicht erklären, warum manche Familien besonders gesund und langlebig sind. Wenn unsere Eltern und Großeltern sehr alt wurden, dürfen wir größere Hoffnung hegen, an die hundert Jahre zu leben.

Altersforscher nehmen daher an, daß außer den Prozessen, die unseren Organismus von außen und von innen schädlichen Faktoren aussetzen, irgendein Merkmal in den Genen und Zellen bestimmt, wie wir altern. So gesehen liegt unser Schicksal nicht in der Umwelt, sondern in uns. Der menschliche Körper mag von Natur aus für das Versagen vorgesehen sein, ein Versagen nicht nur aufgrund von Pannen, sondern aufgrund eines Programms innerhalb der Zelle, das ihre zellspezifischen Funktionen zerstört.

Das begrenzte Leben einer Zelle

Was vielleicht eine der bedeutendsten Einsichten in die Vorgänge beim Altern war, blieb mehr als vierzig Jahre verborgen, weil jemand einen Fehler machte. Die ganze Geschichte fing gegen Ende des 19. Jahrhunderts an.

Ein Wissenschaftler namens August Weismann formulierte den Gedanken, daß Altern und Tod unvermeidlich sind, wenn die Evolution erfolgreich sein soll. Einige Angehörige einer Spezies müssen verschwinden, damit andere überleben können. Wie perfekt auch die Bedingungen sein mögen, kein Lebewesen, nicht einmal eine einzelne Zelle, kann ewig leben. Weismanns Theorie hielt sich noch eine ganze Weile nach seinem Tode 1914. Zwei Jahre zuvor jedoch hatte ein Wissenschaftler namens Alexis Carrel begonnen, sie zu überprüfen.

Er wollte beweisen, daß einzelne Zellen selbst unter optimalen Lebensbedingungen unvermeidlich sterben müssen. Stürben sie nicht, würde das bedeuten, daß die Ausgangszellen unsterblich waren. Die ursprünglichen Zellen wären natürlich verschwunden, nachdem sie sich geteilt hatten. Doch solange die Tochterzellen sich teilten, würde die Lebenskraft – welche auch immer – der Mutterzelle überleben.

Carrel machte sich daran, sein Experiment mit der bestmöglichen Laborausrüstung und mit den besten verfügbaren Versuchsmethoden durchzuführen. Er arbeitete mit Herzmuskelzellen vom Huhn, die er in einem Glaskolben inkubierte. Während die Tochterzellgenerationen allmählich das Gefäß füllten, entnahm er ab und zu einige Zellen. Da die Zellkultur auch einen Teil des Nährmediums am Boden des Glaskolbens verbrauchte, füllte er regelmäßig ein wenig Nährmedium nach. Dann beobachtete er und wartete ab. Die Zellen blieben 34 Jahre am Leben, zwei Jahre über Carrels Tod hinaus (seine Assistenten führten das Experiment fort). Dies führte zu der Schlußfolgerung, daß August Weismann sich geirrt hatte – die Zellen waren unsterblich. Bedauerlicherweise merkten weder Carrel noch seine Assistenten, welchen Fehler er gemacht hatte.

Es dauerte weitere 15 Jahre, bis ein skeptischer Forscher, Leonard Hayflick, in den frühen sechziger Jahren einen kritischen Blick auf Carrels Experiment warf. Es fiel ihm schwer zu glauben, daß Zellen aus Kükenherzen tatsächlich unsterblich sein sollten, daher überprüfte er Carrels Versuchsanordnung. Er stellte fest, daß das Nährmedium, welches die Zellen verbrauchten, aus Hühnerembryonen extrahiert worden war. Carrel hatte sich zwar bemüht, das Nährmedium von frischen Zellen freizuhalten, da diese neues Leben in die Kultur einbringen könnten, aber seine Laborausrüstung entsprach dem damaligen Stand der Technik. Als Hayflick modernere Laborgeräte und Techniken einsetzte, mit denen eine potentielle Wiederbelebung der Kultur ausgeschlossen war, fand er seinen Verdacht bestätigt. Die Zellen gingen schließlich doch zugrunde.

Wiederholte Experimente, die außer Hayflick auch andere durchführten, bestätigten dieses Ergebnis. Ahnungslos hatten Carrel und seine Assistenten die Kultur regelmäßig aufgefrischt und den irrigen Schluß abgeleitet, daß die ursprüngliche Mutterzelle länger als ein Dritteljahrhundert überlebt hatte.

Ein Zähler für Zellteilungen

Die Erkenntnis, daß einzelne Zellinien letzlich sterben müssen, stand zwar im Gegensatz zu Carrels Befunden, war aber kaum überraschend. Vor Carrel hatten die Wissenschaftler angenommen, daß alle Zellen irgendwann sterben. Indessen sorgte ein anderes Ergebnis von Hayflicks Forschungsarbeit bald für Aufregung in der wissenschaftlichen Welt.

Als Hayflick bestimmte, wie oft sich seine Zellen vermehrten, bevor sie starben, stellte er jeweils eine bemerkenswert unveränderliche Lebensdauer fest. Je nach Zelltyp fanden 15, 50 oder auch 100 Teilungen statt, dann nahm die Teilungsrate ab und schließlich verlor die Zelle ihre Teilungsfähigkeit ganz.

Die Zellen von Küken teilten sich meist 15- bis 35mal, während Zellen aus der Maus nur auf 14 bis 28 Teilungen kamen. Eine der höchsten Zellteilungsraten schaffte die Galapagos-Schildkröte – immerhin 90 bis 125 Teilungen –, und bei menschlichen Zellen waren 50 bis 60 Teilungen normal.

Wenn die teilungsfähigen Zellen an ihre Grenze gelangen, geht die Teilung langsamer vonstatten. In der Sprache der Gerontologie »altert« die Zelle, die Zeitabstände zwischen den Teilungen werden immer länger. Schließlich stirbt die Zelle. Seit Hayflicks Experiment bis heute hat niemand nachweisen können, daß normale Zellen aus Organgewebe ewig leben.

Die Gerontologen begannen sich zu fragen, ob dieses Schicksal der einzelnen Zelle mit dem universellsten Merkmal des Alterns im Zusammenhang steht – der Unvermeidbarkeit des Todes. Vielleicht ist jeder Zelle eine bestimmte Lebensdauer einprogrammiert. Je mehr Teilungen stattfinden, desto schneller ist sie am Ende. Diese Theorie wurde auf verschiedene Arten geprüft.

Es wurden Zellen von Arten mit unterschiedlicher maximaler Lebensdauer verglichen. Zellen vom Huhn, einem Tier mit einer Lebensdauer von etwa zwölf Jahren, waren denen der Maus, die im Durchschnitt nur drei Jahre alt wird, überlegen. Menschliche Zellen teilten sich öfter als die aller anderen Tiere, was unsere viel längere maximale

Lebensdauer spiegelt. Insgesamt bestand eine Korrelation zwischen Zellteilungsrate und Lebensdauer der Lebewesen.

Noch ermutigendere Ergebnisse, zumindest theoretisch, erhielten die Forscher, als sie Zellen verglichen, die zu verschiedenen Zeitpunkten im Leben eines Organismus entnommen wurden. Inkubiert man Fetalzellen in einem Nährmedium neben Zellen eines Zwanzigjährigen, dann werden stets die Fetalzellen das Rennen um die Langlebigkeit gewinnen. Sie teilen sich doppelt so oft wie die eines Erwachsenen. Selbst wenn man die älteren Zellen mit einem Spezialmedium mit wachstumsfördernden Substanzen verwöhnt, werden sie sich, nachdem sie alt geworden sind, nicht mehr teilen.

Die Wissenschaftler fragten sich natürlich, was passieren würde, wenn es gelänge, zwei Zellen unterschiedlichen Alters zu vereinigen. Würde die Lebensdauer der älteren oder der jüngeren Zelle dominieren? Sie verschmolzen zwei Zellen zu einer Hybride, die zur Hälfte jung, zur Hälfte alt war, und stellten fest, daß die Hybridzelle die Lebensdauer der alten Zelle übernahm. Die Zellen ließen sich nicht verjüngen. Dies bedeutete, daß die alternden und absterbenden Zellen im Rennen gegen die Unsterblichkeit gewannen. Allmählich sah es so aus, als sei die innere Uhr der Zelle eine Erklärung für das Altern.

══   Hürden auf dem Weg zur Unsterblichkeit

Wenn dem so wäre, müßte man nur herausfinden, warum Zellen aufhören, sich zu teilen, und den Vorgang unterbrechen. Leider sind einfache Lösungen selten brauchbar.

Zum einen würden wir, wenn unsre Zellen sich ewig teilten, letztendlich größer als unser Planet. Der Energiebedarf für ein Leben in dieser Größenordnung wäre enorm – von den Kleidergrößen ganz zu schweigen.

Außerdem ist es im normalen Verlauf des Lebens unbedingt notwendig, daß einige Zellen sterben. Das Gehirn beispielsweise besitzt bei der Geburt doppelt so viele Zellen, wie es benötigt, nur um sie während der Kindheit zu reduzieren. Tatsächlich stirbt bei den meisten Wirbeltieren etwa die Hälfte der Gehirnzellen während der Wachstumsphase ab.

Nun wird man diesen Vorgang keineswegs als Ursache späterer Beschränktheit ansehen, sondern die meisten werden zugeben, daß das reife Gehirn eines Erwachsenen besser funktioniert als das Gehirn eines Neugeborenen.

Selbstverständlich haben wir genügend Gehirnzellen, um damit bis ans Ende unseres Lebens auszukommen, und diese Zellen stehen uns auch ständig zu Gebote. Ähnlich werden die weißen Blutkörperchen etwa alle zehn Tage ersetzt, und die Zellen im Knochenmark und im Darm bleiben zeit unseres Lebens vital. Viele Zellen sind also im Hinblick auf die Lebensdauer gewissermaßen unsterblich.

Ebenso macht es keinen Sinn, die Zellen am Altern zu hindern, denn das ist unnötig. Während sich die normale Zelle 50- bis 60mal teilen mag, genügen diese Zellteilungen durchaus, um eine Lebensdauer von mehr als 100 Jahren zu ermöglichen. Würden wir so lange leben, wie unsere Zellen es zulassen, dann könnten wir uns froh auf eine maximale Lebensdauer von 120 Jahren einstellen, vielleicht auch mehr.

Dennoch hat der menschliche Organismus nach etwa 75 Lebensjahren ungefähr ein Drittel der Zellen eingebüßt, die er in der Blüte des Lebens besaß. Dieser Verlust hat seinen Preis von den großen Organen und Systemen gefordert. Selbst wenn wir gar nicht wollten, daß alle unsere Zellen unsterblich würden, könnte es hilfreich sein, die zu selektieren, die wir unbedingt erhalten möchten. Wenn es die lebenswichtigen Zellen wären, die zugrunde gehen, dann möchten wir nur sie konservieren.

Doch dazu müßten wir genau verstehen, wie der Körper die Zellen auswählt, die sterben werden. Außerdem wäre es nützlich, genau aufzuzeichnen, wie eine Zelle vorgeht, um ihren Tod zu bewerkstelligen.

Fahrplan für den Zelltod

Eine Möglichkeit, diese Fragen zu beantworten, bieten uns die Lebewesen, die eine Metamorphose durchmachen, bei der sie in bestimmten Stadien ihres Lebens ihre Gestalt radikal verändern. Aus Maden werden Fliegen, und Raupen verlieren ihre wurmartige Gestalt, um sich bald darauf als Schmetterlinge zu entpuppen. Damit derart radikale Veränderungen funktionieren, müssen bestimmte Instruktionen dem in Entwicklung begriffenen Organismus signalisieren, wann er einen Flügel oder einen Fuß bilden soll, ebenso wann er Muskeln einschmelzen soll, die nur zum Kriechen benötigt wurden. Bestimmte Zellen müssen instruiert werden zu sterben, während andere weiterwachsen.

Die Untersuchung der Metamorphosestadien zeigt, daß sowohl hormonelle Signale als auch Mechanismen innerhalb der Zelle die Zelltodrate regulieren. Bestimmte Merkmale im Zellkern diktieren, wie oft sich die Zelle teilt, und errichten eine Sperre, die verhindert, daß ab einem bestimmten Teilungsstadium DNA kopiert wird. An diesem Punkt beginnt die Zelle, die sterben soll, zu schrumpfen. Sie zerfällt und löst sich auf. Nachbarzellen oder spezialisierte Räumkommandos, die für diese Aufgabe bereitgestellt werden, beseitigen schnell die Überreste.

Ein derartiger Vorgang kann nur erfolgen, wenn bestimmte Gene auf der DNA der Zelle zu genau festgelegten Zeiten an- oder abgeschaltet werden. Es sieht so aus, als würde eine Reihe von Genen diesen Suizidplan in Gang setzen. Ein entscheidendes Gen, das *rpr*-Gen, wurde »Todesgen« getauft, weil es das Todesurteil überbringt, wobei es andere Gene in der Zelle aktiviert. Diese Befehlsempfänger erledigen die unerfreulichen Einzelheiten. Zwar enthält jede Zelle unseres Körpers dieses »Todesgen«, aber es ist nicht allmächtig. Es kann sich nicht unerwartet einschalten.

Ein weiteres Gen, nennen wir es »Rettungsgen«, hält das Todesgen davon ab, sein Werk zu verrichten. Solange es angeschaltet ist, hat das Todesgen keinen Einfluß. Interessanterweise spielt dieses Rettungsgen auch insofern eine Rolle, als es die Zelle bei der Bildung von Antioxidanzien (Radikalfängern) unterstützt, jenen Substanzen, die gegen die Attacken der freien Radikale schützen. Tatsächlich ist es Forschern gelungen, das Rettungsgen zu Überstunden zu veranlassen und dadurch die Zellen daran zu hindern, den ursprünglich für den Suizid angesetzten Termin wahrzunehmen. Diese Zellen erlagen auch nicht den Attacken der freien Sauerstoffradikale. Wenn sich allerdings das Rettungsgen abschaltet, hat das Todesgen freie Bahn. Die freien Radikale überfluten die Zelle und verrichten ihr übles Werk.

Bei einem anderen Ansatz, das Wirken von Todesgenen und Rettungsgenen aufzuklären, züchteten die Forscher Mäuse, deren Schicksal infolge ihrer genetischen Ausstattung von vornherein besiegelt war. Diesen Mäusen fehlte nämlich das Rettungsgen vollständig, so daß sie unausgesetzt dem potentiellen Zelltod ausgesetzt waren. Viele von ihnen starben bereits im Säuglingsalter, weil ihr Immunsystem miserabel funktionierte. Die überlebenden Mäuse ergrauten in der Blüte ihrer Jugend. Sie sahen vorzeitig gealtert aus.

Würde man hingegen Mäuse oder Menschen züchten, die nur das Rettungsgen aufweisen, könnte dies womöglich ein guter Weg sein, ewige Jugend zu erreichen. Aber nur, solange wir nicht die Folgen betrachten. Zumindest während seiner frühen Entwicklung muß sich ein Lebewesen einiger Zellen entledigen, um zu reifen. Fehlt das Todesgen, dann kann ein werdender Organismus – ob Made, Raupe oder Mensch – nicht geschlechtsreif werden. Erst durch Sterben wird neues Leben geboren.

Auch nachdem die Entwicklung abgeschlossen ist, wäre es für den Körper nicht zuträglich, sich an all seinen Zellen festzuklammern. Das Knochenmark z. B. bildet ständig neue weiße Blutkörperchen, die Frontkämpfer des Immunsystems, aber nicht alle von ihnen erreichen das Schlachtfeld. Die meisten Immunzellen wandern in die Thymusdrüse, und 95 Prozent von ihnen verlassen dieses Nest nicht mehr. Bei diesen Zellen handelt es sich um solche, die körpereigene Gewebe zu leicht mit einem Eindringling verwechseln – und eine Autoimmunreaktion in Gang setzen könnten –, und so begehen sie klammheimlich Selbstmord im Thymus, bevor sie Schaden anrichten können.

Mißlungene Suizidpläne

Dieses System, das unnötige oder gefährliche Zellen eliminiert, arbeitet so wirkungsvoll, daß wir uns entwickeln und am Leben bleiben. Zumindest gilt dies, wenn das System perfekt funktioniert. Wird es nachlässig oder versagt es ganz, kann dies schwerwiegende Folgen haben. Diese Fälle liefern auch den besten Beweis dafür, welche Rolle der Zelltod beim Prozeß des Alterns spielt.

All diese Suizide, die unter den Immunzellen im Thymus stattfinden, illustrieren, was schiefgehen kann. Die Selektion von Immunzellen ist notwendig, scheint aber mit zunehmendem Alter weniger akkurat zu funktionieren. Die Thymusdrüse beginnt zu schrumpfen und verschwindet praktisch. Gleichzeitig werden wir anfälliger für Autoimmunkrankheiten.

Der ungeordnete Zelltod spielt auch bei anderen, im Alter auftretenden Krankheiten eine Rolle, u. a. bei der Alzheimer-Krankheit. Bei der Alzheimer-Krankheit werden die Nervenzellen im Gehirn funktionsuntüchtig und gehen vorzeitig zugrunde, vielleicht aufgrund einer Funktionsstörung im genetischen Todesprogramm. Es ist so, als würden diese Zellen dem Zeitplan vorauseilen und sterben, während der übrige Organismus bis zum normalen Greisenalter vor sich hinwurstelt.

Die Beschleunigung der Zelltodprogramme findet sich am ausgeprägtesten bei der sogenannten Progerie, einer seltenen Erkrankung. Die Symptome dieser Krankheit lassen erkennen, daß der Betroffene eine Veranlagung zum raschen Altern hat. Die Probleme können bereits im vierten Lebensjahr beginnen und jene Autoimmunkrankheiten auslösen, die normalerweise erst nach dem vierzigsten Lebensjahr auftreten. Dazu gesellen sich das Schütterwerden und Ergrauen der Haare, grauer Star sowie eine so massive Arteriosklerose, daß viele der Progerie-Patienten vor dem zehnten Lebensjahr an einem Herzinfarkt sterben. Der Alterungsprozeß hat sich auf Zellebene beschleunigt. Während sich gesunde menschliche Zellen bis zu 60mal teilen können, schaffen das die Zellen von Progerie-Patienten nur etwa 20mal, bevor sie absterben.

▬▬ Üble Unsterbliche

Autoimmunkrankheiten und die Progerie illustrieren, was schiefgehen kann, wenn die Selbsttötungsprogramme der Zellen ausfallen oder zu heftig zuschlagen. Allerdings haben Forscher, die Lebensvorgänge auf Zellebene untersuchen, unlängst im Zusammenhang mit dem empfindlichen Gleichgewicht, das den Zelltod reguliert, ein anderes Risiko aufgedeckt. Während wir vielleicht noch bestimmte ausgewählte Zellen modifizieren möchten, um sie unbegrenzt am Leben zu halten, könnte dies gefährliche Folgen heraufbeschwören.

Unser Körper erzeugt durchaus Zellen, die sich unendlich reproduzieren. Werden diese Zellen aus dem Körper entfernt, können sie unter Laborbedingungen nach heutigem Wissen bis in alle Ewigkeit überleben. Im Organismus scheinen sie gegen den Einfluß des Todesgens immun zu sein. Sie sind die wahren Unsterblichen: Krebszellen.

Im Grunde genommen ist Krebs eine Ansammlung von Zellen, die nicht wissen, wie und wann sie sterben sollen. Während die meisten Zellen wissen, daß sie sich in einem engen Zellverband nicht zu teilen haben und wie sie auf das Todesurteil des programmierten Suizids reagieren müssen, sind die Krebszellen dieserhalb völlig ahnungslos. Wie sehr sie auch mit ihren Nachbarn ins Gedränge kommen, wie oft sie sich schon geteilt haben mögen, Krebszellen teilen sich hemmungslos weiter.

In gewissem Sinn besiegt Krebs das System des Zelltods, wenn auch letztlich auf Kosten des gesamten Organismus. Die jüngsten Erkenntnisse, wie der Krebs dies bewerkstelligt, haben zu Überlegungen geführt, wie man den Krebs in den Griff bekommen könnte. Außerdem ermöglichen sie einen Einblick in die Vorgänge, wie normale Zellen altern und zugrunde gehen.

Telomere

Unsere Gene liegen in den Zellkernen auf fadenförmigen Chromosomen aus DNA, die in der berühmten Doppelhelix-Struktur angeordnet ist. Eine bestimmte DNA-Sequenz bildet jeweils ein Gen, und in jeder Zelle befinden sich zwischen 50 000 und 100 000 Gene.

In den Phasen vor der eigentlichen Zellteilung kopieren sich die Chromosomen. Sobald eine identische Kopie hergestellt ist, die gewährleistet, daß die neuen Zellen exakt dieselben Gene enthalten werden wie die ursprüngliche, teilt sich die Zelle. Offenbar werden aber nicht jedesmal alle Teile des Chromosoms vollständig kopiert. Bei jeder Teilung fallen Abschnitte des Chromosoms, nicht mehr als tausend Segmente lang, heraus. Dieses Chromosomenendstück bezeichnet man als Telomer, ein Kunstwort aus dem griechischen *telos*, Ende, und *meros*, Teil.

Es ist nicht zwingend notwendig, eine perfekte Kopie des Telomers zu erhalten. Da sich die entscheidenden DNA-Sequenzen im Bereich des Chromosomenzentrums häuslich niedergelassen haben, gehen keine Gene verloren. Vielmehr bestehen Telomere anscheinend aus

DNA-Resten, die nicht für die genetische Information benötigt werden, aber erhalten bleiben, wenn der Strang am Ende abbricht. Wie die Ränder einer Buchseite sollen Telomere anscheinend verhindern, daß die wesentlichen Informationen der Zelle über den Rand quellen.

Doch wenn ein Drucker beschließen würde, eine Neuauflage dieses Buches herauszugeben, könnte er die bisherigen Ränder vielleicht für Papierverschwendung halten. Würde er die Ränder ein oder zwei Millimeter schmäler machen, dann bliebe der Text erhalten, und er könnte ein paar Mark sparen. Das geschieht, wenn die Chromosomen Kopien von sich herstellen. Sie schneiden einen Teil des Telomers ab.

Ein solches Vorgehen wäre unproblematisch, es sei denn, bei jedem Nachdruck – bei der nächsten Zellteilung – würde der Rand immer weiter verkleinert. Nach 50 oder 60 derartigen Neuauflagen blieben nur noch wenige Quadratzentimeter Text auf der Mitte der Seite stehen. Dann wäre eine Menge Informationen verlorengegangen.

Vielleicht besitzen die Chromosomen deshalb Telomere – um zu verhindern, daß sich fehlerhafte Kopien in den Text einschleichen. Dieser Text ist natürlich unser Genom, und es liefert die Instruktionen, die uns am Leben erhalten. Inzwischen scheint es allerdings, daß die Telomere außerdem als Zählwerk funktionieren, da sie um so kürzer werden, je mehr sich eine Zelle dem Tod nähert. Bei Individuen mit Progerie z. B. werden die Telomere bereits im zartesten Alter stark verkürzt. Und Progerie ist die Krankheit des beschleunigten Alterns.

Der Krebs setzt sich über dieses System hinweg, indem er das Telomer bei jeder Teilung ergänzt. Das ursprüngliche Telomer kann wohl kürzer werden, aber es werden regelmäßig Ersatzsequenzen angefügt. So wird die Uhr für den Suizid der Zelle mit jeder Zellteilung zurückgestellt.

Krebsforscher hoffen, ein Medikament zu entwickeln, mit dem dieser Vorgang blockiert werden kann. Gelänge es, die Krebszellen daran zu hindern, lange Telomere zu bilden, dann würde vielleicht der natürlich programmierte Zelltod einen Tumor zerstören. Inzwischen betrachten die Gerontologen die Verkürzung des Telomers aus der entgegengesetzten Perspektive: Längere Telomere könnten ein längeres Leben bedeuten.

Manche glauben, daß der Zelltod infolge Verkürzung des Telomers an Erkrankungen wie Atherosklerose, Osteoarthritis, Osteoporose und Diabetes beteiligt sein könnte. Sie suchen nach Möglichkeiten, die Länge des Telomers zu stabilisieren. Dies würde wohl den Zelltod nicht verzögern, könnte aber vielleicht wenigstens verhindern, daß chronische Krankheiten entstehen.

Das setzt natürlich voraus, daß die Forscher zuerst die Faktoren identifizieren, die bei der Telomer-Verkürzung mitmischen. Das normale chronologische Altern – immer noch ein Jahr, immer noch ein Schnipsel vom Telomer abgeschnitten – hat sich als unzulängliche Erklärung erwiesen. Zwar verkürzen sich die Telomere mit zunehmendem Alter, aber die Telomerlängen sind bei alten Menschen so unterschiedlich, daß simple jährliche Verkürzungen den Vorgang nicht erklären können. Wenn alle Menschen mit der gleichen Telomerlänge geboren würden und ihre Zellen sich gleich häufig teilten, dann müßten wir auch noch im höheren Alter gleich ausgestattet sein.

Statt dessen haben manche alten Menschen kürzere Telomere, die besagen, daß die Zellen dem Tode näher sind, wohingegen die Länge bei anderen großzügig bemessen ist, was womöglich ein langes Leben garantiert. Dies deutet darauf hin, daß das Tempo beim Altern irgendwie genetisch festgelegt sein muß. Vielleicht treten die Menschen mit jeweils unterschiedlich langen Telomeren ins Leben. Vielleicht auch altern manche Individuen langsamer, weil bei den Zellteilungen kleinere Stücke des Telomers abgeschnitten werden.

Diejenigen, die eine genetische Erklärung des Alterns bevorzugen, vermuten jedenfalls, daß das Tempo erblich ist. Fragt man sie, wie man es anstellen kann, jung zu bleiben, dann raten sie: »Such dir die richtigen Eltern aus.«

Der Mensch ist so jung wie seine Gene

Noch ist die Frage offen, ob die Langlebigen unter uns mit langen, üppigen Telomeren geboren wurden oder ob andere Faktoren, u. a. die Lebensweise, das Tempo beeinflussen, mit dem wir altern. Langlebigkeit mag erblich sein, aber diese Annahme ist schwer zu beweisen.

Unfälle und zufällig zuschlagende Infektionen können die Statistik verfälschen. Inzwischen wird durch die ständigen Fortschritte der Medizin neu definiert, was Langlebigkeit für jede folgende Generation bedeutet.

Die Meteorologen beziehen sich bei ihren Vorhersagen gern auf den »Schmetterlingseffekt«: Die globalen Wetterverhältnisse sind so kompliziert, daß der Windhauch, den der Flügel eines Schmetterlings im Kongo erzeugt, im US-Staat Maine schließlich einen Frosteinbruch auslösen kann. Den Bevölkerungsgenetikern, die familiäre Langlebigkeit beweisen wollen, sollte man analog einen »Nieseffekt« zugestehen: Ein Niesanfall an einer belebten Straßenecke im Jahr 1862, der ein Virus unter die Leute bringt und in der Folge einen potentiellen Elternteil tötet, kann die Genetik einer Familie bis ans Ende der Zeiten bestimmen.

Natürlich könnten wir versuchen, langlebige Menschen heranzuzüchten. Die Kinder von Hundertjährigen müßten untereinander heiraten, und dann müßte man bei ihrem Nachwuchs die Länge der Telomere messen. Abgesehen von den gesellschaftlichen Implikationen einer solchen Strategie, würde es so lange dauern, bis man Ergebnisse erhielte, daß diese dann schon veraltet wären.

Am ehesten erhoffen sich die Wissenschaftler statt dessen eine Bestätigung des genetischen Mechanismus von Gesundheit und Langlebigkeit durch Züchtungsexperimente mit anderen Spezies. Bisher haben solche Experimente – zumindest bei Fadenwürmern, Fruchtfliegen und Hefen – bestätigt, daß gute Gene viele gute Jahre verheißen. Derzeit wird hektisch daran gearbeitet, das Gen oder wahrscheinlicher die Gene zu lokalisieren, die das Altern verzögern können.

Zwei Forschungsansätze haben bisher vielversprechende Ergebnisse gebracht. Beim ersten wird eine Gruppe von Lebewesen unter Laborbedingungen beobachtet, um die langlebigsten zu bestimmen. Der Trick besteht darin, aus einer Population von vielen Generationen die ältesten Individuen herauszunehmen und sie mit anderen langlebigen Partnern zu paaren. Geschieht dies über mehrere Generationen, dann gehören die Gene, die den Schlüssel zur Langlebigkeit darstellen, irgendwann zur Grundausstattung der neuen Generationen. Darüber hinaus muß natürlich ganz genau registriert werden, um welche Gene es sich handelt.

Bei dem zweiten Ansatz wird genau erforscht, warum bestimmte Angehörige einer Spezies älter werden als die anderen. In diesem Fall besteht der Dreh darin, ausgewählte Eigenschaften – Größe, Stärke oder bestimmte Stoffwechselmerkmale – zu verstärken, indem man das Gen verbessert, das diese Eigenschaften reguliert. Dieser Ansatz hat bereits starke Beweise für die Theorie geliefert, daß die freien Radikale beim Altern beteiligt sind, denn zumindest bei Fadenwürmern konnte man nachweisen, daß diese doppelt so lange leben, wenn das Gen, das die Bildung von Antioxidanzien in der Zelle unterstützt, so mutiert wird, daß die Zelle mehr Antioxidanzien produziert. Eine Verlängerung der Lebenserwartung von drei auf sechs Wochen bei einem Wurm mag gering erscheinen, aber die Verstärkung des entsprechenden Gens im menschlichen Organismus könnte unsere Lebenserwartung womöglich auf bis zu 150 Jahre steigern. Und das wäre natürlich nur ein Durchschnittswert. Die Langlebigen würden dann vielleicht 200 Jahre alt.

Das große Ganze

Eine Generation nach der anderen zu züchten, um die Lebensdauer zu erhöhen, ist zwar umständlicher, als ein spezielles Gen an- oder abzuschalten, kann uns aber eine Menge über den eigenen Alterungsprozeß erzählen. Anstatt zu untersuchen, was schiefgeht und uns altern läßt, sollten wir vielleicht den Spieß umdrehen und herausfinden, was richtig funktioniert und manche Menschen jung hält.

Die Gene könnten verhindern, daß die Zellen langlebiger Individuen von freien Radikalen beschädigt werden. Sie könnten die Ursache sein, daß die Telomere von Hundertjährigen lang genug bleiben, um den Suizid der Zellen zu verhindern. Oder vielleicht verlangsamt ein anderer genetischer Mechanismus die unmerkliche Beschädigung, die uns dem Tod in die Arme treibt.

Doch selbst nachdem wir die meisten mikroskopischen Details des Alterns begriffen haben, bleibt immer noch die größere Frage, warum wir altern müssen. Die Natur hat schwer ins Leben investiert und sagenhaft komplizierte Organismen konstruiert. Warum mußte sie nach dieser Glanzleistung denselben Geschöpfen den Tod einprogrammieren? Der Widerspruch scheint keinen Sinn zu machen, jedenfalls nicht, solange wir die Evolution außer acht lassen.

≡   Das Todesprogramm der Evolution

Etwas Merkwürdiges geschah, als die Forscher die Gene der Fadenwürmer manipulierten, um sie langlebiger zu machen. Die Würmer schlängelten sich nun zwar durch ein fast 70 Prozent längeres Dasein, aber in anderer Hinsicht zogen sie den kürzeren. Verglichen mit früher, sank ihre Fruchtbarkeit auf etwa ein Fünftel. Offenbar regulierte das Langlebigkeitsgen auch die Zahl der möglichen Nachkommen eines Wurms.

Bei den Fruchtfliegen ging man umgekehrt vor und züchtete Exemplare, die äußerst jung geschlechtsreif wurden. Diese bekamen früher Nachwuchs, aber sie starben auch früher. Auch wenn männliche Fruchtfliegen sich im normalen geschlechtsreifen Alter mit sehr vielen weiblichen Tieren paaren, gehen sie früher als normal zugrunde. Ein Harem muß sich also nicht unbedingt günstig auswirken. Verhindert man andererseits, daß eine weibliche Fruchtfliege Eier legt, dann wird sie älter.

Der Lebenszyklus der Lachse im Pazifik wirft mehr Licht auf diese Beziehung. Die Lachse verlassen den Ort, an dem sie geschlüpft sind, schwimmen in den Ozean und werden dort geschlechtsreif. Dann kehren sie zum Laichen an ihren Geburtsort zurück, und unmittelbar nach getaner Arbeit sterben sie. Behandelt man hingegen die Lachse mit bestimmten Hormonen oder kastriert sie, um das Ablaichen zu verhindern, dann sterben sie nicht programmgemäß. Ihr Leben mag dann weniger aufregend sein, dauert aber dreimal so lange. Manche der Tiere werden bis zu 18 Jahre alt.

Es sieht ganz danach aus, als sollte August Weismann, der Embryologe aus dem 19. Jahrhundert, der den Tod als unabdingbar für das Überleben künftiger Generationen ansah, recht behalten. Wenn ein Lebewesen viel Nachwuchs haben will, muß es Platz schaffen für die nachrückenden Generationen. Will es hingegen lange leben, dann geht das nur auf Kosten der Familiengröße. Auf der Waage der Evolution scheint sich die Langlebigkeit von der Fruchtbarkeit abzuleiten. Und da das Altern der Mechanismus ist, welcher der Langlebigkeit allmählich ein Ende setzt, haben wir es anscheinend mit einem brutalen Tausch zu tun.

Der Tod: was haben wir davon?

Als Individuen neigen wir zu kurzsichtiger Betrachtungsweise: wir möchten möglichst lange leben. Die Natur mit ihrer Zukunftsperspektive dagegen könnte an uns als Individuen kaum weniger interessiert sein. Ihr geht es um mehr Leben, in welcher Gestalt, unter welchem Namen, als welche Spezies auch immer.

So wie die Denker im 19. Jahrhundert diese Gleichung sahen, war der Tod des Individuums notwendig, um auf dem Planeten Platz für mehr Individuen zu schaffen. Die Phase der Geschlechtsreife schien der einzige Lebensabschnitt zu sein, auf den es für die Zwecke der Natur ankam. Natürlich mußte ein Neugeborenes am Leben erhalten werden, um geschlechtsreif zu werden und sich ebenfalls fortpflanzen zu können. An erster Stelle des Programms steht die Pubertät, aber danach muß die ältere Generation beiseitegeschafft werden. In gewissem Sinn wird das Individuum für die Gemeinschaft geopfert.

Aus der Perspektive der Evolution hält diese Vorstellung des 19. Jahrhunderts einer näheren Untersuchung nicht stand. Zum Beispiel läßt sie sich nicht auf einzellige Lebewesen anwenden.

Als Regel galt ja, daß jede Zelle nach einer bestimmten Anzahl von Teilungen sterben muß. Hätten sich aber die einzelligen Organismen an diese Regel gehalten, dann gäbe es uns heute nicht. Die ersten Vertreter des Lebens waren primitive einzellige Gebilde, die kaum mehr zuwege brachten, als zu fressen und sich fortzupflanzen. Sie vermehrten sich, indem sie ihre DNA verdoppelten, halbierten und sich teilten. Dabei entstanden zwei einzelne einzellige Organismen, die sich genauso verhielten wie die Mutterzelle.

Wäre der Tod für jede Zelle unausweichlich, dann hätten sich die Tochterzellen der Urzelle immer wieder geteilt und jede Teilung hätte sich von der Urzelle abgeleitet. Nach 50 oder 100 Teilungen würde die letzte Generation altern, ihre Fortpflanzungsfähigkeit verlieren und sterben. In diesem Fall hätte die Natur nicht die nötige Zeit gehabt, Zellverbände zu schaffen und Dinosaurier, Neandertaler, Galileo und Sie und mich hervorzubringen.

===   Mikroskopisch kleine Unsterbliche

Der Zelltod trat bei einzelligen Organismen also niemals ein. Sie vermehrten sich durch Zellteilung und gingen nur zugrunde, wenn sie Pech hatten – z. B. von einem räuberischen Lebewesen gefressen oder bei einem Vulkanausbruch in die Atmosphäre geschleudert wurden. Ein programmierter Zelltod trat, nach heutigen Erkenntnissen, erst ein, nachdem mehrzellige Lebewesen entstanden waren. Diese Entwicklung verwandelte die Fortpflanzung von einem ungeschlechtlichen in ein geschlechtliches Ereignis.

Sobald das Leben kompliziert genug wurde, um sich zwei verschiedene Geschlechter zu leisten, konnte sich beim Fortpflanzungsakt das genetische Material von zwei Angehörigen derselben Spezies vereinigen. Wir sind die Produkte einer solchen Vereinigung, wir tragen die DNA zweier Eltern in uns. Unsere Zellen können ihre DNA verdoppeln und sich teilen, aber der programmierte Zelltod begrenzt die Anzahl der möglichen Teilungen.

Als einzige sind die Spermien von diesem Todesurteil ausgenommen. Während der weibliche Organismus schon bei der Geburt die gesamte Zahl von Eizellen enthält, die im Laufe des Lebens verbraucht werden können, werden im männlichen Organismus lebenslang Samenzellen erzeugt, anscheinend ohne daß die Zellteilungen, aus denen sie hervorgehen, begrenzt sind. Wieder hat die Fortpflanzung im Interesse der Natur gesiegt.

Der Masse der Zellen (sieht man von den Geschlechtszellen ab) wird niemals die Freude zuteil, ihre DNA antreten zu lassen und mit einer DNA derselben Art zu verschmelzen: nach 50 bis 60 Teilungen ist ihr Schicksal besiegelt. Es scheint, als wäre der Organismus nur so lange agil, bis ein neuer Organismus geschaffen ist. Unsere Geschlechtszellen – die wahren ewig Lebenden – benutzen uns nur als Vehikel, um anderen interessanten Unsterblichen begegnen zu können.

=== Kurzarbeiter

Die Vorstellung, daß der Tod für künftige Generationen Platz schaffen muß, erweist sich bei einzelligen Organismen als unbrauchbar. Tatsächlich traf sie während der Evolution auch für vielzellige Organismen, wie wir es sind, nicht zu. Zum einen war genug Platz auf der Erde. Zum anderen schlug der Tod im Laufe der Evolution oft genug zu.

In der Wildnis haben nur wenige Lebewesen das Glück, Räubern, Unfällen oder Naturkatastrophen lange genug zu entgehen, um ein hohes Alter zu erreichen. Während der Jahrtausende der Evolution galt das gleiche auch für unsere Spezies, wobei eine durchschnittliche Lebenserwartung von vierzig Jahren erst in historischen Zeiten überschritten wurde. Den programmierten Zelltod so tief in unseren Genen zu verankern, daß praktisch alle vielzelligen Organismen davon betroffen sind, würde voraussetzen, daß Überbevölkerung die Regel war. Angesichts der Gefahren des Lebens in der Wildnis scheint die Überbevölkerung jedoch noch das geringste Problem des Lebens gewesen zu sein. Falls der programmierte Zelltod entstanden war, um ein Ausufern der Bevölkerung zu verhindern, dann gab es dazu wahrscheinlich herzlich wenig Gelegenheiten.

Die Risiken des Lebens selbst liefern eine einleuchtendere Erklärung, warum es zum Zelltod und zum Altern kam. Wie viele Wissenschaftler heute glauben, war es nicht nötig, daß unsere Gene uns beseitigten. Statt dessen ließ die Kürze des Lebens an sich der Evolution keine Chance, Wege zu finden, um unser Leben zu verlängern.

=== Gene aus zweiter Hand

Um die Evolution am Wirken zu sehen, wollen wir uns das Leben in den Steppen Afrikas vor 100 000 Jahren vorstellen. Zu jener Zeit war die Evolution schon eine Ewigkeit aktiv und hatte bereits die meisten Kreaturen hervorgebracht. Auch den Menschen gibt es schon, zumindest seine Urform. In einer Ansiedlung leben drei Menschenfamilien, jede hat eine geringfügig andere genetische Ausstattung. Jede der drei – nennen wir sie Jäger, Sammler und Bauer – hat vier Kinder, jedenfalls anfangs.

Die Jäger-Kinder sind am widerstandsfähigsten. Sie werden leicht mit Infektionen fertig, und nach Verletzungen genesen sie schnell. Die Sprößlinge der Familien Sammler und Bauer scheinen anfälliger zu sein, vor allem die Sammler-Kinder fangen immer alle möglichen Keime ein. Zwei von ihnen sterben, bevor sie zehn Jahre alt sind. Die beiden anderen erleben gerade noch das Jugendalter, und dann sterben auch sie. Natürlich sind sie (wie die anderen auch) während der Adoleszenz auch geschlechtsreif geworden. Und alle haben, ganz wie die Eltern, die nötigen vier Nachkommen produziert. Nach einer Generation – die Stammeltern sind inzwischen Opfer von Säbelzahntigern geworden oder verhungert – leben in der Siedlung 20 Jäger- und 20 Bauer-Nachkommen, aber nur 10 Abkömmlinge der Sammler-Linie.

Dank ihrer schwächlichen Gene beträgt die Sterblichkeit unter den Sammler-Kindern 50 Prozent. Nach einer weiteren Generation haben wir bei denen, die das Jugendalter erreichen, folgenden Spielstand: Jäger 64, Bauer 64, Sammler 8. Es ist klar, wer bei dieser Verteilung das meiste zum Genpool beisteuert.

Da die Gruppe größer wird, läßt sich leichter dafür sorgen, daß das Feuer nicht mehr ausgeht, um die Säbelzahntiger fernzuhalten. Es sind mehr Sippenangehörige da, die sich um Kranke und Verletzte kümmern können. Es sterben weniger Leute. Die Lebenserwartung in der Siedlung steigt, was aber nicht bedeutet, daß nun alle älter werden.

Bei den Sammler-Kindern beträgt die Sterblichkeit immer noch 50 Prozent, und jetzt erwischt ein genetischer Defekt den Jäger-Clan. Etwa zwanzig Jahre lang scheinen sie ungewöhnlich gesund zu sein, aber dann bekommen sie eine tödliche Krankheit. Sie leben gerade noch lange genug, um vier Kinder in die Welt zu setzen, aber sechs oder gar acht schaffen sie nicht mehr. Da sie vor dem dreißigsten Lebensjahr sterben, wird ihr Beitrag zum Genpool definitiv gemindert.

Derweil hat sich die Bauer-Sippe wacker fortgepflanzt. Die meisten von ihnen werden etwa dreißig, bis ein Unfall oder eine Krankheit sie dahinrafft. Anscheinend haben sie wenige genetische Schwächen. Innerhalb weniger Generationen überwiegen in dem sehr kleinen Gen-Bestand die Gene des Bauer-Clans. An die 80 Prozent der Menschen in der Siedlung sind nun Träger von Bauer-Genen.

Natürlich kommt es auch zu einer katastrophalen Überschwemmung, der nur zehn Bewohner der Ansiedlung entrinnen. Man kann sich leicht vorstellen, wessen Gene überleben und bis heute in unseren Zellen dominieren.

Selbstverständlich ist das genetische Roulette in Wirklichkeit viel komplizierter als das oben geschilderte Szenario. Die Sippen Jäger, Sammler und Bauer hätten sich vermischt, und dabei wären gute und schlechte Gene gekreuzt worden. Nichtsdestotrotz wurden bei dieser gesetzmäßigen Genvermischung die meisten erblichen Krankheiten ausgesiebt, die während der frühen Kindheit zum Tod führten. In weiteren Ausleseprozessen wurden die meisten Krankheiten eliminiert, an denen die Menschen im beginnenden Erwachsenenalter starben. Machten jedoch irgendwelche Gendefekte den Tod wahrscheinlich, nachdem das Fortpflanzungsgeschäft erledigt war, dann blieben diese erhalten. Von Generation zu Generation weitergegeben – wobei jede Generation sich fortpflanzte, bevor spät wirksam werdende Gene zuschlagen konnten –, wurden diese Gene unser Erbe.

Altern als genetische Krankheit

Derartige schlechte Gene können uns zu Schwäche, zu Stoffwechselstörungen, zu verzögerter Heilung nach Verletzungen oder einer Fülle anderer Probleme disponieren. Außerdem setzten sich genetische Defekte, die im Laufe von Jahrzehnten zu einer Funktionsminderung führen – etwa die Folgen von Herzleiden, Diabetes und vielen Krebsformen –, gegenüber jenen genetischen Defekten durch, die rasch zum Tod führten. Falls eine Störung in einem Gen uns lange genug am Leben läßt, daß wir Nachwuchs produzieren können, lebt dieses gestörte Gen in unseren Kindern fort.

Unter dem Aspekt der tatsächlichen Genwirkung ist auch denkbar, daß die Gene, die ganz allmählich zu Alterung und Tod führen, in der Kindheit und Adoleszenz stumm sind, da sie von anderen Genen in Schach gehalten werden. Läßt sich die Neigung zu Autoimmunkrankheiten z. B. zwanzig oder dreißig Jahre unterdrücken, dann spielt es kaum eine Rolle, was danach passiert. Ein Gen, das die Entstehung von Autoimmunität verzögert, braucht nur zwei bis drei Jahrzehnte zu funktionieren, um für immer auf dem Chromosom installiert zu werden. Ob es später versagt, spielt keine Rolle.

Während es also für die Natur sinnvoller zu sein scheint, einen Organismus zu konstruieren, der irgendwann plötzlich zugrunde geht – angenommen, daß der Tod unvermeidlich wäre –, funktioniert das in Wirklichkeit anders. Unsere heutige genetische Wundertüte enthält wahrscheinlich verschiedene Beiträge: solche von den Sammlern mit ihrer Neigung zu Defekten des Immunsystems, solche von den Jägern mit der Anfälligkeit für Krebs, ferner eine reichliche Portion vom Bauer-Clan. Das waren die Leute, die lange genug lebten, um herzkrank zu werden.

Das Mutations-Roulette

Neben unserem Jäger-, Sammler- und Bauer-Erbe besitzen wir vielleicht auch eine Auswahl von Genen, über die in prähistorischer Zeit niemand verfügte. Während wir die meisten Gene auf unseren Chromosomen erben, spielen die Mutationen ständig an diesem Erbe herum. Mutanten, die ihre Träger schon früh auslöschten, hätten natürlich nicht überleben können. Jene Mutanten hingegen, die Bestand hatten, weil sie entweder einen Vorteil verschafften oder zumindest keinen Schaden anrichteten, gingen auf die nächste Generation über. Jede Mutante, die den Tod hinauszögerte, hatte allerbeste Chancen, in das Genom aufgenommen zu werden.

Indessen ist die Mitgliedschaft niemals garantiert. Unsere Zellen verfügen über Reparaturmechanismen, um Mutationen aufzufangen, flicken Bruchstellen zusammen und entwirren verheddert DNA-Sequenzen, um den Erfolg künftiger Zellteilungen sicherzustellen. Bei manchen Spezies funktionieren die DNA-Reparaturmechanismen hervorragend, bei anderen eher nach dem Zufallsprinzip. Tatsächlich ist das gute DNA-Reparaturvermögen einer Spezies ihrer Lebenserwartung proportional. Mäuse, die ja höchstens drei Jahre alt werden, können DNA-Fehler nur unzulänglich reparieren. Schimpansen, deren Lebenserwartung bei etwa 50 Jahren liegt, sind da schon viel geschickter. Wir Menschen aber sind Meister der DNA-Reparatur. Zwar gelingt es uns nicht, alle Mutationen unwirksam zu machen, aber es gelingt uns besser als anderen Organismen.

Gewiß benötigen wir derart tüchtige Reparaturmechanismen, vor allem in der Jugend. Der Mensch muß ja mindestens zwölf Jahre oder länger am Leben bleiben, bis er geschlechtsreif ist. Wenn uns unser Reparaturdienst vorher im Stich ließe, wären wir nie aus den Startlöchern der Evolution gekommen. Schimpansen bzw. Mäuse pflanzen sich viel früher fort, daher ist ein gebrochener DNA-Strang bei ihnen weniger schlimm.

Obwohl wir sehr geschickt sind, Fehler in der DNA aufzuspüren, würden wir dennoch nicht unbedingt alles perfekt reparieren wollen. Es sollten einige Fehler im Code bleiben, sonst würden wir bald aus dem Evolutionsspiel ausscheiden. Schließlich müssen wir für den Fall, daß eine neue Eiszeit eintritt und dickes Fell an den Füßen wieder modern wird, für Mutationen gerüstet sein – andernfalls werden wir sterben. Indem sie einige der Mutationen, die natürlicherweise in einer Zelle auftreten, übersieht, hält die Evolution das Tor geöffnet, damit das Leben auch unter extremen Bedingungen weitergehen kann.

Die drei Gänge Langlebigkeit, Fruchtbarkeit und DNA-Reparatur scheinen demnach irgendwie ineinanderzugreifen, um die komplizierte Evolutionsmaschine am Laufen zu halten. Wird einer der Gänge umgeschaltet, dann beeinflußt dies auch die anderen. Die Beziehung zwischen diesen drei Faktoren ist tatsächlich so eng, daß manche Experten sie für drei Funktionen desselben Mechanismus halten. Vielleicht sehen wir nicht die Ergebnisse von drei verschiedenen, getrennt wirkenden genetischen Funktionen, sondern eine einzige Funktion, die auf drei verschiedene Arten ausgeübt wird.

Die gute und die schlechte Nachricht

Dieser Ansatz eröffnet eine völlig neue Perspektive, welche Rolle die Evolution bei der Art und Weise und den Ursachen des Alterns gespielt hat. Er unterstellt, daß genau die Faktoren, die wir optimieren müssen, um uns fortzupflanzen – Fruchtbarkeit und DNA-Reparatur –, uns für die Alterskrankheiten anfällig machen. Es ist so, als hätte die Evolution beschlossen, uns in der Jugend mit fruchtbarkeitssteigernden Medikamenten zu traktieren, ungeachtet der Tatsache, daß diese Stoffe uns schließlich das Leben kosten werden.

Für die Natur macht so ein Leben auf Pump (kaufen Sie jetzt, zahlen Sie später) durchaus Sinn. In einer Umwelt, in der es leicht ganz plötzlich zu einer Überschwemmung, einer Dürrekatastrophe oder einem Vulkanausbruch kommen kann, würde ein schlauer Konstrukteur jede Menge zusätzliche Organismen erzeugen, und seien sie noch so minderwertig, und hoffen, daß einige von ihnen der Gefahr entkommen werden. Wenn es ums Überleben geht, hat die Masse oft mehr Vorteile als die Klasse.

Stellen Sie sich z. B. ein Lebewesen vor, das sich ein extravagantes Gefieder zugelegt hat, um die Aufmerksamkeit des anderen Geschlechts zu erregen und bei der Paarung bevorzugt zu werden. Die Methode funktioniert wunderbar, um ein Weibchen zu gewinnen, allerdings kann das Gefieder, wenn man nach den Jungen im Nest sehen will, in Büschen und Ranken hängenbleiben. Solange die Mehrzahl der Vertreter einer Spezies lange genug überlebt, um die Sicherheit der Nachkommen zu gewährleisten, spielt es keine Rolle, ob sich ihr Gefieder schließlich so verheddert, daß sie sein Gewicht nicht mehr tragen können und Probleme bei der Nahrungssuche haben. Auch ist ohne Bedeutung, ob so ein prächtiges Gefieder auf einem unbeweglichen Objekt Feinde anzieht.

Beim Menschen ist Östrogen vielleicht das beste Beispiel für ein genetisch festgelegtes Merkmal, das die Fruchtbarkeit fördert, aber gleichzeitig Risiken birgt. Während der reproduktiven Phase bewirkt Östrogen bei der Frau die Eireifung und stimuliert die Milchdrüsen in der Brust, damit sie im Falle des Falles stillen kann. Freilich fördert Östrogen auch die Entstehung von Brustkrebs, wobei aber zwei Drittel der Erkrankungen erst nach der Menopause auftreten. Krebsforscher vermuten, daß der jahrelange Einfluß des Östrogens während der Fortpflanzungsperiode der Frau entweder karzinogen wirkt oder das Wachstum vorhandener Krebszellen anregt. Ein spät im Leben auftretender Krebs ist natürlich für die Zwecke der Natur belanglos. Solange die Frau – dank dem vielen Östrogen – fruchtbar war, konnte sich die Spezies prächtig vermehren. Andere Hormone und einige Enzyme scheinen ebenfalls das Überleben in der Jugend zu optimieren und den Preis dafür später einzufordern.

Auch der rätselhafte Vorgang des Zelltodes könnte einen Teil dieses Lebens auf Pump darstellen. Damit wir wachsen und reifen und fortpflanzungsfähig werden, müssen sich unsere Zellen häufig teilen. Teilen sie sich jedoch zu oft und über einen zu langen Zeitraum, dann können sie zu Krebszellen entarten. Die schnelle und rabiate Lösung würde darin bestehen, die Anzahl der möglichen Zellteilungen zu begrenzen.

Solange diese Methode funktioniert, würden damit ganz viele Krebszellen, bevor ihnen ein Trick dagegen einfiele, unschädlich gemacht. Auf diese Weise könnte der programmierte Zelltod den Krebs solange in Schach halten, bis die reproduktive Phase hinter uns läge. Allerdings fordert der Tod all dieser Krebszellen seinen Tribut von jedem Organ und System, einen Tribut, der sich bis ins Alter summieren kann.

Unsere Unfähigkeit, jeden einzelnen Fehler in der DNA zu reparieren, ist die Risikoversicherung der Natur gegen eine radikale Veränderung der Umwelt. Wenn aber ein Leben lang Fehler nicht repariert werden, kann sich schließlich eine reichliche Menge anhäufen. Das Altern könnte die unvermeidliche Folge sein.

Das Tempo der Evolution wird langsamer

Angesichts des langsamen Wirkens der Natur wird die Frage »Warum altern wir?« rasch zu der Frage »Warum überleben wir überhaupt?« Im großen Rahmen der Evolution müssen wir, nachdem wir für die Erhaltung der Art gesorgt haben, nicht unbedingt zu Schrott werden, aber praktisch gesehen werden wir zu einer unnötigen Belastung. Die heutige ältere Bevölkerung – in den USA beispielsweise sind immerhin mehr als 12 Prozent der Bevölkerung älter als 65 Jahre – nimmt weiter zu, weil die Evolution sich zu gut darauf eingestellt hat, die Erhaltung der Art zu sichern.

Die Umweltbedingungen sind lange Zeit erträglich geblieben. Es gibt wenige Vulkanausbrüche, und eine neue Eiszeit ist nicht in Sicht. Derweil haben sich all die Strategien, die das Weiterleben inmitten von Verheerungen sichern sollten, erhalten. Die Sicherungssysteme und Notfallpläne – DNA-Reparatur, zunehmende Kompliziertheit der Zellen, zunehmende Intelligenz – haben gut funktioniert.

Während dieses langen Zeitraums haben die Menschen Kulturen geschaffen, deren Errungenschaften unserer Lebenserwartung zugute kamen. Die Jahrhunderte bescherten uns Technologien, mit denen potentiell lebensgefährliche Feinde zurückgeschlagen werden, und zwar nicht nur die mit Krallen bewehrten, knurrenden Arten, sondern auch die mikroskopisch kleinen. Bessere Hygiene und Ernährung führten dazu, daß mehr Kinder das Jugendalter erreichten und mehr Erwachsene sich guter Gesundheit erfreuen. Falls wir etwas mehr sind als komplizierte Vehikel für die DNA, dann hat die Natur diese Vehikel so solide gebaut, daß nur wenige kaputtgehen, solange sie noch jung sind. Wir haben es geschafft, diese Vehikel sicherer durch eine weniger gefährliche Welt zu steuern. Und jetzt haben wir begonnen, das Innere zu inspizieren und seinen Inhalt zu analysieren und neu zu ordnen.

Der Kampf gegen das Altern

≡ Die Wissenschaft schlägt zurück

Da die dynamische Wechselwirkung zwischen Verschleiß, genetischer Ausstattung und Lebensweise bei jedem Menschen anders ist, wird es vielleicht niemals gelingen, universale Biomarker zu finden. Anstatt eine einzige Ursache für das Altern auszumachen, müssen daher erklärende Theorien drei Dimensionen berücksichtigen. Unser Organismus wird verschlissen, weil wir uns bewegen, essen und Sauerstoff verbrauchen, um Energie zu gewinnen. Wir verlieren lebensnotwendige Zellen und häufen Mutationen an, weil die Evolution diese Strategien wirksam fand, um die Kontinuität des Lebens zu erhalten. Außerdem fügen wir unserem Organismus Schäden zu, und wir verschlimmern und beschleunigen den natürlichen Verfall durch unsere Ernährungsweise, durch Alkoholkonsum und Rauchen und was wir sonst noch tun, während wir die kostbare DNA-Fracht der Evolution mit uns herumtragen.

Um diesen Ablauf zu verändern, wird der Kampf gegen das Altern an drei Fronten geführt. Der eine Ansatz, der therapeutische, geht spezifische Probleme an, bevor sie das Leben kosten. Der zweite Ansatz versucht, die dem Altern ursächlich zugrundeliegenden Prozesse zu bekämpfen, und will das ganze System verändern, um von vornherein zu verhindern, daß Probleme entstehen. Der letzte Ansatz zielt auf Vorbeugung, um den Zeitpunkt hinauszuschieben, an dem sich der allmähliche Niedergang zum Tode hin beschleunigt. Jeder Ansatz – die Ran-an-den-Feind-Strategie, die Kampf-dem-Alter-Taktik und die Präventionsstrategie – trachtet, eine Dimension des Lebens zu fördern, die für die Evolution keine große Rolle spielte. Es genügt uns nicht, bloß als Brutmaschine zu dienen, um Gene weiterzugeben. Wir möchten dableiben und sehen, was unsere Enkel daraus machen.

≡ Besuche in der Reparaturwerkstatt

Die Medizin hat traditionell immer gewartet, bis irgendwas schiefging, und sich dann bemüht, es in Ordnung zu bringen. Die vielen Ursachen des Alterns – vom Verschleiß bis zum genetisch programmierten Zelltod – bedeuten, daß nicht nur eine Sache schiefgeht, sondern mehrere. Nach der traditionellen Methode hat die Medizin die Probleme der Reihe nach in Angriff genommen: fand sie schon keine Pille gegen jedes Übel, mochten die Chirurgie, eine Reparatur oder ein Behelf vielleicht genügen.

Diese mechanistische Annäherungsweise läßt die eigentliche Ursache außer acht und behandelt nur die Symptome. Und das funktioniert. Viele Prozesse, die mit dem Altern einhergehen, werden dadurch verlangsamt und der Einfluß anderer gedämpft. Schließlich ist nicht zu bestreiten, daß auch kleinere Reparaturen ein altes Haus attraktiv und bewohnbar halten können.

Die Reparaturstrategien der Medizin setzen auf allen Ebenen an, auf denen uns das Altern beeinträchtigt – wie wir aussehen, wie wir empfinden und wie es unseren einzelnen Organen und Funktionssystemen geht. Mit Behelfen (wie Perücken, Hörgeräten oder dritten Zähnen) können ältere Menschen besser aussehen, sich psychisch besser fühlen und die Last ihrer nachlassenden Körperfunktionen in den Griff bekommen.

≡ Eine Frage des Aussehens

Alt auszusehen bringt uns nicht um, aber in einer vom Jugendlichkeitswahn befallenen Gesellschaft kann es der Illusion von der Attraktivität der Reife einen herben Schlag versetzen. Von den Titelseiten der Zeitschriften, im Fernsehen und im Kino springen uns die Bilder von Models mit glänzenden Haaren, gertenschlanker toller Figur, makellosen Gesichtern und unbändiger Vitalität an. Auch wenn wir uns nicht an diesem jugendlichen Aussehen messen, fürchten wir vielleicht, daß andere dies tun. Folglich bemühen sich viele, ihre Erscheinung durch Kosmetik zu verbessern.

Allein in den USA geben die Verbraucher jährlich schätzungsweise eine Milliarde Dollar für Cremes, Feuchtigkeitslotionen und ähnliche Produkte aus, um die äußeren Attribute des Alters zu übertünchen. Die meisten dieser Präparate maskieren allenfalls die Folgen des Alterns, einige neuere jedoch rücken den eigentlichen Ursachen zu Leibe.

Die Alpha-Hydroxysäuren z. B. wirken nach dem Prinzip »aus alt mach neu«. Als Bestandteile von Cremes, Lotionen und Reinigungsmilchen lösen sie tote Zellen von der Oberfläche der Haut ab, so daß unter den abgetragenen oberen Hautschichten frische babyzarte Haut zum Vorschein kommt. Alpha-Hydroxysäuren werden aus dem Saft von Zitrusfrüchten und weiteren natürlichen Rohstoffen gewonnen und wirken weniger radikal als einige der stärkeren Peelingsubstanzen wie z. B. Vitamin-A-Säure (Tretinoin).

Daß Vitamin-A-Säure der Hautalterung entgegenwirkt, wurde zufällig entdeckt. Als bekannt wurde, daß dieses Mittel gegen Akne auch Altersfalten glätten kann, stieg der Umsatz von Vitamin-A-Säure in einem einzigen Jahr von 33,5 Millionen auf 115 Millionen Dollar. Zwar hat die amerikanische Arzneimittelbehörde FDA Vitamin-A-Säure nicht zur Behandlung alternder Haut zugelassen, aber wenn ein Präparat erst für eine bestimmte Indikation – wie Vitamin-A-Säure für Akne – genehmigt ist, steht es den Ärzten frei, es auch bei anderen Indikationen zu verordnen. Und das tun sie. Wie die Alpha-Hydroxysäuren wirkt Vitamin-A-Säure durch Ablösen der oberflächlichen Schicht abgestorbener Hautzellen, unter der glatte Haut zum Vorschein kommt. Die Behandlung kann anfangs unangenehm sein, denn sie bewirkt, daß sich die Haut abschält; wenn man zuviel oder zu oft von dem Mittel aufträgt, reagiert die Haut mit starkem Brennen und mit heftiger Rötung. Die richtige Dosierung muß vorsichtig ausprobiert werden.

Schwere Nebenwirkungen begrenzen die Anwendung chemischer Peelings, bei denen ein Hautarzt oder Arzt für plastische Chirurgie eine ätzende Lösung auf die Haut aufbringt, die eine chemische Verbrennung bewirkt. Nachdem sich die alte Haut gelöst hat, wird sie durch neue, weniger faltige Haut ersetzt. Ein solches Peeling kann vorübergehend Falten, Fältchen und Krähenfüße beseitigen.

Die neuesten Entwicklungen im Kampf gegen alternde Haut versprechen weniger rabiate, dafür natürlichere Lösungen. In einer neuen Studie wurde nachgewiesen, daß die diätetische Zufuhr von Fischöl die Folgen von Hautschäden durch Sonne mildern kann. Außerdem ist derzeit eine hautverjüngende Creme auf der Basis von Vitamin C in der Entwicklung. Sie scheint eine ähnliche faltenglättende Wirkung wie Vitamin-A-Säure zu besitzen, aber ohne deren unerwünschte Nebenwirkungen. Beide Produkte können die Bildung von Kollagen anstoßen, Bestandteil von Bindegewebsfasern unter der Haut, die diese prall und glatt erscheinen lassen.

═══   Geben und nehmen

Ein Verfahren, Kollagen unter die Haut einzubringen, ist die Injektion. Dabei werden winzige Partikel dieser natürlichen Substanz eingespritzt, um Krähenfüße um die Augen oder die Fältchen um die Lippen zu glätten. Auch Silikon kann verwendet werden, um Falten oder Einziehungen zu beseitigen. Es handelt sich aber hierbei nur um vorübergehende Lösungen. Diese Füllsubstanzen werden vom Körper absorbiert, so daß die Falten nach einem oder zwei Jahren wieder da sind.

Eine Methode mit länger anhaltender Wirkung besteht darin, die durch Einwirkung von Sonnenlicht beschädigten obersten Hautschichten abzuschleifen. Bei der Dermabrasion wird die Haut mit einer Drahtbürste oder einem anderen Schleifgerät mit hoher Drehzahl bearbeitet, dabei werden die defekten Schichten abgetragen. Auch dieses Verfahren eignet sich für Krähenfüße und für die Fältchen um den Mund, außerdem für Aknenarben. Die Haut braucht jedoch nach einer Dermabrasion ungefähr zwei Wochen, um abzuheilen, und der Erfolg wird erst nach einigen Monaten wirklich sichtbar.

Diese Verfahren sind natürlich nicht so wirkungsvoll wie die plastische Chirurgie, gleichwohl sind sie äußerst populär. Die alternden Amerikaner geben jährlich drei bis vier Milliarden Dollar aus, um ihre ramponierten Körper auf Biegen und Brechen kosmetisch zu liften und zu straffen. Lippen, Augenlider, Gesichter, Bäuche und Hinterteile werden restauriert. An der einen Stelle lassen wir Fett absaugen, da wo es attraktiver wirkt, lassen wir Fett einspritzen. Mit neuen Methoden werden Denkfalten von der Stirn und Halsfalten ebenso wie Krampfadern beseitigt. Das einschneidendste dieser Verfahren, das Facelifting, kann fünf bis zehn Jahre halten, bis es erneuert werden muß.

In der Vergangenheit waren die meisten Patienten, die sich solchen chirurgischen Eingriffen unterzogen, über fünfzig. Zwischen 1988 und 1993 sank jedoch das Durchschnittsalter allmählich. Gleichzeitig schnellte die Zahl der Eingriffe um ein Drittel nach oben, und 43 Prozent der Behandelten gehörten der Baby-Boom-Generation an. Inzwischen ist die Schönheitschirurgie kein Privileg der Frauen mehr. Männer lassen sich vor allem die Lider straffen, in der Hoffnung, ihre Karriere zu fördern, wenn sie jünger aussehen.

Der Kampf gegen die Glatze

Männer stellen auch ein riesiges Marktpotential für Produkte dar, mit denen der Verlust der Haare bekämpft werden kann. Die Glatzenbildung kann in jedem Alter einsetzen, aber sobald sie beginnt, läßt sie den Mann älter erscheinen. Methoden, die Abhilfe versprechen, ziehen eine riesige Kundschaft an. Die Palette der Maßnahmen reicht von individuell entworfenen und angepaßten Haarteilen bis zur dauerhafteren Lösung der Haartransplantation. Bei der Haartransplantation, sie wurde in den fünfziger Jahren entwickelt, werden Inselchen mit zwölf bis fünfzehn Haaren aus stärker behaarten Stellen der Kopfhaut ausgestanzt und an kahle Stellen verpflanzt. In Kombination mit einer neu entwickelten chirurgischen Methode, bei der die Fläche der Kopfhaut verkleinert wird, sind die Ergebnisse dieses Verfahrens recht zufriedenstellend.

Um ein augenfälligeres Ergebnis zu erzielen, können die Chirurgen etwa 4x4 cm große behaarte Hautläppchen abpräparieren und an kahle Stellen übertragen. Bei dieser Methode treten zwar häufiger Komplikationen auf, dafür sind aber die Ergebnisse oft befriedigender. Bei der neuesten, TAT (Triple Advancement Transposition, d.h. Dreifach-Effekt-Verpflanzung oder auch Expandermethode) genannten Technik wird ein mit Kochsalzlösung gefüllter Ballon unter behaarte Stellen der Kopfhaut eingebracht, dadurch werden diese gedehnt, so daß die Haare eine größere Fläche bedecken.

Außerdem gibt es ein Medikament, das ursprünglich gegen Bluthochdruck eingesetzt wurde, sich aber überraschend auch als haarwuchsfördernd erwies. Der Wirkstoff Minoxidil führte bei einem Drittel der versuchsweise behandelten jungen Männer zu einer Verdopplung des Haarwuchses, und der Effekt wurde noch verstärkt, wenn die Probanden zusätzlich Vitamin-A-Säure erhielten. Leider hielt die Wirkung keineswegs an. Ungefähr einen Monat nach Absetzen der Behandlung schritt der Verlust der Haare weiter voran. Hierzu ist anzumerken, daß es sich bei Minoxidil um ein sehr starkes, mit zahlreichen unerwünschten Nebenwirkungen behaftetes Mittel handelt, das die Pharmakologen nur bei Bluthochdruck befürworten, der auf die üblichen Medikamente nicht anspricht. Auch wenn Glatzenbildung den Betroffenen psychisch sehr belastet, stünde der eventuelle Nutzen einer Minoxidil-Einnahme in keinem akzeptablen Verhältnis zu ihren Gefahren.

Sexy und fit bleiben

In einem straffen Körper den Schein zu wahren ist das eine. Etwas ganz anderes ist es, mit dem zunehmenden Hormonmangel im mittleren und höheren Alter fertigzuwerden. Auch hier bedeutet die gezielte Reparatur einen Fortschritt gegenüber dem, was Altern früher war. Einige Therapien gehen tiefer als die oberflächlichen kosmetischen Maßnahmen; sie greifen in den eigentlichen Alterungsprozeß ein und machen uns dadurch weniger anfällig für den beschleunigten körperlichen Abbau, an dessen Ende der Tod steht.

Seit den sechziger Jahren besteht für Frauen erfreulicherweise die Möglichkeit, mittels Hormonersatztherapie die körperlichen und seelischen Folgen der Menopause zu mildern. Die ersten Versuche, bei denen nur Östrogen verabreicht wurde, brachten ein erhöhtes Risiko mit sich, an Gebärmutterkrebs zu erkranken; kombiniert man jedoch Östrogen mit Progesteron – was den Hormonzyklus vor der Menopause imitiert –, wird das Risiko behoben. Die Hormonersatztherapie kann manche Veränderungen in der Lebensmitte aufhalten, vielleicht auf Dauer. Abgesehen davon, daß die Substitution Hitzewallungen und andere körperliche Symptome beseitigt, mildert sie auch viele mit den Hormonschwankungen einhergehende Befindensstörungen, wie Stimmungslabilität, Wut und Frustration. Obwohl derzeit nur etwa zwanzig Prozent der Frauen über fünfzig die fehlenden Hormone substituieren, wird ihr Anteil wahrscheinlich zunehmen, wenn sich erst einmal die neue Erkenntnis herumgesprochen hat, daß Östrogen gegen Herzkrankheiten und Osteoporose schützt.

Bis zur Menopause haben Frauen ein geringes Risiko, herzkrank zu werden, aber sobald der Östrogenspiegel absinkt, nimmt das Risiko rasch zu. Die Hormonersatztherapie stellt die cholesterinsenkende Wirkung des Östrogens wieder her und schützt dadurch auch das Herz. Ebenso erfreulich ist der Schutz vor osteoporosebedingten Knochenbrüchen. Beginnt eine Frau innerhalb der ersten fünf Jahre nach der Menopause mit der Hormontherapie, so kann sie das Risiko für Knochenbrüche halbieren. Am dramatischsten ist die Risikominderung bei den Hüftgelenken; sie beträgt nämlich mehr als 70 Prozent.

Es spricht einiges dafür, daß nicht nur Herz und Knochen profitieren, sondern wahrscheinlich trägt die Hormonersatztherapie auch dazu bei, daß der Geist fit bleibt. In einer 1994 an Frauen nach der Menopause durchgeführten kleinen Studie wurden Gedächtnisleistung, Reaktionsschnelligkeit und Lernfähigkeit vor und nach Beginn einer Östrogensubstitution gemessen. Nachweislich besserten sich die Testleistungen der Frauen, nachdem sie mit der Hormonbehandlung begonnen hatten. Die Unterschiede waren zu gering, als daß sie im Alltag aufgefallen wären, sie traten aber bei den Tests deutlich zutage; und je komplexer die geistige Herausforderung, desto hilfreicher war Östrogen.

In einer kalifornischen Seniorensiedlung ergaben neuere Untersuchungen an Frauen ebenfalls einen Leistungsvorsprung bei denen, die Östrogen nahmen. Zudem war die Wahrscheinlichkeit, die Alzheimer-Krankheit zu bekommen, bei den hormonbehandelten Frauen um 40 Prozent geringer. Sogar den Frauen, die an Alzheimer litten, ging es unter Östrogen besser, ihr Gedächtnisverlust war weniger schwerwiegend als bei den Frauen, die keine Hormone nahmen. Angesichts der Tatsache, daß dreimal mehr Frauen als Männer an Alzheimer erkranken, sind diese Befunde besonders bedeutend. Es sieht zwar nicht danach aus, als wäre der Östrogenmangel eine Ursache der Alzheimer-Krankheit, doch könnte die dramatische Östrogenabnahme, die Frauen in der Mitte ihres Lebens erleiden, die Biochemie in Gehirnregionen stören, die für Lern- und Gedächtnisleistung wesentlich sind.

Die biologische Uhr zurückstellen

Ob eine Frau die fehlenden Hormone ersetzt oder nicht, in jedem Fall beendet die Menopause ein für allemal ihre Empfängnisfähigkeit, zumindest, solange die Medizintechnologie diese Gleichung nicht ändert. Technisch ist es derzeit aber schon möglich, daß eine Frau nach der Menopause ein Kind für eine andere Frau austrägt und gebiert. Die bisher älteste Frau, die vor einiger Zeit – mit 63 Jahren – ein Kind geboren hat, ist eine Italienerin. Nachdem der Arzt ihre Gebärmutter hormonell vorbereitet hatte, implantierte er ihr reife Eier von einer jungen Spenderin, die zuvor in vitro mit Spermien befruchtet worden waren. Die Forscher arbeiten an Methoden, Eizellen einzufrieren und ihre Befruchtung auf die Zeit nach der Menopause zu verschieben, damit Frauen mit ihren eigenen Eizellen schwanger werden können. Noch können Frauen nach der Menopause keine eigenen Kindern austragen, aber die Chancen stehen nicht schlecht, daß auch dies eines Tages möglich sein wird.

Ein Mann bildet von der Geschlechtsreife bis an sein Lebensende unermüdlich Spermien. Wenn er in die Jahre kommt, sinkt jedoch seine Testosteronproduktion, und das wirkt sich sowohl auf seine Energie als auch auf seine Physis aus. Auch hier läßt sich in geeigneten Fällen mit Hormongaben etwas ausrichten. Bei Männern im mittleren Alter kann eine Behandlung mit Testosteron nicht nur bewirken, daß sie sich männlicher fühlen, sondern auch, daß sie Gewicht verlieren, Muskeln ansetzen und ihre Gesundheit allgemein sowie ihr Wohlbefinden gesteigert wird. Experimentelle Gaben von Testosteron besserten die Blutdruckwerte, die Blutzucker- und Cholesterinspiegel der männlichen Probanden. Außerdem werden bei Männern zur Behandlung der Prostatavergrößerung, die ja die meisten im mittleren Altern zu plagen beginnt, neue Medikamente eingesetzt und gegebenenfalls durch chirurgische Verfahren unter Anwendung von Laser, Hitze und Ultraschall ergänzt.

Reparaturen am Gehirn

Was nützt es uns, wenn wir gut aussehen und uns sexy fühlen, unser Gehirn aber nicht mehr wie früher funktioniert? Das normale Nachlassen der Konzentrationsfähigkeit und des Kurzzeitgedächtnisses ist zwar gering, und doch können dies die lästigsten Symptome des Alterns sein. Wir befürchten, daß die verlegten Schlüssel oder ein schlechtes Namensgedächtnis die Vorboten der Alzheimer-Krankheit sind. Unsere Muskeln werden schwächer, unser Griff lasch, und wenn wir ein bißchen zittern, denken wir gleich an die Parkinson-Krankheit. Die Tatsache, daß die durchschnittliche Wahrscheinlichkeit, vor achtzig an einem dieser Leiden zu erkranken, weniger als 20 Prozent beträgt, vermag uns kaum zu trösten. Irgendwelche Leute müssen ja diese zwanzig Prozent ausmachen, und vielleicht trifft es gerade uns.

Mit den symptomatischen Mitteln der Medizin sind diese Krankheiten wohl nicht rückgängig zu machen, aber die Forschung weist den Weg zu einer angemessenen Lebensführung, zu Arzneimittelbehandlungen und sogar chirurgischen Eingriffen, die das Fortschreiten der Krankheit verzögern können. Einen Schlüssel für die Lösung von Problemen mit dem Kurzzeitgedächtnis z. B. könnte Zucker darstellen. Diese interessante Erkenntnis ergab sich, als Psychologen an der Universität von Virginia sechzig- bis achtzigjährige Probanden veranlaßten, morgens als erstes Limonade zu trinken. Wenn die Limonade mit Zucker gesüßt war, verbesserte sich die Leistung im Wortmerktest um bis zu 60 Prozent, vielleicht weil Zucker – wie wir aus Tierversuchen wissen – bei den komplizierten biochemischen Vorgängen der Speicherung von Gedächtnisinhalten eine Rolle spielt. Zwar ist Zucker der Brennstoff, der dem Gehirn Energie liefert, aber der ältere Organismus verwertet ihn weniger gut. Eine Forschungsrichtung befaßt sich derzeit damit, chemische Substanzen aufzuspüren, welche die Zuckerverwertung verbessern. Bislang läßt sich aus den Ergebnissen noch nicht ableiten, daß man den älteren Leuten raten dürfte, zum Frühstück nur noch Brot mit Konfitüre zu essen, aber es spricht doch einiges für Obst und Getreide als erste Mahlzeit.

Ein weniger naturgemäßer Ansatz befaßt sich mit der Erforschung von etwa einem Dutzend Medikamenten, welche die Merkfähigkeit steigern sollen. Unter ihnen ist eine neue Klasse pharmakologisch wirksamer Substanzen, die sogenannten Nootropika oder nootropen Geriatrika. Sie regen den Hirnstoffwechsel an, indem sie die Zuckerverwertung, die Sauerstoffaufnahme und die Durchblutung steigern. Nootropika sollen die Fähigkeit des Gehirns verbessern, sich zu konzentrieren, zu lernen und sich zu erinnern. Sowohl in Tierversuchen als auch in der

Prüfung am Menschen zeigte sich, daß diese Präparate die Aufmerksamkeit, die Konzentration und das Kurzzeitgedächtnis verbessern.

Die klinische Prüfung von Nootropika war bisher auf Versuche mit Patienten beschränkt, deren Krankheiten – wie Alzheimer oder Parkinson – zu schweren Einschränkungen führen. Die Ergebnisse waren indessen so dramatisch, daß die Therapeutika über die Grenzen der Testlabors hinaus populär wurden. Sehr schnell entwickelte sich ein schwunghafter Schwarzhandel, da Offshore-Beschaffungsklubs die Präparate aus Ländern importieren, in denen die Verordnung von Nootropika nicht sehr streng kontrolliert wird. In größeren amerikanischen Städten stehen Leute mittleren Alters und sogar junge Leute Schlange, um diese Medikamente zu kaufen und auszuprobieren. Die Wirkungen sind nicht immer vorhersehbar, und die Wirksamkeit ist keineswegs garantiert. Trotzdem haben diese Präparate auf dem Schwarzmarkt einen Beliebtheitsgrad und eine Verbreitung erreicht, daß ihre Anwendung allmählich die Beamten der amerikanischen Arzneimittelbehörde (FDA) beunruhigt.

Am umfassendsten wurde bisher die Substanz Piracetam geprüft, die das Gedächtnis, die Aufmerksamkeit und die Konzentration verbessern kann. Einer schwedischen Studie ist sogar zu entnehmen, daß Piracetam die Fahrtüchtigkeit alter Kraftfahrer deutlich steigert. Bei schlechter Gedächtnisleistung scheint ein zweiter Wirkstoff, Phosphatidylserin, vielversprechend zu sein. Die Prüfung an 150 älteren Patienten mit Gedächtnisproblemen ergab beim Lernen und bei Merktests aus dem Alltag Verbesserungen um 15 bis 20 Prozent. Bei Alzheimer-Patienten hielten die positiven Wirkungen der Phosphatidylserin-Therapie sogar bis drei Monate nach Abschluß der Behandlung an. Eine dritte Substanz, das Dihydroergotoxin, wurde bereits in den vierziger Jahren zur Behandlung des Bluthochdrucks angewandt. Es handelt sich um den Extrakt eines Pilzes (Mutterkorn), der auf Roggen wächst und der im Tierversuch nachweislich die Zuckerverwertung im Gehirn fördert und die Lernfähigkeit verbessert. Bei der Prüfung am Menschen waren die Ergebnisse weniger eindeutig: bei manchen Versuchspersonen waren keine Wirkungen erkennbar, bei anderen hingegen deutliche Verbesserungen der Aufmerksamkeit, der geistigen Klarheit und der Stimmung.

Eine weitere, verlockende Behandlungsmöglichkeit für schwere Hirnleistungsstörungen wäre der Ersatz geschädigter Gehirnzellen. Biotechnologie-Firmen arbeiten daran, Nervenwachstumsfaktoren als potentielle Therapie der Alzheimer-Krankheit anwendungsreif zu machen. Wie die Wachstumsfaktoren, die derzeit angewandt werden, um bei Patienten mit schweren Verbrennungen die Erneuerung der Haut zu fördern, und wie die Stimulanzien des Immunsystems in der Chemotherapie, so könnten Wachstumsfaktoren vielleicht der Zerstörung von Gehirnzellen Einhalt gebieten.

Einen anderen Weg, nämlich die Entstehung von Abfallprodukten im Gehirn zu verhindern, geht man mit Arzneimitteln, die derzeit am Menschen klinisch geprüft werden. Diese Anhäufungen von Müll sind als »senile Plaques« bekannt und für die Gehirne von Alzheimer-Kranken charakteristisch. Gelänge es zu verhindern, daß sich solche Stoffe anhäufen, dann ließe sich die Funktionstüchtigkeit des Gehirns erhalten. Andere Medikamente halten zwar die Zerstörung der Neuronen nicht auf, aber sie scheinen zu bewirken, daß die verbleibenden Neuronen besser funktionieren. Die neueste Substanz dieser Gruppe heißt Tacrin, sie ist bei etwa einem Drittel der Alzheimer-Patienten wirksam und vermag die Uhr des geistigen Verfalls um etwa sechs Monate zurückzudrehen.

Patienten, die an der Parkinson-Krankheit (Schüttellähmung) leiden, erhalten als Standardbehandlung den Wirkstoff Levodopa; da es jedoch störende Nebenwirkungen hervorrufen kann, wurden Alternativen entwickelt, z. B. das Selegilin. Nicht nur die Wirksamkeit dieser Substanz gegen die Zerstörung von Neuronen, die für das Zittern beim Parkinson verantwortlich ist, wird gepriesen, sondern auch ihre Eigenschaften, die Konzentration von Antioxidanzien im Körper zu steigern, das Leben zu verlängern und der Männlichkeit zugute zu kommen. Selbst wenn Selegilin vielleicht gar nicht all diese Wirkungen entfaltet, nimmt es neben Levodopa einen wichtigen Platz ein, da es keine großen Nebenwirkungen erzeugt und den Zeitpunkt, bis mit Levodopa behandelt werden muß, hinauszuschieben vermag. Eine vorläufige Prüfung von Selegilin zur Behandlung von Alzheimer-Patienten ergab, daß es das Gedächtnis und die verbalen Fähigkeiten geringfügig verbessert. Diese Wirkung könnte darauf beruhen, daß beim Abbau von Selegilin Amphetamin frei wird.

Transplantation von Gehirngewebe

Die radikalste Therapie, die man zur Reparatur geschädigter Hirnzellen anzuwenden versucht, ist chirurgisch. Bei diesem Verfahren, der Fetalzellentransplantation, werden Zellen von Feten aus Schwangerschaftsabbrüchen verwendet, um alterndes Gehirngewebe zu ersetzen. Die fetalen Zellen können transplantiert werden, weil sie zu diesem frühen Zeitpunkt noch undifferenziert, d.h. noch nicht auf eine bestimmte Funktion im Organismus spezialisiert sind. Sie überstehen die Transplantation, teilen sich weiter und werden Bestandteil des Wirtsorganismus.

Anfang der neunziger Jahre gaben Wissenschaftler in Mexiko bekannt, sie hätten winzige Mengen von Fetalzellen in die Gehirne Parkinson-Kranker implantiert. Die Implantate überlebten und wuchsen an, sie schwächten die Symptome der Patienten deutlich ab und ermöglichten ihnen, wieder ein normales Leben zu führen. Letzten Berichten zufolge hielt die Besserung drei Jahre an. Die Wissenschaftler vermuten, daß die implantierten Zellen anwachsen, sich mit den verbliebenen gesunden Zellen des Patienten verbinden und dabei ein Netzwerk bilden, das die Kommunikation zwischen den Hirnregionen verbessert. Ein derartiges verjüngendes Wachstum ist teilweise deshalb möglich, weil die fetalen Zellen chemische Stoffe absondern, die das Wachstum fördern.

1994 verkündete die amerikanische Regierung ein 4,5 Millionen-Dollar-Forschungsprojekt, in dessen Rahmen die Implantation von fetalen Zellen an Parkinson-Kranken geprüft werden sollte. Da die Therapie erfordert, daß Zellen von abgetriebenen Feten verwendet werden, wurde das Projekt in der Öffentlichkeit äußerst kontrovers diskutiert. Trotzdem bleibt die Möglichkeit der Fetalzellentransplantation für Wissenschaftler, die ein breites Spektrum von Alterssymptomen erforschen, interessant. Vielleicht stellt sich heraus, daß die Reparatur des Gehirns nur *eine* Indikation für solche Transplantate ist.

Schließlich könnte der Zelltod in Organen und Funktionssystemen des gesamten Organismus eine der Hauptursachen des Alterns sein. Gelingt es den Wissenschaftlern, die Zellen zu identifizieren, die im Alter Funktionseinbußen erleiden, und sie durch Fetalzellen oder von solchen Zellen gebildete Substanzen zu ersetzen, dann könnte dies den Weg zu einer echten Verjüngung weisen. Die Wissenschaftler suchen bereits nach Möglichkeiten, Fetalzellen einzusetzen, um beschädigtes oder erkranktes Leber- und Muskelgewebe wiederaufzubauen sowie Zuckerkranke mit Insulin produzierenden Pankreaszellen zu versorgen. Ein weiteres mögliches Gebiet für Fetalzellenimplantate ist der Thymus, dessen wichtiger Beitrag zur Funktion des Immunsystems im Alter geringer wird, weil das Organ sich zurückbildet.

Organtransplantation

Die Transplantation einzelner Zellen von einem in einen anderen Körper stellt nur die Verfeinerung einer Technik dar, die bereits seit mehr als zwei Jahrzehnten gegen Folgen des Alterns eingesetzt wird. Der Chirurg Christiaan Barnard transplantierte 1967 als erster erfolgreich ein menschliches Herz und machte damit die Organtransplantation zu einer schlagkräftigen Waffe gegen das Altern. Seither wurden erfolgreich Lebern, Bauchspeicheldrüsen und Lungen transplantiert.

Die Durchbrüche bei der Organtransplantation gehen zum Teil auf verbesserte chirurgische Techniken und die Möglichkeit zurück, die Verträglichkeit von Spender- und Empfängergewebe zu optimieren. Den entscheidenden Anstoß aber gab die Entwicklung von Medikamenten, die das Immunsystem unterdrücken. Diese Medikamente verhindern, daß der Empfängerorganismus das transplantierte Organ als fremd erkennt und abstößt oder als Eindringlinge erkannte Zellen angreift. Dank der Anwendung von Immunsuppressiva beträgt die Ein-Jahr-Überlebensrate nach Organtransplantationen nahezu 80 Prozent. Ungefähr 40 Prozent der Empfänger von Transplantaten überleben volle zehn Jahre oder länger.

Da die Zahl der Patienten, die dringend auf ein Transplantat warten, die Zahl der verfügbaren Organe bei weitem übersteigt, wird als zweite Strategie versucht, künstliche Organe zu verwenden. Bisher waren die Ergebnisse zwar enttäuschend, aber es wird weiter daran gearbeitet, künstliche Herzen, Lungen, Lebern und Augen zu entwickeln und sogar Apparate, um ausfallende Gehirnteile zu ersetzen.

═══   Zwischenstufen

Ein ganzes Organ zu entfernen und zu ersetzen, ist eine extreme Lösung. Da Spenderorgane knapp sind, werden die Schäden, die das Alter in unserem Organismus anrichtet, meist mit Hilfe einer breiten Palette von Therapien stabilisiert und repariert. Im vergangenen Jahrzehnt wurden nahezu bei jeder mit dem Altern einhergehenden Krankheit neue Therapien angewandt.

Eine Gesamtübersicht über die therapeutischen Maßnahmen, die in den letzten Jahrzehnten entwickelt wurden, würde einen dicken Band füllen. Niedrigdosierte Fluorid- und Kalziumgaben können Osteoporoseschäden verringern. Die orthopädische Chirurgie vermag verschlissene Gelenke durch künstlichen Ersatz funktionell wiederherzustellen. Neue Medikamente und Immunsuppressiva verzögern das Fortschreiten der Arthritis; Medikamente, die den Blutdruck auf normalem Niveau stabilisieren, verhindern Schlaganfälle, die zu Behinderungen führen würden. Unter den vielen Reparaturstrategien, die heute ganz selbstverständlich angewandt werden, ist jedoch keine wohl so charakteristisch für den umfassenden Ansatz der Medizin wie die Therapie von Herzkrankheiten.

In einem einzigen Jahrzehnt hat die Kombination von Früherkennung, gesünderer Lebensweise und einer Fülle von Reparaturtechniken die Sterblichkeit infolge von Herzkrankheiten drastisch gesenkt. Die vielen Strategien, die entwickelt wurden, um Herzleiden zu bekämpfen, stellen ein klassisches Beispiel dar, wie verschiedene Methoden der Diagnose und Therapie ineinandergreifen, um eine alte Bedrohung abzuwehren.

Die routinemäßige Überwachung des Cholesterinspiegels und der Herzfunktion kann Arzt und Patient auf erste Anzeichen einer Störung aufmerksam machen. Was mit dem Herzen los ist, läßt sich mit Hilfe von Röntgenuntersuchung, Herzkatheterisierung und Sonographie feststellen, ergänzt durch neuere Methoden wie Computertomographie und Magnetresonanzverfahren. Sobald geklärt ist, wo das Problem liegt, werden stabilisierende und reparierende Maßnahmen eingeleitet.

Lipidsenker können den Cholesterinspiegel im Blut um 40 Prozent und mehr reduzieren. In schweren Fällen wird die Gentherapie angewandt, um eine erbliche Störung, die zu gefährlich hohen Cholesterinspiegeln führt, teilweise zu korrigieren. Derzeit werden Versuche mit Wachstumsfaktoren durchgeführt, um Kollateralgefäße zu verstärken, damit diese die Funktion verengter Blutgefäße übernehmen können. Bis dieses Verfahren ausgereift ist, behilft man sich mit der Ballonangioplastie (Ballondilatation), bei der ein winziger Ball durch ein Blutgefäß an die Stelle einer Verengung geführt wird. Durch Aufblasen des Ballons wird das verengte Gefäß gedehnt, so daß das Blut wieder ungehindert hindurchfließen kann. In manchen Fällen läßt sich diese Technik mit einer Rotoblator-Angioplastie kombinieren, bei der die Gefäßablagerungen mit Hilfe einer winzigen Fräse abgetragen werden.

Die Zahl der tödlichen Ausgänge von Herzinfarkten wurde in den letzten Jahren deutlich gesenkt, was zum großen Teil dem Einsatz neuer, Blutgerinnsel auflösender Medikamente zu verdanken ist. Sie beseitigen das Gerinnsel, so daß der Blutstrom wieder zum Herzmuskel zurückfließen kann. Die Herzklappenchirurgie vermag schadhafte Klappen zu reparieren oder zu ersetzen. Wenn Arterien so stark verengt sind, daß eine medikamentöse Therapie oder Angioplastie nichts mehr bringt, besteht noch die Möglichkeit der Bypassoperation. Diese Methode umgeht das beschädigte Gebiet, indem sie mit Hilfe eines Gefäßabschnittes aus einer anderen Körperregion oder mit Hilfe eines künstlichen Gefäßes einen Überbrückungskreislauf schafft, so daß wieder eine normale Durchblutung hergestellt wird. Bei Erkrankungen des Herzens, die mit massiven Rhythmusstörungen einhergehen, kann ein Herzschrittmacher implantiert werden, um die Herzschlagfolge zu normalisieren.

Die Grenzen der Reparatur

In den USA ist die koronare Herzkrankheit immer noch die häufigste Todesursache. Daran haben auch die zahlreichen gezielten intensivmedizinischen Maßnahmen nichts geändert. Sie haben nur den Tod hinausgeschoben, der ohne sie Jahre oder Jahrzehnte früher eingetreten wäre. Diese therapeutischen Maßnahmen machten die gewonnenen Jahre auch lebenswerter, indem sie Herzen funktionell wiederherstellten, die versagt hätten, bevor die übrigen Organe am Ende gewesen wären.

Auf diese Weise verlangsamen die Reparaturstrategien die Zeiger der Altersuhr, aber sie tun wenig, um die Uhr anzuhalten. Forscher, die über die Vorstellung von der Reparaturwerkstatt hinausblicken, würden lieber die beschwerlichen späteren Stadien des Lebens überhaupt verhindern.

Ihre Arbeiten sind aber noch nicht bis zur chirurgischen oder klinischen Anwendung gediehen. Doch suchen sie im Tierversuch und in einigen Studien mit freiwilligen menschlichen Probanden nach Wegen, das Reparaturwerkstattkonzept zu überwinden. Die Pioniere im Kampf gegen das Alter hoffen, daß sie eines fernen Tages imstande sein werden, den ganzen Körper rundumzuerneuern, so daß ihm das Altern erspart bleibt.

☰   Die Zeit anhalten

Wenn wir uns den Kampf gegen das Altern als Krieg vorstellen, scheint uns vorbestimmt, daß wir ihn verlieren. Tagtäglich rückt die Zeit über ein Gelände vor, das nicht in Kilometern, sondern in Millimetern gemessen wird. Unendlich kleine Scharmützel fordern hier ein paar Zellen mehr, beeinträchtigen dort einen weiteren Vormarsch oder behindern den Nachschub an eine andere lebenswichtige Einheit. Die Schlacht verläuft langsam, Phasen des Waffenstillstands wechseln ab mit Guerillageplänkel, aber es wird unerbittlich gekämpft. Wie dieser aufreibende Krieg ausgehen wird, ist sicher.

Die Medizintechnologie reagiert, wenn ein strategisch wichtiger Grenzstein zu fallen droht. In Nachhutgefechten werden geschädigte Herzen repariert, kaputte Knochen ersetzt oder eingeschränkte geistige Funktionen vorübergehend wiederhergestellt. In diesem Krieg können aber die meisten Waffen der Medizin nur Rückzugsgefechte liefern.

Ein besserer Weg, die Probleme des Alterns zu überwinden, wäre natürlich, sie zu vermeiden, indem man sie verbannt. Wie verbesserte Hygiene, Sterilisation und Impfung viele Infektionskrankheiten zum Rückzug zwangen, suchen die Altersforscher neuartige Strategien, um ihren Gegner direkt zu stellen. Mit einem neuen Verständnis dessen, was beim Altern tatsächlich geschieht – und warum manche Probleme häufiger als andere auftreten –, entwickeln die Wissenschaftler nun Methoden, um die Feinde des Körpers zurückzuschlagen oder zumindest das Tempo zu verlangsamen, mit dem sie Boden gewinnen.

Einige dieser Strategien zielen darauf ab, einzelne Zellen zu verteidigen. Andere suchen nach Wegen, die lebenswichtigen Funktionen maximal leistungsfähig zu erhalten, damit sie weiterhin den Kampf gegen die Zeit führen können. Am ehrgeizigsten sind jene Strategien, die den Feind zu täuschen versuchen, so daß er vom Angriff abgelenkt wird.

Alle drei Ansätze ergeben sich aus neuen Theorien über die Vorgänge im alternden Körper, und bei der Umsetzung in die Praxis werden bereits verblüffende Ergebnisse erzielt.

=== Rettung auf Zellebene

Wir können keinen einzelnen Faktor für das Altern verantwortlich machen, aber auf der Liste der unerwünschten Einflüsse stehen die freien Radikale – in unserem Stoffwechsel entstehende Moleküle – gewiß ganz oben. Die Umtriebe der freien Radikale können unsere DNA, die Zellwände und sogar die Effektivität beeinträchtigen, mit der Zellen entstandene Schäden reparieren. Für die Entstehung von grauem Star, Krebs, Herzleiden, Arthritis und für die allgemeine Schwächung des Immunsystems wurden Zerstörungen durch diese Marodeure verantwortlich gemacht. Jede Methode, die ihr Treiben unterbindet, würde wahrscheinlich nicht nur dem allmählichen Verfall im Laufe des Lebens vorbeugen, sondern auch verkrüppelnde und tödliche Krankheiten verhindern.

Mit zunehmendem Alter werden die Antioxidanzien, die Abwehrkräfte gegen freie Radikale, spärlicher, und hier könnte die entscheidende Strategie letztlich in einer Substitution bestehen. Unter den Vitaminen kommen als aussichtsreichste Kandidaten Vitamin C, Vitamin E und Betakarotin in Frage, obgleich noch viel geforscht werden muß, um zu klären, in welcher Kombination diese drei Substanzen verwendet werden sollten. Wir wissen nicht, ob sie wirken, indem sie die körpereigenen antioxidativen Kräfte steigern oder sie ergänzen oder indem sie sich auf noch unbekannte Weise nützlich machen, jedoch deuten zahlreiche Untersuchungen darauf hin, daß sie uns helfen, die Schäden zu bekämpfen, die freie Radikale anrichten.

Ein Forscher, der den Anteil beschädigter DNA in den Spermien von Männern untersuchte, die unterschiedliche Mengen Vitamin C mit der Nahrung aufnahmen, beobachtete, daß Männer, die weniger als 60 Milligramm Vitamin C pro Tag zuführten, in ihrer DNA deutlich mehr Defekte aufwiesen. Bei den Männern, die zwischen 60 und 250 Milligramm aufnahmen, war die DNA-Fehlerrate geringer. Weil Schäden durch freie Radikale zur Entstehung von Krebs beitragen können, ist es denkbar, daß Antioxidanzien in der Nahrung das Risiko verringern, an Lungen-, Mundhöhlen-, Magen- und Gebärmutterhalskrebs zu erkranken.

Neben Krebs zählen Herzleiden zu den gefürchtetsten altersbedingten Schwächen. Auch hier scheinen Antioxidanzien hilfreich zu sein. Bei einer Gruppe von 300 Männern mit hohem Risiko, herzkrank zu werden, minderte die zusätzliche Einnahme von Betakarotin die Wahrscheinlichkeit eines Herzinfarkts oder Schlaganfalls um 50 Prozent. Bei einem wesentlich größeren Kollektiv – 87 000 Frauen – wiesen diejenigen, deren Ernährung reichlich Antioxidanzien lieferte, z. B. mit Spinat und Karotten, ein um 22 Prozent geringeres Herzinfarktrisiko und ein um 40 Prozent niedrigeres Schlaganfallrisiko auf.

Der Verzehr all dieser Karotten – sie enthalten viel Vitamin A – minderte auch das Risiko, an grauem Star zu erkranken, ein Augenleiden, das vielen Leuten über 75 zu schaffen macht. Menschen, die weniger als drei bis vier Portionen Obst oder Gemüse pro Tag essen, sind deutlich mehr gefährdet, diese Linsentrübung zu entwickeln.

Vielleicht werden wir eines Tages sogar Antioxidanzien anwenden, die bis dahin noch nie in unserer Ernährung oder unseren Zellen aufgetreten sind. Diese Idee kam auf, als Wissenschaftler eine Substanz entwickelten, um die Folgen von Schlaganfällen zu untersuchen, und darin zufällig eine neue Waffe gegen freie Radikale entdeckten. Die betreffende Verbindung, PBN, sollte ursprünglich bloß freie Radikale fangen, um deren Wirkung quantitativ zu bestimmen. Da das Blut, das nach der Blockierung durch einen Schlaganfall in die geschädigte Region zurückströmt, eine Flut von freien Radikalen erzeugt, hoffte man, deren Wirkung mit PBN verfolgen zu können. Indessen zeigte sich auch, daß die Substanz die Eigenschaft hatte, den Einfluß der freien Radikale zu verringern.

Im Versuch mit Mäusen minderte PBN die durch Schlaganfall verursachten Schäden. Außerdem verlängerte es die Lebenszeit der Mäuse um 20 Prozent. Bei alten Wüstenspringmäusen stabilisierte PBN die Leistungsfähigkeit im Merktest. Bislang scheint es, daß PBN keine toxischen Nebenwirkungen erzeugt, und die Forscher hoffen, daß dieser »Radikalfänger« in etwa zehn Jahren anwendungsreif sein wird.

Eine weitere Strategie gegen den Zellverschleiß zielt darauf ab, die Grenze der Lebensdauer der Zelle zu überspringen. Anscheinend bestimmt das Telomer, jene Struktur an den Enden des Chromosoms, die Dauer eines Zellebens. Wenn das Telomer zu kurz wird, stirbt die Zelle, wie der letzte Namensträger einer Familie ohne Nachwuchs.

Sollen Telomere lang bleiben, müssen sie kopiert werden, wie es bei Krebszellen geschieht. Tumorzellen verhindern, daß sie absterben, indem sie das Enzym Telomerase bilden. Mit Hilfe dieses Enzyms kann eine Zelle die Telomersequenzen, die normalerweise bei jeder Zellteilung verlorengehen, ersetzen und so den Tumor am Leben erhalten. Inzwischen wurde bei einem Dutzend Krebstypen nachgewiesen, daß 90 von 101 Tumoren Telomerase enthielten.

Natürlich will niemand neue Tumoren erzeugen, indem er Telomerase in normale Zellen einschleust. Dennoch bietet die Entdeckung unter Umständen die Möglichkeit, den Gefahren des Alterns zu begegnen. Falls die Anwesenheit dieses Enzyms nur eines der Merkmale einer Krebszelle ist – und nicht das entscheidende Charakteristikum, welches das Tumorwachstum tödlich macht –, könnte Telomerase auch gesunde Zellen am Leben erhalten. Dann ließe sich verhindern, daß Zellen sterben, die für die Funktion von Herz, Lunge oder Gehirn unentbehrlich sind. Statt daß Zellinien aussterben und ihr Fehlen die Gesundheit eines Organs untergräbt, könnten sie sich reproduzieren und lebenswichtige Funktionen in Gang halten.

Die Umkehr eines Trends

Während jede Zelle ihre eigene Lebensuhr besitzt, scheint auch dem Organismus insgesamt ein Schrittmacher für das Altern eingebaut zu sein. Diesem Schrittmacher – dem neuroendokrinen System – verdanken wir unsere Hormone. Seine diversen Sekrete bewirken, daß wir Muskeln aufbauen und verletzungs- oder krankheitsbedingte Schäden reparieren können; sie befähigen uns außerdem, Streß zu verarbeiten und unsere Körpertemperatur zu regulieren. Allerdings beginnt die Konzentration zahlreicher Hormone jenseits des dreißigsten Lebensjahrs zu sinken.

Gelänge es der Medizin, diese Hormonspiegel auf annähernd normalem Niveau zu halten, käme es vielleicht nie zu Mangelerscheinungen, wie schlaffen Muskeln, brüchigen Knochen und Nachlassen der körpereigenen Abwehrkräfte. Die künstliche Zufuhr ist bereits gebräuchlich bei Hormonen, welche die Sexualfunktion beeinflussen – Östrogen, Progesteron und auch Testosteron –, aber eine derartige Substitution stellt vielleicht nur den Beginn dessen dar, was möglich ist. Forscher erwarten, daß wir eines Tages drei weitere Hormone substituieren werden, solche, die für das Altern eine noch wichtigere Rolle spielen.

Das bekannteste dieser Hormone ist eine Substanz, die in der menschlichen Hirnanhangsdrüse (Hypophyse) gebildet wird – das Wachstumshormon. Bereits 1970 gelang es, dieses Hormon, das für den Muskel- und Knochenaufbau, für die Wundheilung und für den Fettstoffwechsel unentbehrlich ist, synthetisch herzustellen. Mit Hilfe der Gentechnik konnten 1985 hinreichende Mengen des Hormons synthetisiert werden, um drei Kinder zu behandeln, die infolge einer Hypophysenfunktionsstörung kleinwüchsig waren. 1990 gab es dann eine kleine Sensation: In Milwaukee veröffentlichte ein Forscher einen Bericht über die versuchsweise Behandlung von zwölf älteren Männern mit Wachstumshormon. Plötzlich sah es aus, als könnte es sich bei der Substanz um einen Jungbrunnen handeln.

Wenn wir jung sind und noch wachsen, bildet der Organismus dieses Hormon in großen Mengen, aber um die Fünfzig wird die Produktion rückläufig. Zum Teil kann die Abnahme durch freie Radikale ausgelöst sein, die Schäden an der Hypophyse verursachen, und diese Abnah-

me erfolgt so stetig, daß etwa bei der Hälfte der über Fünfundsechzigjährigen überhaupt kein Wachtumshormon mehr gebildet wird. Der 1990
veröffentlichte Bericht zeigte jedoch, daß sich dieser Trend bei 61- bis
81jährigen Männern umkehren ließ, wenn man ihnen Wachstumshormon injizierte.

Die älteren Männer erlebten, daß die Uhr des Lebens zwanzig
Jahre zurückgestellt wurde. Ihr »Altersspeck« schmolz, der Anteil des
Fettgewebes nahm durchschnittlich um 14 Prozent ab. Im Gegenzug
nahm das Muskelgewebe um 9 Prozent zu. Die Haut wurde dicker; einige
Knochen wurden kräftiger. Sogar das Volumen von Leber und Milz nahm
zu und glich dem dieser Organe bei jüngeren Menschen. Die für das höhere Alter charakteristische Rückbildungstendenz der Organe wurde
somit umgekehrt.

Andere, die mit Wachstumshormon behandelt wurden, gaben
an, sich leistungsfähiger zu fühlen; sie konnten wieder alltägliche Aufgaben wie Treppensteigen und Heben schwerer Lasten bewältigen. Haare
und Haut besserten sich, und bei einer Frau wurde die Sehkraft so weit
wiederhergestellt, daß sie sich eine schwächere Lesebrille verordnen lassen mußte.

Leider ließen diese Wirkungen nach, sobald die Versuche beendet wurden. Der Abbau der gealterten Körper begann erneut. Bei den ersten Versuchen waren übrigens einige unerwünschte Nebenwirkungen
aufgetreten, u. a. Wasseransammlungen im Gewebe, Vergrößerung der
Brüste und schmerzhafte Nervenkompressionen in den Handgelenken.
Diesen Risiken scheint man durch sorgfältige Dosisanpassung vorbeugen zu können, doch geben manche Wissenschaftler auch zu bedenken,
daß eine Behandlung mit Wachstumshormon auf lange Sicht die Gefahr
eines Diabetes heraufbeschwören oder das Wachstum eines noch stum-
men Karzinoms beschleunigen könnte.

Trotz dieser Bedenken löste dieses erste Experiment eine Art
Wachstumshormon-Rausch aus. Neuere Studien befassen sich gezielt
mit der Wirkung des Hormons bei Osteoporose und Emphysem und mit
der Möglichkeit, Trainingseffekte zu erzielen. Außerdem wird geprüft,
wieweit Wachstumshormon den Muskelabbau durch längere Bettruhe
nach chirurgischen Eingriffen aufzuhalten vermag. Bei Versuchen an
Mäusen wurde nachgewiesen, daß Gaben von Wachstumshormon die

weißen Blutkörperchen im Blut stimulieren, die für die Abwehr von Infektionen zuständig sind.

Zu diesen Entwicklungen kommt noch die Möglichkeit, den Organismus durch Hormonfreisetzungsfakoren zu stimulieren. Zusätzlich zu den günstigen Wirkungen des Wachstumshormons könnten diese Faktoren den Körper veranlassen, weitere natürliche Hormone freizusetzen.

═══ Ein unaussprechliches Elixier

Eines der faszinierendsten dieser natürlichen Hormone heißt DHEA, das ist die Abkürzung für Dehydroepiandrosteron, ein Nebennierenhormon. Es ist verständlich, daß man statt des zungenbrecherischen Namens lieber die Abkürzung benutzt. Etwa im siebten Lebensjahr beginnt der menschliche Körper, reichlich DHEA zu bilden, und das bleibt so, bis wir Anfang Zwanzig sind. Dann nimmt die Bildung von DHEA aus bislang ungeklärten Gründen allmählich ab. Mit fünfzig haben die meisten Menschen nur noch ein Drittel der Menge, die sie in jungen Jahren produzierten; beim Achtzigjährigen sind es nur noch 15 Prozent.

Diese Abnahme hat einen hohen Preis. Zwar ist noch nicht vollständig geklärt, wie DHEA wirkt, es scheint jedoch die zerstörerischen Wirkungen von Streß auf das Immunsystem zu blockieren. Man hat niedrige DHEA-Spiegel für Herzinfarkte und für eine erhöhte Anfälligkeit gegenüber bestimmten Krebsarten verantwortlich gemacht. Der Ersatz von fehlendem DHEA scheint die Anfälligkeit des Immunsystems zu verringern.

Wenn alte Ratten DHEA bekommen, erstarkt ihr Immunsystem innerhalb eines einzigen Tages wie das junger Ratten. Mit hohen Dosen dieses Hormons bleiben die Tiere schlank und muskulös, egal wieviel sie fressen, und ihr Cholesterinspiegel sinkt. Die Tiere werden außerdem widerstandsfähiger gegen Krebs, Diabetes, Schlaganfall und Autoimmunkrankheiten. Bei Mäusen bewirkt die Gabe von DHEA, daß die normale Lebensdauer um 20 Prozent zunimmt.

Die Möglichkeit einer DHEA-Substitution beim Menschen ist seit zwanzig Jahren bekannt, aber erst seit ein paar Jahren haben systematische Prüfungen am Menschen begonnen. Die ersten Ergebnisse liegen vor, und sie erhärten die Erwartungen, die man aufgrund der vorausgegangenen Tierversuche gehegt hatte.

Ein Versuch mit dreizehn Männern und siebzehn Frauen im Alter von 40 bis 70 Jahren ergab, daß die Probanden unter DHEA besser schliefen, mehr Energie hatten und besser mit Streß umgehen konnten. Einige ältere Patienten gaben an, daß ihre Gelenkschmerzen verschwanden und ihr Immunsystem gestärkt wurde. Die Forscher, die die Wirkungen von DHEA untersuchten, berichten, es könne der Muskelermüdung, dem Knochenabbau, der Verschlechterung der Haut und vielleicht sogar einem schlechten Gedächtnis entgegenwirken. Die Versuchsteilnehmer zeigten keine schweren Nebenwirkungen, die Tierversuche hingegen ließen den Verdacht einer möglichen Überproduktion von Geschlechtshormonen und einer Lebervergrößerung aufkommen. Die richtig angepaßte Dosierung scheint diese Risiken in Grenzen zu halten, und es wird weiterhin versucht, experimentell die Frage zu klären, ob DHEA als Aufbauspritze für das alternde Immunsystem gelten kann.

Die Schlafkur

Ein weiteres Hormon, das die Alternsforscher fasziniert, ist das Melatonin. Die Bedeutung des Melatonins, das von der Zirbeldrüse, einer erbsengroßen Drüse tief im Gehirn, sezerniert wird, ist erst seit 1963 bekannt. Zuerst untersuchten die Wissenschaftler nur die auffallendste Eigenschaft des Hormons – seine schlaffördernde Wirkung. In den letzten Jahren hingegen wurde nachgewiesen, daß es zwischen Melatonin und vielen Problemen, die mit dem Altern einhergehen, einen Zusammenhang gibt.

Im Laufe eines Tages kann der Melatoninspiegel eines Menschen um das Zehnfache schwanken. Die Zirbeldrüse scheint auf Lichtintensität zu reagieren, und zwar signalisiert sie mit Einbruch der Dunkelheit dem Körper, daß er schlafengehen soll. Während der energiereichen Tageslichtstunden sezerniert die Drüse wenig Melatonin, mit beginnender Dunkelheit mehr, und Höchstmengen während der frühen Morgenstunden. Bei Menschen, die unter Schlaflosigkeit leiden, kann eine kleine Dosis dieses natürlichen Hormons den Schlaf anbahnen.

Schlaflosigkeit kommt mit zunehmendem Alter häufiger vor, wahrscheinlich zum Teil, weil die Zirbeldrüse allmählich nicht mehr so gut funktioniert. Die Melatonin-Ausschüttung innerhalb 24 Stunden nimmt ab und beraubt den alten Organismus eines Wirkstoffs, der stets seinen Schlaf gefördert hat. Der Schlaf wird leichter und öfter unterbrochen; wiederholtes Aufwachen kann zu morgendlicher Müdigkeit und sogar zu Gedächtnisstörungen führen.

Der Schlaf ist aber nicht der einzige körperliche Parameter, der auf Melatonin reagiert. Anscheinend wirkt das Hormon bei manchen Karzinomen, speziell beim Brustkrebs, als Bremse.

Bei etwa 30 Prozent der an Brustkrebs erkrankten Frauen, speziell bei östrogenempfindlichen Tumoren, liegt der Melatoninspiegel unterhalb der Norm. Von der Vermutung ausgehend, daß eine Zunahme des Melatonins das Wachstum von Tumorzellen in der Brust hemmen könnte, legten Wissenschaftler Kulturen von Krebszellen an und gaben Melatonin zu. Danach sank die Wachstumsrate der Krebszellen um 50 Prozent. Bei anderen Versuchen gelang es, durch Injektion von Melatonin Größe und Zahl der Brusttumoren bei Labortieren zu reduzieren.

Weitere Untersuchungen belegen die Wirksamkeit des Melatonins bei der gefährlichsten Form von Hautkrebs, dem Melanom, sowie beim Prostatakrebs. Es spricht viel dafür, daß das Hormon eine Waffe zur körpereigenen Abwehr von Krebs sein könnte. Sollte die weitere Forschung dies bestätigen, dann könnte die Gabe von Melatonin bei älteren Menschen nicht nur den Schlaf normalisieren, sondern sie auch gegen bösartige Erkrankungen schützen.

Während ein sehr enger Zusammenhang zwischen einem niedrigen Melatoninspiegel und Krebskrankheit anzunehmen ist, kann die nachlassende Funktion der Zirbeldrüse auch eine Fülle alterstypischer Zustände verschlimmern. Von der Beschleunigung des Knochenabbaus bei Frauen in der Menopause über die Entstehung von Herzleiden bis zum gestörten Schlaf-wach-Rhythmus von Patienten mit Alzheimer-Krankheit kam Melatoninmangel in Verdacht, was einige Wissenschaftler auf die Idee brachte, daß die Zirbeldrüse, das melatoninbildende Organ, die zentrale Uhr sein könnte, die das Altern bestimmt. Es bleibt ein Rätsel, wie ein Hormon ein so breites Spektrum verschiedener Funktionen zu beeinflussen vermag. Aufgrund der Untersuchungsergebnisse nimmt man heute an, daß Melatonin die Belastung durch Streß mindert oder das Immunsystem stärkt. Die Wissenschaftler sehen auch die Möglichkeit, Melatonin einzusetzen, um die Feinde der Zellstabilität, die freien Radikale, zu bekämpfen.

Vorläufige Ergebnisse von Laborversuchen zeigen, daß Melatonin freie Sauerstoffradikale gründlich entsorgt. Ein einziges Molekül dieses Hormons kann z. B. drei freie Radikale inaktivieren. So wie wir mit zunehmendem Alter anfälliger für DNA-Schäden werden, nimmt die Konzentration dieses potentiell schützenden Hormons in uns ab. Melatonin ist eine der wenigen Substanzen, die durch die Blut–Hirn-Schranke in das Gehirn eindringen kann, und seine Wirkung auf die dort vorhandenen freien Radikale könnte die Gehirnzellen vor Schäden schützen. Man hat beispielsweise festgestellt, daß Alzheimer-Patienten ungewöhnlich niedrige Melatoninspiegel aufweisen.

Zwar ist es noch zu früh, über die Wirksamkeit von Melatoningaben beim Menschen zu spekulieren, aber Tierversuche deuten auf phantastische Möglichkeiten hin. Bei einer Reihe von Tierarten hat das Erhöhen des Melatoninspiegels die Lebensdauer um 25 bis 30 Prozent verlängert, und bei Mäusen konnten Melatonininjektionen Schäden am Immunsystem beseitigen. In weiteren Versuchen wurden Zirbeldrüsen zwischen jungen und alten Mäusen transplantiert. Die alten Mäuse, denen das Organ junger Tiere implantiert wurde, lebten erheblich länger als der Durchschnitt, während junge Mäuse, die Zirbeldrüsen alter Tiere erhielten, früher als der Durchschnitt starben.

Sollte sich bestätigen, daß Melatonin das Altern verzögert, können wir vielleicht in Zukunft täglich eine Melatoninpille einwerfen oder das Licht nutzen, um eine natürlichere Versorgung mit dem Hormon zu erreichen. Da die Melatoninspiegel an den Wechsel von Hell und Dunkel gebunden sind, könnte die Lichttherapie eine nichtinvasive Methode sein, um den Körper zu einer höheren Produktion des Hormons anzuregen.

Mehr als Schadensbegrenzung

Die derzeitigen neuen Erkenntnisse über das Gleichgewicht von Nährstoffen und Hormonen lassen die Forscher hoffen, daß es gelingen könnte, das Leben um zwanzig, dreißig oder mehr Jahre bei guter Gesundheit zu verlängern. Manche Wissenschaftler glauben indes, daß solche Aussichten nur einen kleinen Teil dessen ausmachen, was möglich wäre. Über die zusätzliche Gabe von Antioxidanzien und Hormonen hinaus möchten sie die natürlichen Systeme des Organismus dahin bringen, daß sie von allein weiterfunktionieren.

Diese Forscher möchten noch einen Schritt über den Erhaltungsansatz hinausgehen und schlagen vor, direkt an den Mechanismen, die uns altern lassen, anzusetzen. Sie glauben, daß wir viele Probleme auf einen Schlag lösen könnten, wenn es gelänge, die ursächlichen Mechanismen, die viele Alterskrankheiten fördern, auszuschalten.

Länger leben durch extreme Diäten

Seit über fünfzig Jahren ist den Wissenschaftlern bekannt, wie sich die Dauer eines Tierlebens nahezu verdoppeln läßt. Das ist leicht zu bewerkstelligen. Billig ist es außerdem. Man muß nämlich nur kontrollieren, wieviel die Tiere fressen.

Die Erkenntnis, wie man Tiere füttern muß, damit sie länger leben, eröffnet wesentliche Einsichten, die sich darauf auswirken könnten, wie problemlos wir altern und – vielleicht eines Tages sogar – wie lange wir leben. Einige wenige Menschen ändern bereits ihre Ernährung, um herauszufinden, ob diese lebensverlängernde Strategie bei ihnen funktioniert.

Schlanke Jugendliche

Die Wissenschaftler in den Forschungslabors wußten schon immer, daß das Gedeihen ihrer Versuchskaninchen davon abhängt, wie gut diese gefüttert werden. Läßt man eine junge Maus hungern, bleibt sie klein und wird erst verspätet geschlechtsreif. Läßt man sie jedoch nach Lust und Laune fressen, wird sie dick und fett und sorgt bald für reichlich Nachkommen. Doch 1935 überprüfte ein Forscher an der Cornell University diese Gleichung und kam zu ganz neuen Ergebnissen.

Der Ernährungswissenschaftler Clyde McCay fütterte weiße Ratten mit einer Diät, die nur Masochisten schmecken konnte. Indem er die Futtermenge der Tiere stark reduzierte, verlangsamte er ihr Wachstum und verlängerte die Zeit bis zur Geschlechtsreife. Er erzielte aber noch ein weiteres, viel weniger vorherzusagendes Ergebnis. Normalerweise hatten die verwendeten Versuchstiere eine Lebenserwartung von zwei Jahren. McCays hungrige Ratten hingegen wurden fast vier Jahre alt.

In den folgenden Jahrzehnten haben zahlreiche Wissenschaftler McCays Experiment wiederholt, und nicht nur an Ratten. Man nahm vorzugsweise Kleintiere, auch weil sie billiger und einfacher zu halten sind, und so wurden denn Flöhe, Spinnen, Guppys, Schnecken, Würmer, Fische, Mäuse und natürlich noch mehr Ratten unterernährt. Verglichen mit den normal gefütterten Tieren erhielten die unterernährten nur 30 Prozent des üblichen Futters. Und bei dieser kargen Kost blieben sie straff und jugendlich und konnten zuschauen, wie ihre besser ernährten Altersgenossen alterten und starben. Bei den meisten der Tiere, die Hungerrationen erhalten hatten, war die Lebensdauer um 40 bis 50 Prozent länger.

Natürlich haben Wissenschaftler viele andere Methoden ausprobiert, um das Leben der Tiere zu verlängern. Sie haben ihre Laborinsassen strengen Trainingsprogrammen unterzogen, dem Futter Substanzen zugemischt oder entzogen, Hormone zugegeben und gehemmt und ganze Organe ersetzt. Manche dieser Versuchsanordnungen brachten ermutigende Ergebnisse, aber nichts war so wirksam, wie an der Fütterung der Versuchstiere zu sparen.

Aus weniger wird mehr

Die Methode, das Futter der Tiere zu verknappen, um ihr Leben zu verlängern, ist unter mehreren Bezeichnungen bekannt – als »Kalorienreduktion«, »Reduktionsdiät«, »Alle-zwei-Tage-Fütterung« und sogar hochtrabend als »Langzeitrestriktion der Energiezufuhr«. Die bunte Vielfalt der Namen rührt teilweise daher, daß man keine Ahnung hatte, warum die Methode funktionierte. Man weiß es einfach nicht. Man weiß, daß Unterernährung, solange die zugeführte Nahrung ausgewogen ist, gesundheits- und lebensverlängernd wirkt. Es funktioniert aber nicht, wenn man übriggebliebene Kekse im Futternapf zerkrümelt. Außerdem geht es beim Kaloriensparen nicht bloß darum, daß die Tiere dünn bleiben.

Wenn Gewichtsabnahme mit Nährstoffmangel verbunden ist, wird Untergewicht das Leben nicht verlängern, sondern verkürzen. Der springende Punkt ist, in bezug auf die absolute Menge weniger zu essen und dennoch genügend Nährstoffe zuzuführen, damit der Körper in Bestform bleibt. Das bedeutet, daß die normalen Futtermengen der Tiere – mitunter bis zu 70 Prozent – beschnitten, aber dann durch Vitamine und Mineralstoffe ergänzt werden, damit alle Organfunktionen intakt bleiben.

Manche Untersucher behielten die normale Kalorienzahl bei, ließen aber einen bestimmten Nährstoff weg. Wenn es sich um den richtigen Nährstoff handelt, funktioniert auch dieser Ansatz, aber es kann trotzdem nicht darauf verzichtet werden, die Kalorienzufuhr zu reduzieren. Insgesamt scheint die zugeführte absolute Kalorienmenge den eigentlichen Unterschied auszumachen. Und leider weiß wieder kein Mensch warum.

Das Problem besteht teilweise darin, daß sich oft leichter erklären läßt, warum ein Ereignis – z. B. der Tod – eintritt, als warum nicht. Diese Versuchstiere leben lang, weil sie nicht jung sterben. Sie bleiben von vielen der alterstypischen Krankheiten verschont, die andere Labortiere und ihre menschlichen Halter gemein haben.

Kalorienreduktion verzögert das Auftreten von Krebs und Nierenversagen und die Schwächung des Immunsystems, die für alternde Organismen charakteristisch sind. Tatsächlich ist das Immunsystem kalorienarm ernährter Tiere um ein Drittel stärker als das ihrer Altersgenossen. Die Tiere unter Diät haben außerdem einen niedrigeren Blutdruck, einen jugendlicheren Insulin- und Zuckerspiegel und scheinen Streß besser zu verkraften. Auch die einzelnen Organzellen dieser Tiere sind, wenn sie einem Karzinogen ausgesetzt werden, widerstandsfähiger gegen Schäden. Ihre Zellen enthalten höhere Konzentrationen an Antioxidanzien und können DNA-Fehler bis zu 60 Prozent besser reparieren.

Bei praktisch allen bisher bestimmten Alternsparametern schnitten die kalorienarm ernährten Versuchstiere am besten ab. Natürlich sind sie nicht unsterblich, aber das Profil der Funktionseinbußen bis zum Tod gleicht, entgegen dem üblichen langsam absteigenden Kurvenverlauf, eher einem rechten Winkel. Die Tiere wachsen heran, bleiben kräftig, und dann nimmt ihre Vitalität plötzlich ab. Kurz danach sterben sie.

Interessante Spekulationen

Während man nur vermuten kann, warum die Kalorienbegrenzung funktioniert, wurden eine Reihe gescheiter Theorien aufgestellt, die dies erklären sollen. Sie stimmen mit dem überein, was die Forscher folgerten, nachdem sie andere Hypothesen, warum wir altern, geprüft hatten. Es sieht so aus, als begrenzte die reduzierte Kalorienmenge die absolute Menge der Stoffwechselereignisse im Organismus und als mache sich diese Kürzung in mehrfacher Hinsicht bezahlt.

Bei dem faustischen Handel, den die Evolution mit uns über Nahrung und Sauerstoff einging, erhält der Körper Nahrung, riskiert aber Schäden mit jeder zugeführten Kalorie und jedem Atemzug. Stoffwechselabläufe erhöhen die Körpertemperatur und ermöglichen außerdem, daß freie Radikale innerhalb der Zellen Schießstände einrichten. Wir wissen längst, daß Tiere mit hohem Grundumsatz und hoher Körpertemperatur kurzlebiger sind. Es wirkt lebensverlängernd, wenn man den Stoffwechsel verlangsamt und die Temperatur senkt. Wie eine Maschine, die gekühlt wird und die man nur einschaltet, wenn sie wirklich gebraucht wird, so bleibt der Körper fit, wenn man ihn nicht überstrapaziert.

Je weniger Kalorien ein Körper verbraucht, desto seltener muß die Maschinerie seiner Zellen angefeuert werden, um diese Kalorien in Energie umzuwandeln. Während kalorienarm ernährte Tiere nicht weniger gesund zu sein scheinen als ihre wohlgenährten Artgenossen, haben manche von ihnen eine deutlich niedrigere Körpertemperatur. Tatsächlich geraten kalorienarm ernährte Mäuse mitunter in einen Zustand tiefer Hypothermie, bei dem ihre Temperatur um drei bis vier Grad unter den Normalwert absinkt. Neben Temperatur und Grundumsatz könnte der Energietyp, den der Körper produziert, für die günstigen Effekte der Kalorienreduktion verantwortlich sein. Vielleicht ist die Art von Energie, die Lebewesen als Körperwärme freisetzen, sehr kostspielig, während die Umwandlung von Kalorien für andere Zwecke weniger nachteilig ist.

Falls es sich bei den Kalorien, die das Tier aufnimmt, um nährstoffreiche Kalorien handelt, könnte die Kalorienbeschränkung auch die Abfallprodukte minimieren. Weniger Abfälle bewirken weniger Schäden an Zellen und Organen und erfordern weniger Energie, um sie zu reparieren. Manche spekulieren z. B., daß zuviel tierische Fette in der Nahrung zur Entwicklung eines Karzinoms beitragen können. Doch eine fettarme Ernährung dürfte in der Regel auch die gesamte Kalorienzahl senken. Es ist schwer zu entscheiden, ob ihr Nutzen der geringeren Kalorienzufuhr zu verdanken ist oder dem geringeren Abfall aus dem Fettstoffwechsel.

═══ Auf lange Sicht

Diese Erklärungen für den Erfolg der Kalorienreduktion sind rein physiologischer Natur. Eine andere Perspektive lenkt den Blick in die Ferne auf den unvorstellbaren Zeitraum der Evolution. Das Leben durch Kalorienreduktion zu verlängern, kann durchaus sinnvoll sein, weil es unter Umständen zum Überleben einer ganzen Art beiträgt.

Wenn eine wild lebende Art nicht genügend Futter findet, müssen einige ihrer Mitglieder am Leben bleiben, um die Erhaltung der Art zu sichern. Alle Vertreter einer Art, die alt genug werden, werden wahrscheinlich erleben, wie sich die Bedingungen ändern. Sie werden geschlechtsreif, geben ihre Gene weiter, nachdem ihre weniger ausdauernden Artgenossen verhungert sind.

Ein Merkmal, das stets unter Kalorienreduktion auftritt, stützt diese evolutionäre Perspektive sehr gut. Junge Tiere, die man einer strengen Diät unterwirft, brauchen mehr Zeit, bis sie geschlechtsreif sind. Bei ihnen dauert der Lebensabschnitt vor der Geschlechtsreife am längsten. Sobald aber der Diätplan ausgesetzt wird und die kalorienarm ernährten Jungtiere normale Futtermengen erhalten, werden sie schnell geschlechtsreif. Sie verhalten sich, als hätte ihr Körper die sexuelle Entwicklung abgeschaltet, bis die Zeit des Mangels vorüber ist – ein Vorteil in einer Umwelt, in der Junge und Alte um die spärliche Nahrung konkurrieren.

Es wurde jedoch auch nachgewiesen, daß die Kalorienreduktion, wenn auch weniger dramatisch, selbst dann funktioniert, wenn sie nach Erreichen der Geschlechtsreife angewandt wird. Zwar wird die Lebensdauer nicht verdoppelt, aber immerhin um 10 bis 20 Prozent verlängert. Deswegen und um die Frage zu beantworten, wie sich solche Experimente auf den Menschen übertragen lassen, werden die neueren Untersuchungen über Kalorienreduktion an viel größeren Arten durchgeführt.

Magere Affen

Gegen Ende der achtziger Jahre fanden Forscher, es sei an der Zeit zu untersuchen, wie gut das Allheilmittel der Kalorienreduktion, das bei entwicklungsgeschichtlich weit von uns entfernten Arten so prächtig funktionierte, bei näheren Verwandten wirkt. Die ersten Versuche erfolgten mit Rhesusäffchen und Pinseläffchen, die normalerweise 40 bzw. gute 20 Jahre alt werden. Die Forscher hofften zu sehen, daß sich die Lebensdauer der Tiere erhöhen würde, waren aber gleichfalls daran interessiert, was währenddessen geschehen würde.

Der Verlauf des Alterungsprozesses bei den Affen gleicht dem unseren. Die Konzentration bestimmter Hormone nimmt bei ihnen ab, die Körpertemperatur sinkt, das Immunsystem wird schwächer, und die Knochen werden brüchiger. Sogar an den Fingernägeln zeigt sich das Alter: sie wachsen nicht mehr so schnell.

Als die Experimente mit den beiden Primaten begannen, waren die Affen sehr jung bis ausgewachsen. Nach einer Periode normaler Fütterung, bei der Basisdaten gewonnen wurden, wurde einem Teil der Affen zunehmend knappere Nahrung angeboten. Innerhalb von drei Monaten erhielten sie nur noch 70 Prozent der früheren Kalorienmenge. Die sparsam ernährten Affen wurden dünner, aber ihr Gesundheitszustand blieb so gut wie der ihrer normal gefütterten Artgenossen.

Während des Versuchszeitraums wurden alle Affen regelmäßig untersucht. Beurteilt wurden Größe und Körperzusammensetzung, ferner Aktivität und Grundumsatz. Blutbild, Insulinempfindlichkeit und die Funktion des Immunsystems wurden engmaschig überwacht.

Schon nach einem einzigen Jahr zeigten sich deutliche Unterschiede. Die normal gefütterten Affen hatten zugenommen, die der Diätgruppe nicht. Letztere hatten weniger Körperfett, aber ebensoviel Muskelmasse wie die normal ernährten Tiere. Sie waren etwas weniger aktiv, schienen aber nicht reizbarer oder lethargischer zu sein als die wohlgenährten Affen.

Seit die Studie begann, ergab sich, daß Primaten wie niedere Spezies bei knapper Ernährung langsamer geschlechtsreif werden. Bei den dünneren Affen verzögert sich die Geschlechtsreife um einige Monate. Ansonsten sind hungrige Affen besser motiviert. So überrascht es nicht, daß die kalorienarm ernährten Affen in den Tests, bei denen sie mit Nahrung belohnt werden können, besser abschneiden als ihre wohlgenährten Brüder.

Was die Unterschiede betrifft, an denen sich erkennen läßt, wie schnell diese Primaten altern, beziehen sich die erstaunlichsten Ergebnisse darauf, wie gut ihr Körper Glukose verwertet, einen einfachen Zucker. Die gut genährten Affen wiesen höhere Blutzuckerspiegel auf, und ihre Insulinempfindlichkeit war gesunken, was bei Affen wie bei Menschen ein Merkmal des Alters ist. Dagegen hatten die kalorienarm ernährten Affen niedrigere Blutzuckerspiegel und blieben hoch empfindlich gegenüber Insulin. Solche Daten stehen in engem Zusammenhang mit der Gefährdung durch Diabetes, der mit zunehmendem Alter häufiger auftritt.

Diese Ergebnisse lassen vermuten, daß im Laufe der Zeit mit der verminderten Glukoseverwertungsfähigkeit des Körpers der gehemmte Zuckerstoffwechsel den Prozeß des Alterns beschleunigen könnte. Die Glukosemoleküle könnten sich an andere Moleküle binden, und dies hätte eine Funktionsminderung in Zellen und Organen zur Folge. Bei ihrer Primatenstudie fahnden die Forscher nach Beweisen für eine derartige Schädigung, und die ersten Ergebnisse deuten darauf hin, daß dies tatsächlich geschieht. Vielleicht verlangsamt die Kalorienreduktion diesen Prozeß, indem sie den Blutzuckerspiegel senkt.

Bisher umfaßt die Primatenstudie nur einen Teil der Lebensdauer der Affen, und in den kommenden Jahrzehnten sind weitere Ergebnisse zu erwarten. Manche Wissenschaftler sehen allerdings wenig Sinn darin, zwanzig Jahre oder länger auf die Bestätigung zu warten, daß Kalorienreduktion bei unseren nahen Verwandten funktioniert. Aus ihrer Sicht hat sich der Nutzen dieser Methode seit Jahrzehnten erwiesen. Sie fragen, was um Himmels willen es bringt, wenn wir mit siebzig erkennen, daß wir mit vierzig hätten anfangen sollen, weniger zu essen. Sie sind überzeugt von den bisher gewonnenen Erkenntnissen und haben für sich beschlossen, für ihre Langlebigkeit ein bißchen Hunger in Kauf zu nehmen.

Die Verjüngung nicht auf die lange Bank schieben

Zwei prominente Befürworter der Kalorienreduktion sind die Wissenschaftler Roy L. Walford und Richard Weindruch, die zu dieser Fragestellung zahlreiche Tierversuche durchgeführt haben. Nach ihren Berechnungen könnte die Einschränkung der Kalorienzufuhr das menschliche Leben um bis zu 30 Prozent verlängern. Legt man eine maximale Lebensdauer von 120 Jahren zugrunde, dann eröffnet diese Rechnung die Möglichkeit, daß wir 150 Jahre auf unserem Planeten verbringen.

Um ein so überwältigendes Ergebnis zu erzielen, müßte diese niedrigkalorische Diät bereits in der frühen Kindheit einsetzen, ein viel zu riskantes Unterfangen. Aber selbst wenn man um das dreißigste Lebensjahr begönne, die Kalorienmenge einzuschränken, könnte das Leben wohl um zehn Prozent verlängert werden. Walford und andere, die seiner Argumentation folgen, halten das für einen fairen Handel.

Bis zu einem gewissen Grad handeln sie aus reinem Glauben. Kontrollierte experimentelle Untersuchungen der Kalorienreduktion beim Menschen dürften unwahrscheinlich, wenn nicht undenkbar sein. Selbst wenn sich freiwillige Versuchspersonen bereit erklärten, nur das zu essen, was ihnen vorgeschrieben wird, könnten die Forschungsgelder versiegen oder den Forschern gar das Geld ausgehen, bevor das Experiment abgeschlossen ist. Doch Walford und andere Befürworter der Kalorienreduktion stützen sich auch auf Studien an Personen, die sich mit einem Minimum an Kalorien ernähren. Manche Leute essen, weil sie krank sind oder aufgrund ihrer Lebensumstände, einfach viel weniger als andere.

Eine solche Gruppe sind die Menschen, die an Anorexia nervosa, an Magersucht leiden. Die Krankheit äußert sich als Eßstörung, bei der die Betroffenen – oft junge Frauen – ihren Körper (ver)hungern lassen. Als man jedoch das Immunsystem einer Gruppe Magersüchtiger untersuchte, um zu prüfen, ob die Unterernährung das Infektions- und Krankheitsrisiko erhöht, widersprachen die Ergebnisse der normalen Logik.

Die Konzentration der weißen Blutkörperchen war bei den Magersüchtigen erniedrigt, das bedeutet, ihr Körper war nicht darauf eingerichtet, gegen Krankheiten zu kämpfen. Tatsächlich erkrankten diese Personen aber nicht häufiger als normale Esser an Infektionen, und sechs von 68 Untersuchten hatten im vergangenen Jahr überhaupt keine Infektion gehabt. Da die Folgen der Magersucht – betrachtet man die Lebensdauer Magersüchtiger – das Leben verkürzen und sogar unmittelbar zum Tod führen können, spricht dies kaum für eine Theorie der Lebensverlängerung durch Fasten.

Eher wird die Theorie durch Befunde von der japanischen Insel Okinawa gestützt. Seit Jahrhunderten besteht die traditionelle Ernährung der Inselbewohner aus einer kalorienarmen Mischkost mit frischem Obst, Gemüse und Meeresfrüchten. Die Bewohner Okinawas, die fast keinen Reis oder andere Getreide verzehren, nehmen im Durchschnitt 30 Prozent weniger an Kalorien zu sich als andere Japaner. Sie werden auch erheblich älter.

Verglichen mit dem übrigen Japan, leben auf Okinawa mehr als 20mal so viele Hundertjährige. In der Tat findet man es nicht ungewöhnlich, wenn dort ein Mensch 120 Jahre alt wird. Und diese zusätzlichen Jahre verbringen die Alten gesund, denn Alterskrankheiten sind auf Okinawa um 30 bis 40 Prozent seltener als auf dem japanischen Festland. Seit sich in den letzten Jahren die Errungenschaften der modernen Medizin bezahlt machen, ist die durchschnittliche Lebensdauer der Okinawaner noch gestiegen.

Natürlich könnten die Inselbewohner auch mit guten Genen ausgestattet sein – sie könnten ihre Langlebigkeit geerbt haben.

Um die Kalorienreduktion wirklich zu prüfen, brauchen die Forscher eine Situation, in der jede Kalorie überwacht werden kann und durch exakte Messungen altersbedingte Veränderungen verfolgt werden können. Eher zufällig ergab sich vor einiger Zeit eine derartige Situation.

Die »Biosphären«-Versuchskaninchen

Einem Laborexperiment am Menschen kam ein Versuch sehr nahe, der 1991 in Arizona stattfand. Die Teilnehmer hatten nicht beabsichtigt, ihre Kalorienzufuhr drastisch zu beschränken, aber darauf lief es schließlich hinaus. Zufällig war einer der Teilnehmer Roy L. Walford, der über Kalorienreduktion forscht.

Walford hat selbst viele Jahre kalorienreduziert gelebt, und er hat Bücher geschrieben, in denen er seine Methode erklärt. Als er und sieben andere Wissenschaftler im September 1991 in die künstlich geschaffene Lebenswelt *»Biosphäre II«* eintauchten, hatten die anderen nicht vor, eine Diät wie Walford zu befolgen. Und doch schlossen sie sich ihm bald an. Biosphäre II war ein ca. 6 Hektar großes Laboratorium, in dem das Ökosystem der Erde imitiert wurde. Die Bewohner wollten in ihrem gläsernen Gefängnis Luft, Wasser und Abfälle wiederverwerten und sämtliche Nahrung selbst produzieren. Sie stellten bald fest, daß sie weniger erzeugten als erwartet. In den ersten sechs Monate beobachteten sie, daß sie von weniger als 1 800 Kalorien täglich lebten, also deutlich weniger als die für Erwachsene veranschlagten 2 000 bis 2 500 Kalorien zu sich nahmen. Während der zwei Jahre in Biosphäre II verloren die Bewohner im Durchschnitt 15 Prozent ihres vorherigen Gewichts.

Die Biosphäriker blieben angemessen ernährt, da ihre Nahrung ihnen alle wesentlichen Nährstoffe lieferte, aber sie beobachteten, daß sie rascher ermüdeten. Mit den schmelzenden Pfunden sank auch der Grundumsatz, aber entgegen dem, was man vielleicht erwarten würde, war die Korrelation nicht linear. Der Grundumsatz sank um sechs Prozent mehr als erwartet, ein potentieller Vorteil, falls dieser Wert das Tempo beeinflußt, mit dem der Körper altert. Außerdem beobachteten die Biosphäriker, daß ihr Blutdruck, ihr Blutzucker- und ihr Cholesterinspiegel abnahmen, ihr Immunsystem aber unverändert kräftig blieb. Alle diese Veränderungen glichen den Anpassungen von tierischen Organismen bei kalorienarmer Kost und nährten Hoffnungen, daß die Methode auch dem Menschen gesundheitlichen Nutzen bringen werde.

Während des zweijährigen Aufenthalts in der kontrollierten Umgebung blieben die Biosphäriker gesund; gleiches galt für ihren Appetit. Als sie das Versuchslabor wieder verließen, kehrten sie zu konventionelleren Ernährungsweisen zurück und nahmen im Durchschnitt jeweils 24 Pfund zu.

═══ Maßhalten ist angesagt

Walford indessen setzt sich weiter für eine kalorienarme Ernährung ein und ißt selbst nach wie vor ganz wenig. Wie andere, die so leben, rät er von jeglicher plötzlichen, radikalen Ernährungsumstellung ab, um das Leben zu verlängern. Es bringt nichts, wenn man zu abrupt mit der Diät beginnt, und kann sogar das Leben verkürzen. Vielmehr haben die Befürworter der Kalorienreduktion ihre Ernährung langsam umgestellt, wobei sich ihre Gewichtsabnahme ganz allmählich über einige Jahre vollzog.

Einige entschieden sich für die Fastenmethode, sie verzichteten zwei bis drei Tage in der Woche auf Nahrung, aßen aber an den übrigen Tagen normal. Da es eine ziemliche Belastung sein kann, den täglichen Bedarf an essentiellen Nährstoffen aus viel kleineren Nahrungsportionen zu decken, müssen die Mahlzeiten von Menschen, die sich kalorienarm ernähren, exakt nach ernährungswissenschaftlichen Regeln zusammengestellt werden.

Viele Menschen, die versuchen, sich kalorienarm zu ernähren, geben es wieder auf; wer aber diese Diät ein bis zwei Jahre durchhält, sieht einen Erfolg. Die Betreffenden berichten, daß sie gesund bleiben, aber mitunter leichter als sonst ermüden. Der Körper verliert Fett, bleibt aber muskulös, vor allem wenn die Kalorienreduktion mit körperlicher Aktivität gekoppelt ist. Außerdem berichten einige Anwender der Methode, daß sie besser damit klarkommen, wenn sie die Diät jeweils ihren geplanten Aktivitäten anpassen. Angesichts stressiger Situationen würden sie etwa ihre Vitaminzufuhr steigern, oder sie würden, wenn sie z. B. Camping bei kalter Witterung planten, mehr Kohlenhydrate essen, um die Körperwärme stabil zu erhalten.

Nun ist die Kalorienreduktion, abgesehen von dem damit verbundenen Gefühl der Entbehrung, nicht für jeden geeignet. Frauen, die schwanger werden möchten, sollten sie nicht anwenden, da eine derart extreme Diät die Fruchtbarkeit verringern kann. Noch wichtiger ist, daß sie für Kinder nicht empfohlen werden kann, obwohl die Diät im Tierversuch am besten wirkt, wenn sie schon kurz nach der Geburt beginnt. Eine so massive Einschränkung der Kalorienzufuhr verlangsamt zweifellos die Entwicklung und kann gefährliche Folgen haben.

Praktische Erkenntnisse aus einer unpraktischen Diät

Selbst wenn man den Nährstoffbedarf schwangerer Frauen und heranwachsender Kinder ausklammert, birgt die Kalorienreduktion ein ganzes Bündel von Problemen. Der Kaloriengehalt der Mahlzeiten muß bis auf eine Stelle nach dem Komma genau berechnet, die Deckung des Bedarfs an Vitaminen und Mineralstoffen engmaschig überwacht werden. Da sich viele gesellschaftliche Situationen um das Essen drehen, erfordert die Diät große Charakterstärke, »Nein« zu sagen, sowie geduldige Freunde, die sich die Begründung anhören. Deshalb und wegen der emotionalen Macht, die Essen über unsere Herzen ausübt, ist es unwahrscheinlich, daß viele Menschen bereit sein werden, diese Methode im Interesse der Gesundheit und Lebensverlängerung zu praktizieren. Dennoch können die Erkenntnisse aus den Untersuchungen zur Kalorienreduktion dazu beitragen, unser Eß- und Ernährungsverhalten zu ändern.

Experimentelle Untersuchungen wie auch die Logik der Entwicklungsgeschichte deuten darauf hin, daß wir profitieren könnten, wenn wir entsprechend dem jeweiligen Lebensabschnitt zwei verschiedene Ernährungsweisen praktizieren würden. Die erste würde sich über die Jahre des Heranwachsens und der Reife erstrecken, wenn wir Kinder haben, und sie sollte die benötigte Energie aus ökonomisch verbrannten Kalorien liefern. Wir nehmen vielleicht mehr Kalorien zu uns, als wir objektiv absolut brauchen. Doch wenn wir jung sind, ist die Fähigkeit des Organismus, Schäden zu reparieren, z. B. infolge freier Radikale, noch tadellos.

Die zweite Form der Ernährung wäre auf den Lebensabschnitt nach der reproduktiven Phase ausgerichtet. Statt Energie zu maximieren, hätte dieser Ernährungsplan zum Ziel, Schäden zu minimieren. Das hieße, die Kalorienzahl gering zu halten, um den Einfluß der natürlichen Alterungsprozesse zu mildern. Da unsere Fähigkeit, Zucker zu verwerten, wie auch unser Antioxidanzienspiegel abnimmt, würde eine solche Diät weniger Zucker und weniger freie Radikale zulassen. Auf diese Weise ließe sich über die Ernährung ein Gleichgewicht zwischen Schäden und Nutzen herstellen.

Statt beim Kaffeekränzchen ein Stück Kuchen abzulehnen, wäre es natürlich einfacher, wie ein Wissenschaftler meinte, künstliche Methoden anzuwenden, um unsre Eßlust zu unterdrücken. In einem solchen Szenario könnten appetitzügelnde Medikamente bei den vielen Menschen im mittleren Alter gebräuchlich werden und die großen Restaurants auf Wunsch antioxidative Desserts reichen. Da solche extremen Lösungen fehlen und die meisten Leute keine Lust haben, einen Menüplan auszutüfteln, der komplizierter ist als eine Steuererklärung, akzeptieren sie die Unvermeidlichkeit des Altersspecks. Ein paar Pfunde zuzulegen, wäre nicht so schlimm, wenn damit nicht ein erhöhtes Risiko für ein Herzleiden oder Diabetes verbunden wäre.

Um diese Probleme zu lösen und damit der Abbau erst spät im Leben einsetzt, erforschen viele Wissenschaftler weniger, was wir in unsere Zellen hineinschaffen, als was sie bereits enthalten. Wie eine Zelle mit einer Kalorie umgeht, hängt zuallererst davon ab, was ihre Gene ihr befehlen. Ironischerweise könnte es leichter sein, auf der Genebene einzugreifen, als unsere Ernährungsgewohnheiten zu ändern.

Die Zukunft des Alterns

Die Zeiten ändern sich

Im Frühjahr 1995 veranstaltete das National Institute on Aging, das amerikanische Alternsinstitut, in einer Vorstadt von Washington, D.C., ein Symposion anläßlich seines zwanzigsten Geburtstags. Als dieses Institut gegründet wurde, betrug in den USA die Lebenserwartung für Männer 68, für Frauen 72 Jahre. Die Gäste der Geburtstagsfeier lauschten dem Festvortrag des Demographen (Bevölkerungsstatistikers) James Vaupel von der Duke-Universität, der die Perspektiven der Zukunft beschrieb.

Nach Vaupels Berechnungen war die Lebenserwartung seit der Jahrhundertwende pro Dekade um zwei Jahre gestiegen. Für die Zukunft prognostizierte er, daß ein 1995 in den Vereinigten Staaten geborenes Mädchen eine Chance von 1:3 hatte, hundert Jahre alt zu werden. Bei den Jungen setzte er die Chancen, so alt zu werden, niedriger an, vorwiegend aufgrund des unterschiedlichen Lebensstils; aber Jungen wie Mädchen könnten erwarten, von ständigen Verbesserungen in der medizinischen Technik, Bildung und im staatlichen Gesundheitswesen zu profitieren.

Vaupel gründete seine Voraussagen auf Statistiken über die derzeitige durchschnittliche Lebenserwartung und die jüngsten Zunahmen der durchschnittlichen Lebensdauer. Unter seinen Zuhörern befanden sich Experten der Gerontologie, die über die Zahlen hinausblicken und sich die medizinischen Behandlungen vorstellen konnten, die das Leben der heutigen Kinder verlängern und verbessern könnten. Manche Ergebnisse dieser Forschung, etwa die Fortschritte in der Gentherapie, werden bereits genutzt. Andere Verfahren, eingeschlossen die Anwendung von Wachstumsfaktoren, wurden an sorgfältig ausgewählten Gruppen von Versuchspersonen geprüft. Wieder andere Methoden, wie z. B. Organregeneration, Kryonik oder Nanotechnologie, befinden sich erst im frühesten Entwicklungsstadium und stellen kaum mehr dar als Theorien, die funktionieren müßten, aber noch nicht getestet werden konnten.

Derartige Technologien werden ihren Platz neben traditionellen medizinischen Therapien einnehmen und folglich nicht nur unseren Gesundheitszustand, sondern unsere Gesellschaft von Grund auf verändern. In den nächsten zwanzig Jahren, noch bevor das National Institute on Aging seinen vierzigsten Geburtstag feiern kann, werden die Auswirkungen der neuen Technologien dazu beitragen, unsere Regierung, Wirtschaft, Landwirtschaft und sogar die Städte und die Häuser, in denen wir leben, neu zu gestalten.

≡   Die genetische Mitgift verbessern

In jener Phase unseres Lebens, da wir uns allmählich fragen, wie viele Jahre uns noch bleiben – und wie es mit unserer Gesundheit bestellt sein wird –, ist es nur natürlich, daß wir an unsere Vorfahren denken. Falls unsere Großeltern und Urgroßeltern ein hohes Alter erreichten, hoffen wir, daß dies erblich ist. Falls ein Krieg, ein Unfall oder eine Epidemie diesem Leben vorzeitig ein jähes Ende setzte, überschlagen wir die Differenz und hoffen das Beste.

Wenn hingegen eine der häufigsten Alterskrankheiten – Krebs, Herzleiden oder Diabetes – das Leben von einem oder zwei direkten Vorfahren verkürzt hat, vergleichen wir unser Bild im Spiegel mit dem entsprechenden Gesicht im Fotoalbum. Wir schwören uns, besser auf uns zu achten, fragen uns indessen, ob das wirklich etwas ausmacht. Fast instinktiv und entgegen dem ständigen Hinweis, daß wir durch unsere Lebensgewohnheiten über unser Schicksal entscheiden, gehen wir davon aus, daß unsere Langlebigkeit erblich ist. Ausnahmsweise wird diese Volksweisheit durch wissenschaftliche Befunde belegt.

Nehmen wir als Beispiel ein 69jähriges männliches Zwillingspaar. Beide Männer schienen einigermaßen gesund, bis der eine, er war Landwirt, eines Tages einen Herzstillstand erlitt. Am gleichen Tag, an dem er seinen Herzschrittmacher bekommen sollte, brach sein genetisch identischer Bruder ebenfalls zusammen. Auch er erlitt einen Herzstillstand. Nun bekamen beide Brüder einen Schrittmacher und erholten sich gut. Der behandelnde Arzt schloß daraus, daß man bei eineiigen Zwillingen, falls einer von ihnen schwer erkrankt, stets auch den anderen gründlich auf dieselbe Krankheit untersuchen sollte.

Natürlich könnte man auch unterstellen, daß die beiden Männer Opfer ihrer Lebensweise wurden. Während sie heranwuchsen, war ihre Ernährung gleich, und vielleicht haben beide sehr stressig gelebt. Oder vielleicht hatten beide Männer einfach nur gleichzeitig Pech. Um die Situation einiger bemerkenswert gesunder Individuen zu erklären, die in Limone, Italien, leben, muß man schon etwas mehr als eine bestimmte Lebensweise oder Pech ins Feld führen.

Es handelt sich um die Nachkommen von Cristoforo Pomaroli und Rosa Giovanelli. Dieses Paar bekam 1780 einen Sohn, und mehr als 200 Jahre später analysierten Wissenschaftler das Blut und die Gene von 38 Nachkommen dieses Sohnes. Ihr genetisches Erbe enthält eine seltene Mutante, welche beeinflußt, wie ihr Organismus Cholesterin verstoffwechselt. Das Alter dieser heutigen Nachkommen reicht von der Adoleszenz bis zu achtzig Jahren, und sie achten alle nicht sonderlich auf ihre Gesundheit.

Sie genießen Butter, Wurst und deftige Speisen mit viel dunklem Fleisch. Die meisten von ihnen sind Raucher. Sie sind der Alptraum jedes Kardiologen, abgesehen von der Tatsache, daß keiner von ihnen einem Schlaganfall oder Herzinfarkt erliegt. Trotz ihrer grauenhaften Ernährung und ihrer schlimmen Gewohnheiten ist die Sippe der Pomaroli-Giovanelli höchst langlebig. Und sie verdankt dies einem Gen, dem sogenannten Apolipoprotein A-1 Milano. Dieses Gen bewirkt auf irgendeine Weise, daß der Cholesterinspiegel perfekt ausgewogen ist und die Wände ihrer Arterien superglatt und geschmeidig bleiben.

Die Entzifferung des ältesten Codes

Die Zwillinge mit und die Italiener ohne Herzleiden illustrieren, wie der Zufall die genetischen Würfel so fallen läßt, daß die einen langlebig sind und die anderen nicht. Außer der Disposition zu Herzleiden kann die genetische Mitgift eine Veranlagung zu den verschiedensten Krankheiten beinhalten, unter anderem die Anfälligkeit für bestimmte Krebsformen, für Diabetes, vorzeitiges Altern der Haut oder auch die Möglichkeit, die Alzheimer-Krankheit zu bekommen.

Schon lange ist den Wissenschaftlern bekannt, daß bestimmte Krankheiten familiär gehäuft auftreten. Dank zahlreicher Projekte, den genetischen Code zu übersetzen, orten die Forscher inzwischen genetische Verbindungen, testen, wie stark sie sind, und denken sich Verfahren aus, um sie aufzubrechen. Das Ziel dieser Manipulationen ist, genau nachzuweisen, welches der 50 000 bis 100 000 Gene in einer Zelle eine bestimmte Krankheit auslöst oder unterdrückt. Mit diesem Wissen bekäme man die Möglichkeit, die Wirkungen der Gene zu verstärken oder auszuschalten.

Hinsichtlich der Gene, die am Altern beteiligt sind, scheinen zwei Methoden aussichtsreich. Die eine verwendet Insekten oder Würmer und greift in die Art und Weise ein, wie der jeweilige Organismus altert. Dies gelingt durch selektive Züchtung oder gentechnisch, indem man in den Zellen ein Gen durch ein anderes ersetzt. Die zweite Methode arbeitet mit Untersuchungen am Menschen, so daß Auslese und Genaustausch nicht in Frage kommen. Statt dessen wird geprüft, was geschieht, wenn ein Individuum altert, wobei die Forscher auf Unterschiede achten und diese bis zu geringfügigen genetischen Abweichungen zurückverfolgen.

Die Rekombination der Langlebigkeit

Zu den faszinierendsten Exprimenten mit anderen Spezies zählen die mit *Drosophila melanogaster*, der Fruchtfliege. Fruchtfliegen sind die besonderen Lieblinge der Forscher, weil sich ihre Lebenszeit so gut mit der Dauer von Stipendien vereinbaren läßt; denn während eines akademischen Jahres kann man viele Generationen untersuchen. Zumindest gilt das für normale Fruchtfliegen. Genetische Manipulationen können bewirken, daß die Regierung für ihre Stipendiendollar weniger Fruchtfliegengenerationen bekommt.

In einem Projekt wurden Fruchtfliegen gekreuzt, deren Eltern spät geschlechtsreif geworden waren. Nachdem man dies 70 Generationen lang getan hatte, hatte sich die anfängliche maximale Lebensdauer der Insekten von 40 bis 45 Tagen auf 80 bis 90 Tage erhöht. Auf den Menschen umgerechnet, entspräche dies einer durchschnittlichen Lebenszeit von 150 bis 160 Jahren – vorausgesetzt natürlich, daß sich eine Population von Menschen für die nächsten 1400 Jahre zu einer Auslese durch entsprechendes Paarungsverhalten bereitfände.

Den glücklichen Fruchtfliegen zumindest bringt die Auslese außer verlängertem Leben noch den Vorteil, daß sie dann keineswegs zitt-
rig und verschrumpelt sind. Vielmehr sind diese speziell gezüchteten Insekten bemerkenswert robust gegen Hunger und Streß, und sie sind ausgesprochen stark. Wenn man sie z. B. an einem dünnen Faden frei in der
Luft schweben läßt, dann machen sie etwa eineinhalb Stunden lang un-
unterbrochen Flugbewegungen. Eine gewöhnliche Fruchtfliege schafft
das allenfalls 40 Minuten. Die Zellen der langlebigen Fliegen erzeugen
auch mehr Antioxidanzien, die ihre hochwertige DNA gegen Schäden
durch freie Radikale schützt.

Es gibt noch ein schnelleres Verfahren, um das Leben einer
Fruchtfliege zu verlängern – indem man die Antioxidanzienbilanz ver-
bessert. Dazu muß man *Drosophila* nur eine zusätzliche Kopie eines
Gens verpassen, das die Zellen anregt, diese Todfeinde der freien Radi-
kale zu bilden. Die Empfänger einer solchen Gentherapie können ihre
Zellen besser schützen, und auch sie leben länger.

Genetische Veränderungen, welche die Uhr des Lebens verlangsamen, kann man auch bei anderen Spezies durchführen, z. B. an Nematoden, das sind niedere Fadenwürmer. Aufgrund ihrer Größe – ungefähr
wie ein Komma – und weil man jede ihrer 950 Zellen wegen ihrer durch-
sichtigen Haut deutlich erkennen kann, sind Nematoden ideale Versuchstiere. Gewöhnlich werden sie 20 bis 25 Tage alt, aber die Versuchstiere eines bestimmten Forschungsprojekts blieben mehr als 40 Tage am
Leben.

Die gesteigerte Lebenserwartung der Nematoden beruht auf
Mutationen, welche die Forscher durch ein einzelnes Gen auslösen, das
sie Age-1 getauft haben. Dieses Gen reguliert, wie gut der Wurm Antioxidanzien bildet. Bei normalen Nematoden beginnt das Gen, den Alterungsprozeß einzuleiten, sobald die Würmer gerade mal drei Tage alt
sind. Wird das Gen abgeschaltet, bleiben die Nematoden länger jung.

Die Würmer lebten ebenfalls länger, nämlich 60 Tage, nachdem
zwei Gene verändert worden waren. Diese Gene, es handelt sich um
daf-2 und daf-16, bestimmen, wie der Wurm mit kargen Lebensbedingungen fertig wird. Durch die Mutationen dauert es bei den langlebigen
Würmern länger, bis sie ins Larvenstadium kommen, so daß sie Notzei-
ten aussitzen können. Bislang können die Forscher noch nicht präzisie-

ren, wie diese Gene funktionieren, doch vermuten sie, daß zumindest eines von ihnen die nachgeordneten Gene regulieren könnte, die ebenfalls zum Altern beitragen.

Die genetisch veränderten Würmer und Fruchtfliegen haben merkwürdige Gesellschaft in Form eines verbreiteten Pilzes – der Hefe. Dieses angenehm stille Laborwesen bietet den Vorteil, daß es sich rasch vermehrt, rasch genug, um Hefeteig aufgehen zu lassen, und daß sich seine Wachstumsgeschwindigkeit kontrollieren läßt, indem man die Temperatur erhöht oder senkt. Doch wie die meisten Zellen hören auch Hefen irgendwann auf, sich zu teilen, und gehen zugrunde.

Es sei denn, sie erhalten zusätzliche Kopien des sogenannten LAG-1, des »Langlebigkeit garantierenden Gens«, welches das Leben der Hefezellen um etwa 30 Prozent verlängern kann. Falls dieses Gen jedoch mutiert, kann die Teilungsfähigkeit der Zelle um die Hälfte reduziert werden. Wenn man mit dem LAG-1 oder weiteren zwölf Langlebigkeitsgenen, die inzwischen entdeckt wurden, herumexperimentiert, dann läßt sich zumindest bei Hefen ein viel höheres Alter (oder eine »Verjüngung«) erzielen. Das Anschalten aller 13 LAG-Gene kann das Leben von Hefezellen um bis zu 50 Prozent verlängern.

═══ Neue Verwendung für alte Gene

Derartige Experimente sind natürlich schön und gut, sofern man eine Hefezelle ist. Es sind viele Sprossen auf der Leiter der Evolution zu erklimmen, um Ergebnisse, die an Fliegen, Würmern und Hefen gewonnen wurden, auf den Menschen anzuwenden. Glücklicherweise haben die Methoden der Natur die Verbindungen zwischen nur sehr entfernt verwandten Spezies enger geknüpft, als man annehmen möchte.

Anstatt den genetischen Code für jede neue Spezies neu zu schreiben, hat die Evolution das, was funktionierte, ergänzt und Verbesserungen hinzugefügt. Infolgedessen stellen die später entstandenen Arten Variationen eines ursprünglichen genetischen Bauplans dar, so wie das neueste Modell eines Autoherstellers noch dem ursprünglichen Typ ähnelt, aber mit allerlei technischen Neuerungen und Spielereien aufgeputzt wurde. Das bedeutet, daß die genetische Ausstattung des Menschen zu 99 Prozent mit der seiner entwicklungsgeschichtlich nahen Verwandten, der Schimpansen, übereinstimmt. Auch von entfernteren Verwandten gibt es entwicklungsgeschichtliche Relikte, d.h. in jedem Menschen stecken auch ein paar Gene von Fruchtfliegen, Nematoden und Hefen.

Auf dem menschlichen Genom wurde z. B. bereits ein Abschnitt identifiziert, der dem LAG-1 der Hefen gleicht. Der nächste Schritt wird sein, die bei Hefen perfektionierte Technik anzuwenden, um menschliche Zellen über längere Perioden im Laborversuch am Leben zu erhalten. Falls es funktioniert, ließen sich experimentell zusätzliche Kopien der Gene in Mäuse und in größere Säugetiere einbauen. Gelänge auch dies, und das erhofft man sich für die kommenden zehn Jahre, dann könnte sich den Menschen die Chance bieten, durch Einbau zusätzlicher Genkopien die Lebensdauer der Zellen zu verlängern.

Zur Zeit scheint es, als ob man nur ungefähr 200 Gene modifizieren müßte, um wesentliche Merkmale des Alterns zu verändern. Einige von ihnen verlängern das Leben der Zellen, andere geben Signale, die den Suizid von Zellen auslösen. Wieder andere wirken als übergeordnete Schalthebel, die dafür sorgen, daß alles im Takt abläuft. Würde man auch nur wenige von den richtigen »Gerontogenen«, wie sie oft genannt werden, isolieren, könnte das einen enormen Einfluß darauf haben, wie lange wir leben und wie gesund wir bleiben. Solange aber die Wirkungen der Gene nicht direkt stimuliert oder unterdrückt werden können, müßte man mit Medikamenten eingreifen, um die Wirkung eines speziellen Gens zu verstärken oder zu schwächen.

Zwei hervorragende Kandidaten für derartige Spielereien sind die genetischen Programme Mortality 1 und Mortality 2. Sie scheinen festzulegen, wie lange eine Zelle am Leben bleibt. Während die Zahl der Zellteilungen die Uhr sein könnte, die bis zum Tod einer Zelle tickt, vollstrecken Mortality 1 und Mortality 2 das Todesurteil, nachdem es verkündet wurde.

Wird Mortality 1 ausgelöst, beginnt die Zelle zu altern. Das geht langsam vor sich, jedenfalls bis Mortality 2 ihr den Todesstoß versetzt. Dann geht die Zelle ganz schnell zugrunde.

Den Wissenschaftlern ist es gelungen, in menschlichen Zellkulturen Mortality 1 auszuschalten. Danach leben die Zellen 40 bis 100 Prozent länger als normalerweise. Allerdings ist Mortality 2 anscheinend in der Lage, auch ohne ein Signal seines Vorläufers den Zelltod herbeizuführen. Wird Mortality 2 gestoppt, das haben die Forscher ebenfalls getan, dann wird die Zelle unsterblich und kann sich wie eine Krebszelle endlos reproduzieren. Die Mechanismen von Mortality 1 und Mortality 2 könnten uns eines Tages die Mittel an die Hand geben, um unkontrollierte Zellteilungen zu unterbinden oder todgeweihte Zellen am Leben zu erhalten.

Von der Zellkultur zum wahren Leben

In einer Zellkultur haben die einzelnen Zellen ideale Lebensbedingungen, ohne die kriegsähnlichen Verhältnisse, denen sie im lebenden Organismus ausgesetzt sein können. Um zu erfahren, wie Gene tatsächlich das menschliche Leben beeinflussen, muß man Gruppen von Personen untersuchen, die anscheinend unterschiedlich schnell gealtert sind. An solchen Populationen läßt sich praktisch aufzeigen, wie uns die Gene beeinflussen.

Eine Strategie richtet sich auf die genetische Ausstattung von Geschwistern und vergleicht die Gene von Geschwistern, die ohne Probleme altern, mit denen von anderen, bei denen das nicht der Fall ist. Da der genetische Code von Geschwistern viele Gemeinsamkeiten aufweist, könnten voneinander abweichende Bereiche Hinweise auf die Gene geben, die das Altern verursachen. Dabei sind Zwillingsstudien von besonderem Interesse, da das genetische Material von Zwillingen gleich zwei Beispiele liefert, wie ein gegebener Satz von Genen wirken wird. Die Forscher fanden z. B. heraus, daß Menschen, die identische Gene besitzen, weil sie sich aus einer einzigen befruchteten Eizelle entwickelt haben, wahrscheinlich innerhalb von drei Jahren nacheinander sterben. Der (statistische) Abstand bei zweieiigen Zwillingen beträgt dagegen sechs Jahre.

Ein zweiter Ansatz, die sogenannte Ökogenetik, untersucht das Altern in der breiten Bevölkerung. Sie interessiert sich für die Gene, die manche Individuen für Erkrankungen disponieren, falls sie unter ungünstigen Umweltbedingungen leben. Hier mag ein Toxin, das beim einen folgenlos durch den Körper wandert, bei einem anderen unkontrollierte Zellteilungen auslösen. Oder eine Ernährungsweise, die in einer bestimmten Familie zu Diabetes führt, hat bei einer anderen nicht einmal Übergewicht zur Folge.

Die Gewinner der Langlebigkeitslotterie, der allerältesten Lotterie der Gesellschaft, stellen eine weitere ideale Bevölkerungsgruppe dar, an der sich der Einfluß von Genen auf das Altern untersuchen läßt. Obwohl sie den gleichen Giften und Ernährungsweisen ausgesetzt waren, für die ihre Zeitgenossen mit dem Leben bezahlten, werden manche Leute neunzig Jahre alt oder älter. Was immer diese Menschen für Gene geerbt haben, diese müssen sich irgendwie günstig auswirken.

Eine überraschende Entdeckung bei der Untersuchung Hochbetagter ist die, daß menschliche Gene nicht unweigerlich programmiert sind, im hohen Alter Gebrechlichkeit herbeizuführen. Wie sich herausstellte, sind Hochbetagte nicht etwa besonders schwach. Tatsächlich sind die über Neunzigjährigen oft robuster als typische Siebzig- oder Achtzigjährige.

In den letzten Jahrzehnten des Lebens nimmt die Mortalität eine Zeitlang exponentiell zu, um dann als flache Kurve zu verlaufen. Die verbleibenden, wirklich alten Menschen sind so alt geworden, weil sie immer gesund waren. Wie die Mäuse, die ihre Langlebigkeit einer kalorienarmen Ernährung verdankten, bleiben diese Menschen meist kräftig, bis kurz vor ihrem Tod. Sie haben eine steile Überlebenskurve, bleiben körperlich und geistig fit, bis eine akute Krankheit – häufig eine Lungenentzündung – ihr Leben plötzlich beendet. Die Wahrscheinlichkeit, daß Gene diesen Verlauf mitbestimmen, hat zahlreiche Studien mit Neunzig- und Hundertjährigen veranlaßt.

Ein französischer Wissenschaftler z. B. verglich die Gene von mehreren hundert Hundertjährigen mit dem genetischen Profil der Gesamtbevölkerung. Das brachte ihn auf die Spur eines Gens, das anscheinend eine Rolle bei der Entstehung der Arteriosklerose wie auch der Alzheimer-Krankheit spielt.

Gene aktivieren

Dieses spezielle Gen erlangte schon bald Berühmtheit in den Studien über das Altern. Das apo-E genannte Gen veranlaßt die Bildung einer Substanz, die für den Transport von Cholesterin im Blut unentbehrlich ist. Wie diese Gen-Wirkung zu so unterschiedlichen Erkrankungen wie Arteriosklerose und Alzheimer beitragen kann, ist zum Leidwesen der Forscher noch nicht geklärt. Sowohl die hohe Verbreitung in der Bevölkerung als auch das Verhalten im Laborversuch legen nahe, daß apo-E bei Erkrankungen des höheren Alters beteiligt ist.

Apo-E-Gene kommen in drei Formen vor, und es zeigte sich, daß nur eine dieser Formen durchweg bei Personen auftritt, die 100 oder älter wurden. Die anderen beiden Formen kommen in der normalen Bevölkerung vor, aber ihre Träger sterben in jüngeren Jahren. Außerdem scheint apo-E bei Individuen eine Rolle zu spielen, die an Alzheimer erkranken.

Alzheimer-Patienten mit einer bestimmten Varietät von apo-E bekommen die ersten Symptome im Durchschnitt mit etwa 68 Jahren; bei den Trägern einer anderen Varietät treten Symptome erst um das 75. Lebensjahr auf. Es sieht so aus, als könnte dieses eine Gen je nach seiner Struktur zu einem frühen oder späteren Ausbruch der Krankheit beim alten Menschen führen oder schließlich erst, wenn er bald 100 Jahre alt ist.

Selbst im Experiment verrät apo-E ein tödliches Potential. Setzt man es einer Zellkultur zu, kann es Gehirnzellen töten, indem es bewirkt, daß diese Zellen von Fasern umwuchert werden. Solche Fasern finden sich typischerweise auch in den Gehirnen von Alzheimer-Patienten. So wundert es nicht, daß die Form von apo-E, die das stärkste Faserwachstum auslöst, gleichzeitig die ist, die den frühzeitigen Ausbruch der Alzheimer-Krankheit bedingt.

Sobald wir mehr über das apo-E-Gen wissen, könnten im Laborversuch Medikamente geprüft werden, mit denen sich die Faserbildung blockieren läßt. Inzwischen ist dieselbe Variante von apo-E, die an der Entstehung der Alzheimer-Krankheit beteiligt ist, überzeugend auch als Mitauslöserin der koronaren Herzkrankheit identifiziert worden. Medikamente, welche in die Wirkung dieses Gens eingreifen, könnten daher bei zwei verheerenden Krankheiten therapeutisch nützlich werden.

Gentherapie

Vielleicht können Medikamente eines fernen Tages die Wirkung von Genen verändern, aber eine direktere Methode bestünde darin, Gene selbst zu übertragen. In diesem Fall könnte man Individuen, deren Cholesterinspiegel unvertretbar hohe Werte erreicht hat, Gene wie jene der glücklichen Italiener aus Limone »einpflanzen«. In der Praxis wird eine Gentherapie bei den meisten Krankheiten wohl erst in Jahrzehnten möglich sein, aber einen ersten Behandlungsversuch gab es bereits.

Die betreffende 29jährige Patientin hatte erblich bedingt einen sehr hohen Blutcholesterinspiegel und war dadurch stark gefährdet, ein Herzleiden zu bekommen. 1993 entfernte man ihr einen Teil der Leber und ersetzte ihn durch gesunde Leberzellen. Daraufhin fiel ihr Cholesterinspiegel auch ohne Gabe von Lipidsenkern um 20 bis 40 Prozent. Eine vier Monate später durchgeführte Leberbiopsie ergab, daß das gute Gen in den übertragenen Leberzellen ordentlich funktionierte und genau das tat, was ihre eigenen Gene getan hätten, wenn sie nicht diese Krankheit geerbt hätte. Die Untersuchung der Patientin ein Jahr nach dem Eingriff erbrachte einen weiterhin stabilen guten Befund.

Aussichtsreich könnte die Gentherapie auch sein bei nachlassender Immunfunktion sowie bei koronarer Herzkrankheit, bei Arthritis, Diabetes, Alzheimer-Krankheit und Parkinson-Krankheit. Bei der Behandlung der Parkinson-Krankheit experimentiert man bereits mit Ratten, die eine ähnliche Krankheit haben. Und zwar wird ein harmloses Virus benutzt, um ein menschliches Gen zu übertragen, das in Nervenzellen die Bildung von Dopamin stimuliert, jenem Überträgerstoff, der den Parkinson-Patienten fehlt. Das Virus schleust das Gen in die Zellen ein, und danach bessert sich der Zustand der Ratten. Mit einer ähnlichen Versuchsanordnung wurden auch bei Affen ermutigende Ergebnisse erzielt.

Eines der am meisten ersehnten, wenn auch vielleicht in fernster Zukunft liegenden Ziele ist die Gentherapie bei Krebs. Bei den vielen Formen dieser Krankheit und ihrer höchst komplizierten Entwicklung wird es noch jahrzehntelanger Forschungsarbeit bedürfen, bis eine Prävention oder ein Stillstand der Krankheit durch Genmanipulation erreicht werden kann. Die aktuelle Forschung bereitet hierfür den Boden.

Eine zentrale Frage ist die, warum alte Menschen soviel anfälliger für Krebs sind als junge. Immerhin ereignen sich während des gesamten Lebens Mutationen in den Zellen, und in der Jugend sind Zellteilungen der Motor des Wachstums. Dennoch steigt die Krebserkrankungsrate erst nach der Geschlechtsreife allmählich an. Die Anfälligkeit für abnormes Zellwachstum einschließlich bösartiger Tumoren nimmt direkt proportional zum chronologischen Alter zu.

Dies mag teilweise dadurch bedingt sein, daß die Auswirkungen vielfältiger Mutationen im Laufe des Lebens kumulieren. Indessen erklärt eine derartige Anhäufung von Mutationen nicht das merkwürdige Profil, das sich bei Tieren vom Zusammenhang zwischen Krebs und Lebensdauer zeichnen läßt. Wird ein Tier einem Karzinogen ausgesetzt, dann hängt die Chance, daß es tatsächlich Tumoren entwickelt, nicht so sehr davon ab, wieviel Tage oder Jahre das Tier bereits gelebt hat – wie man bei einer einfachen Kumulation erwarten würde –, sondern davon, welche Lebenserwartung das Tier normalerweise noch hätte. Der Widerstand gegen die Entwicklung von Krebs beginnt bei jeder Spezies in der Mitte des Lebens zu sinken, gleichgültig, ob sich die Lebenserwartung nach Monaten, Jahren oder Jahrzehnten bemißt.

Die Parallele zwischen Krebs und Lebensphase deutet darauf hin, daß die Mechanismen, die DNA-Schäden reparieren, nach der Geschlechtsreife allmählich schlechter funktionieren. Die Mutationen, die sich in jungen Jahren ereignen, werden anscheinend von Reparatursystemen korrigiert, bevor sie weiteren Schaden anrichten können. Mit zunehmendem Alter läßt die Präzision dieser Systeme nach, so daß die Mutationen bestehen bleiben und die Gefahr vergrößern.

Die vorläufigen Forschungsergebnisse scheinen dies zu bestätigen. Zum Beispiel fand sich eine Mutation, die an einem Lymphdrüsenkrebs beteiligt ist, bei über 60jährigen um 40 Prozent häufiger als bei unter 20jährigen Patienten. Die Mutation kam zwar bei Individuen unter zwanzig Jahren vor, aber entweder war sie seltener, oder sie war, wenn sie auftrat, gleich durch die Reparaturmechanismen beseitigt worden. Interessant ist, daß all diese jungen Leute zwar die Mutation aufwiesen, aber keiner von ihnen wirklich an Krebs erkrankt war. Bei den alten Leuten jedoch könnten die vielen nicht reparierten Mutationen, die im Laufe der Jahre kumulieren, das Erkrankungsrisiko erhöhen.

Man hat inzwischen viele weitere Mutationen auf mehr als einem Dutzend Genen nachgewiesen, die bei bösartigen Tumoren des Dickdarms, der Brust, der Leber, des Gehirns und bei Entgleisungen des Immunsystems beteiligt sind. Manche dieser Mutationen treten in Genen auf, die für die Zellteilung zuständig sind, und können eben die Art von Genaktivität auslösen, die das Wachsen eines Tumors anstößt oder unterhält. Andere Mutationen ereignen sich in Genen, die normalerweise das Zellwachstum in Schach halten. Wenn diese Suppressorgene mutieren, geht die Zellteilung munter weiter, weil kein Signal gegeben wird, die Bremse zu ziehen.

Die Möglichkeit, Druckfehler im genetischen Code zu erkennen, versetzt uns in die Lage, einen Krebs sehr früh zu entdecken, vielleicht sogar, bevor ein erkennbares Tumorwachstum beginnt. Sind die geschädigten Gene erst identifiziert, wird man sie darüber hinaus eines Tages mittels Gentherapie reparieren oder ersetzen können, so daß die normale Zellteilungsgeschwindigkeit und Zellmortalität wiederhergestellt werden. Selbst bevor ein direkter Eingriff möglich wird, kann das Wissen, welche Mutation bei einem Krebs auftritt, den Forschern helfen, Chemotherapeutika zu entwickeln, die Tumorzellen gezielt angreifen.

Künftige Therapien

Das Genomprojekt, das jedes einzelne menschliche Gen exakt lokalisieren und identifizieren soll, soll bis zum Jahr 2005 abgeschlossen sein. Schon während der Arbeit am Genomprojekt haben andere Forscher versucht, Schutzgene zu identifizieren, indem sie die Spur der Gene von den Schäden aus, die sie verursachen – Herzleiden, Alzheimer-Krankheit, Krebs –, zurückverfolgten. Dabei hoffen sie, Wege zu finden, um die Wirkung von Schutzgenen anzuregen und manchen potentiell schädlichen Genwirkungen entgegenzusteuern. Man erwartet, daß die Gentherapie im 21. Jahrhundert anwendungsreif sein wird.

Allerdings wird die Gentherapie nicht die einzige neue Technologie sein. Sie wird wahrscheinlich nie in der Lage sein, einzelne Zellen einer geschädigten Herzklappe wieder aufzubauen, die Durchblutung so zu drosseln, so daß man unblutig am Herzen operieren kann, oder die vollständige Neubildung des Herzmuskels zu erreichen. Diese und viele

andere Heilverfahren klingen vorerst als Zukunftsmusik in den Ohren
kühner, fortschrittsbesessener Wissenschaftler. Diese Pioniere der Wissenschaft arbeiten auf den Gebieten Nanotechnologie, Kryonik und Organregeneration. Aus der Perspektive dieser Fachgebiete ist Altern alles
andere als unvermeidlich. Vielmehr sind Alter und Tod temporäre Unannehmlichkeiten, die es im kommenden Jahrhundert zu überwinden gilt.

☰   Hohes Alter durch neue Technik

Das folgende Szenario stammt aus einem Science-fiction-
Roman:

Im normalen Klinikalltag werden Herzen reanimiert, Organe
und Immunzellen von einem Patienten auf einen anderen transplantiert, Komapatienten werden von der Schwelle des Hirntodes ins Leben zurückgeholt, und funktionsuntüchtige Organe
werden durch Maschinen ersetzt.

Natürlich ist der Science-fiction-Roman, dem diese Beschreibung entnommen wurde, schon einige Jahrzehnte alt. Diese Verfahren
sind heute praktisch Routine. Aus Träumen geboren, wurden sie zu unseren Lebzeiten Wirklichkeit.

Vom Tempo des Fortschritts ermutigt, haben die Träumer von
heute kühne Vorstellungen. Sie versprechen, unseren Körper von der
Zelle aufwärts zu rekonstruieren. Sie sehen eine Zeit voraus, da man ein
Individuum aus gespeichertem genetischen Material nachzüchten kann.
Sie glauben, daß man eines Tages miniaturisierte Apparate in den Körper einführen kann, um Reparaturen vorzunehmen und verschlissene
Teile zu ersetzen. Sie hoffen, durch Unterkühlung vitale Funktionen lange genug stillegen zu können, um riskante Operationen durchzuführen.
Bei unheilbaren Krankheiten könnte man die Betroffenen so lange bei
tiefen Temperaturen konservieren, bis eine wirksame Therapie gefunden wäre.

Diese Erwartungen mögen optimistisch klingen, sind aber keineswegs unrealistisch. Zukunftsforscher erwarten, daß einige dieser Visionen noch bis zum Jahr 2000 Wirklichkeit werden. Andere Technologien zur Bekämpfung des Alters mögen erst im Laufe der nächsten fünfzig Jahre anwendungsreif werden. Seltsamerweise kommen einem dabei fünfzig Jahre sehr lang vor.

═══ Blitzstart des Wachstums

Für ein siebenjähriges Kind bedeutet ein Knochenbruch nur, daß es sich eine Zeitlang mit einem Gipsverband quälen muß. Bei einem Siebzigjährigen kann ein Knochenbruch tödlich ausgehen. Mit zunehmendem Alter brauchen unsere Knochen länger, um zu heilen. Deswegen setzt die amerikanische Firma Osiris Therapeutics – Osiris war der Gott der Fruchtbarkeit und der Unterwelt im alten Ägypten – auf einen milliardenschweren Markt für ihre Patente. Osiris Therapeutics ist nur eine der zahlreichen Firmen, die erforschen, wie sich Zellen, insbesondere Zellen in älteren Organismen, zu schnellerem Wachstum stimulieren lassen.

Indem die Forscher untersuchten, wie sich die embryonale Entwicklung vollzieht, konnten sie Zellen im Knochenmark von Erwachsenen identifizieren, welche die Geschwindigkeit der Zellerneuerung beschleunigen. Entnimmt man diese Zellen aus dem Knochenmark des Patienten, lassen sie sich in der Zellkultur beschleunigt vermehren. Sie werden dann dem Patienten wieder zugeführt, um den Schaden zu reparieren.

An die Möglichkeit der Zelltransplantation ist auch die Verwendung von Wachstumsfaktoren gekoppelt. Mehr als dreißig Wachstumsfaktoren wurden bereits identifiziert; es handelt sich um körpereigene Substanzen, welche die Erneuerung von Haut und Nerven und sogar von Blutkörperchen beschleunigen. Bei Patienten, die schwere Verbrennungen erlitten haben, verkürzen Wachstumsfaktoren die Zeit, die Hauttransplantate zum Anwachsen benötigen. Während einer Chemotherapie machen sie die gefährliche Abnahme der antiinfektiös wirkenden weißen Blutkörperchen rückgängig.

Wachstumsfaktoren, welche die Bildung von Blutkörperchen stimulieren, könnten eines Tages auch das Immunsystem kräftigen, wenn die körpereigene Abwehr altersbedingt geschwächt ist. Bei Menschen mit Osteoporose oder Erkrankungen des Zahnhalteapparates könnten das Knochenwachstum beschleunigende Faktoren den Knochenabbau wieder wettmachen. Von Nervenwuchsstoffen verspricht man sich, daß sie zur Heilung von Patienten mit Alzheimer- oder Parkinson-Krankheit beitragen sowie helfen könnten, Gehirnregionen zu reparieren, die durch Verletzungen, Tumoren oder Schlaganfall geschädigt wurden. Diese Wuchsstoffe müßten nicht einmal von derselben Spezies stammen, um wirksam zu sein: 1994 verwendeten israelische Wissenschaftler ein Enzym aus Fischen, um geschädigte Sehnerven bei Mäusen zu regenerieren.

═══ Ersatzteile nach Maß

Wachstumsfaktoren bewirken, daß die Geschwindigkeit der Neubildung größer ist als die der Zerstörung. Dennoch sind sie in den Augen mancher Wissenschaftler nur Lückenbüßer. Ein umfassenderes Verfahren könnte ganze Körperteile ersetzen, die nach Bedarf gezüchtet würden. Zu diesem Zweck müßten Teile des Körpers geklont werden.

Beim Klonen werden einige oder alle Chromosomen oder sogar einzelne Gene aus einer Zelle in eine andere Zelle eingebracht. Diese Wirtszelle wird dann veranlaßt, sich (ungeschlechtlich) zu vermehren, so daß ein Verband von Zellen entsteht, die alle das gleiche neue genetische Material enthalten. In gewisser Weise ähnelt das Klonen dem Fotokopieren, bei dem Informationen von einem Blatt Papier auf beliebig viele Blätter vervielfältigt werden.

Fotokopieren kann man auf leere Blätter, auf die dann völlig neue Informationen übertragen werden. Man kann aber auch auf Briefpapier mit Aufdruck oder auf Seiten kopieren, die bereits Informationen enthalten. In diesem Fall wird beim Fotokopieren nur ein kleiner Textabschnitt auf eine bestimmte Stelle der Seite kopiert. Diesem Vorgehen entsprechen zwei Methoden des Klonens.

Bei der ersten Methode, der Kerntransplantation, wird einer Zelle der Zellkern entnommen und durch den Kern aus einer anderen Zelle mit der vollständigen genetischen Information ersetzt. Dadurch entsteht ein genetisch identisches Duplikat des Tieres, von dem die ursprünglichen Chromosomen stammen. Der Klon ist indessen nicht nur mit seinem Ursprung verwandt, so wie Angehörige derselben Spezies oder gar derselben Familie miteinander verwandt sind. Vielmehr ist das geklonte Tier genetisch identisch. Auch muß die Vermehrung nicht bei Zwillingen haltmachen, sondern man kann durch Klonen identische Drillinge, Fünflinge und sogar Hundertlinge (und mehr) erzeugen. Diese Methode wird bereits praktisch in der Rinder- und Schafzucht angewandt, um identische Nachkommen mit gutem Erbgut zu züchten.

Bei der zweiten Methode, der Bildung rekombinanter DNA, wird einem vorhandenen, zuvor »gedruckten« Chromosom neue Information hinzugefügt. Durch sogenanntes Splicing (Abspalten) werden ausgewählte Gene in Chromosomen eines anderen Organismus eingeschleust. Das Wirtschromosom registriert dies nicht und behandelt das neue Gen wie seine eigenen. Mit dieser Methode wurden menschliche Gene in das genetische Material von Bakterien eingefügt, und diese gentechnisch veränderten Bakterien produzieren nun, was immer das jeweilige menschliche Gen von Natur aus produzieren würde. Wenn dieses Gen eine Zelle veranlaßt, ein bestimmtes Protein zu bilden, dann erscheint dieses Protein in den sich vermehrenden Bakterien. Und weil sich Bakterien wahnsinnig schnell teilen, produzieren sie eine ungeheure Menge dieses Proteins. Gentechnisch veränderte Bakterien liefern inzwischen Insulin, Hämoglobin und Wachstumsfaktoren.

Außer in Bakterien wurden menschliche Gene auch in tierische Zellen eingeschleust. Solche »transgenen« Tiere sind z. B. Schafe, die eine gegen Emphysem wirksame Substanz bilden, Ziegen, deren Milch eine blutgerinnungshemmende Substanz enthält, oder Schweine, deren Organe dem Menschen transplantiert werden können.

Während auf den ersten Blick die hohen Kosten dagegen sprechen, transgene Tiere für Organtransplantate zu züchten, dürfte sich das Verfahren auf lange Sicht bezahlt machen. In den Embryo eines Tieres eingeschleuste Gene werden Teil der genetischen Information dieses werdenden Organismus. Wenn das Tier die Geschlechtsreife erreicht und Nachkommen hervorbringt, wird diese ganze zweite Generation Träger des neuen Gens sein und es ihrerseits an die folgenden Generationen weitervererben. 1994 z. B. wurden die ersten Kälber geboren, die ein genetisch veränderter Bulle namens »Herman« gezeugt hatte. Seine transgene Nachkommenschaft kam mit einem Gen zur Welt, mittels dessen ein Protein gebildet wird, das Menschen gegen Magen-Darm-Infektionen resistent machen kann.

Die Biologen, die an der Erzeugung transgener Tiere arbeiten, glauben, daß transplantierbare Organe von Tieren jährlich 100 000 Patienten retten könnten. Sicher werden Jahrzehnte ins Land ziehen, bis die Transplantation tierischer Organe eine gängige Praxis geworden sein wird, aber die ersten Versuche mit Transplantaten transgener Tiere dürften noch vor dem Jahr 2000 zu erwarten sein.

Inzwischen bleiben die ethischen Einwände gegen die Verwendung von Tieren als Heilmittel- und Organfabriken bestehen. Die Gesellschaft könnte befinden, daß Tierzucht für die menschliche Ernährung akzeptabel ist, nicht aber der Eingriff in den genetischen Code von Tieren für medizinische Zwecke. Den Fortschrittsgläubigen hingegen erscheint der ganze Streit müßig.

Menschen aus dem Ersatzteillager

Manche Genetiker halten die Idee, Organe von transgenen Tieren zu ernten, nur für eine Zwischenlösung. Um ethischen Einwänden zu begegnen, aber auch um der Gefahr einer Abstoßung transplantierter Organe vorzubeugen, plädieren sie dafür, aus den Zellen des Individuums Ersatzteile zu züchten. Schließlich können wir Tiere klonen – warum sollte uns dann nicht auch Ähnliches für uns selbst gelingen.

Theoretisch müßte das funktionieren. Man benötigt nur wenige Zellen – nicht mehr als einen Hautschnipsel – des Spenders. Das genetische Material der Zellen würde in eine Eizelle injiziert und diese, vielleicht in einer künstlichen Gebärmutter, veranlaßt, sich wie eine befruchtete Zelle zu teilen. Das Resultat wäre ein Embryo, der nur das genetische Material des Spenders enthielte und deshalb der identische Zwilling des Spenders wäre.

Natürlich würde es Jahre dauern, bis ein solcher Zwilling sich entwickelt hätte, geboren wäre und reif genug wäre, um transplantierbare Organe zu liefern. Für jemanden, der dringend eine Organtransplantation benötigt, macht eine derartige Verzögerung dieses Verfahren unbrauchbar. Außerdem wäre der geklonte Zwilling das legale Pendant seines Spenders – keine bloße Organfabrik, sondern ein vollständiges menschliches Geschöpf mit individuellen Rechten.

Auch für diese Nachteile bietet die Technologie wieder eine Lösung. Allerdings ist es eine Lösung, die mit Sicherheit die Bedenken der Gegner verstärken wird.

Beide Probleme könnten gelöst werden, sofern das Individuum sehr früh in seinem Leben, vielleicht sogar um die Zeit seiner Geburt, geklont würde. Die vom Neugeborenen gewonnenen Zellen würden sechs Wochen lang gezüchtet, bis sich am geklonten Embryo die ersten Anlagen des späteren Gehirns gebildet hätten. Dieses künftige Gehirngewebe würde entfernt, eingefroren und für den Fall aufbewahrt, daß dem Spender eines Tages Gehirnzellen transplantiert werden müßten. Der restliche, potentiell nicht mehr menschliche Embryo würde in künstlichem Milieu weitergezüchtet, intravenös ernährt, mit Hormonen versehen – er wäre bis auf das fehlende Gehirn in allen Einzelheiten der Zwilling des Spenders.

Sobald die Organe des Klons ihre optimale Funktionstüchtigkeit erreicht hätten, könnte ihr Wachstum gestoppt und der Klon künstlich konserviert werden. Durch diesen Zwilling ließe sich jeder abgenutzte, verletzte oder erkrankte Körperteil ersetzen, ohne daß man die Gewebe kompatibel machen müßte und ohne Gefahr der Abstoßung. Nachlassende Sehkraft würde wiederhergestellt, geschädigte Herzen würden durch neue ersetzt und bei erschöpften Immunsystemen jugendliche Reaktionsbereitschaft wiederhergestellt. Technisch gesehen wäre dies, zumindest theoretisch, nicht schwer zu bewältigen. Viel komplizierter sind die gesellschaftlichen Implikationen.

Viele Eltern werden sich entschließen, Klone ihrer Kinder erzeugen zu lassen, und die Beziehungen zwischen den Spendern und ihren genetischen Doppelgängern müßten auf jeden Fall gesetzlich geregelt werden. Für die Körperdoubles würden geeignete Lager benötigt. Die embryonalen Gehirnzellenreserven würden in Tiefkühlbehältern aufbewahrt. Wenn man sich vorstellt, welche Konsequenzen das Klonen in großem Maßstab hätte, dann bieten sich Aussichten, wie sie Hieronymus Bosch nicht grausiger hätte darstellen können. Es erscheint fraglich, ob die Gesellschaft jemals die Möglichkeit humanoider Organfarmen akzeptieren würde.

Vielleicht täte sie es nicht. Doch die Ablehnung durch die Gesellschaft wäre regelmäßig mit einer bedrückenden physischen Realität konfrontiert. Sie hätte unnachgiebig zu bleiben angesichts von Kindern, die eine Niere brauchen, von Eltern, die dringend auf eine Herztransplantation warten, und Großeltern, denen eine gesunde Lunge oder Leber fehlt. In einer solchen Welt würden moralische Überlegungen über den Wert des Lebens mit der handfesten Erhaltung des Lebens kollidieren – bei Individuen, die bereits geboren sind, einen Namen tragen und geliebt werden.

Mit diesem Dilemma werden sich die Wissenschaftler des 21. Jahrhunderts auseinandersetzen müssen. Eine neue Wissenschaft, die Nanotechnologie, würde dem gern zuvorkommen. Gelänge es, Organe durch Maschinen zu ersetzen, dann wären wir niemals darauf angewiesen, uns klonen zu lassen. Außerdem hätten wir uns nicht mit den moralischen Konsequenzen auseinanderzusetzen.

▬▬ Nanotechnologie

»Weil ein Nagel fehlte, ging das Hufeisen verloren«, mahnt ein Aphorismus, und »weil das Hufeisen fehlte, ging das Pferd verloren.« Bald ist das ganze Königreich verloren, »und das alles nur, weil ein Nagel in einem Hufeisen fehlte«.

Nirgendwo ist diese Mahnung zutreffender als im Inneren des Körpers. Außer bei plötzlichen Verletzungen beginnen die meisten lebensgefährlichen Erkrankungen unmerklich. Eine Zellwand wird auf mikroskopischer oder sogar submikroskopischer Ebene geschwächt, ein elektrischer Impuls fällt aus, oder ein Gen mutiert und setzt eine gefährliche Kettenreaktion in Gang. Die Katastrophe bahnt sich an in den Gefäßwänden, im Ausgangspunkt eines Tumors oder in den Nervenzellen. Monate oder Jahre später endet ein Leben, weil diese Zellen zerstört wurden.

Wären die Ärzte imstande, die kleinen Defekte zu lokalisieren und zu beheben, dann brauchten wir keine invasive Chirurgie, um ganze Organe zu ersetzen. Wenn miniaturisierte Maschinen in den Körper eingebracht und durch ihn hindurchgelenkt werden könnten, ließen sich die wenigen schlecht funktionierenden Zellen herauslösen und ersetzen. Diese Welt schwebt der Nanotechnologie vor – einem Spezialgebiet, das mit winzigsten Dimensionen arbeitet (die griechische Vorsilbe *nano* bedeutet *Milliardstel*bereich). Die Nanotechnologie will Maschinen entwickeln, mit denen man Atome manipulieren kann, um daraus Moleküle aufzubauen.

Die Logik der Nanotechnologie geht von der Natur selbst aus. Aus der Sicht eines Ingenieurs gleicht das Innere des Körpers dem Inneren einer riesigen Fabrik. Jede Zelle ist eine winzige Maschine mit der Aufgabe, Energie zu erzeugen und mehr Zellen hervorzubringen, d. h. mehr Maschinen, Zellen wie sie selbst. Jede Zelle enthält alle nötigen Teile, um diese Aufgaben zu erfüllen: Teile, die Moleküle in Empfang nehmen und transportieren, abbauen und in neuer Form wieder zusammensetzen sollen. Auf der Gesamtfläche der Fabrik Körper arbeiten Billionen spezialisierter Maschinen Seite an Seite, um das Leben zu erhalten.

Alle Zellmaschinen sind weitgehend gleich, können aber dank des genetischen Codes zu Spezialisten werden. Ein umfangreiches Handbuch, die DNA, legt die Funktion jeder Zellmaschine fest. Je nachdem, auf welcher Seite man das Handbuch aufschlägt, findet man die Gebrauchsanweisung für die Herzzellmaschinen, für die Hautzellmaschinen usw. Nanotechnologisch gesehen, ist die DNA lebende Software.

═══ Schwierige Größenverhältnisse

Die Medizin sieht sich dem Problem gegenüber, daß diese Maschinen so verflixt klein sind. Eine durchschnittliche menschliche Zelle hat nur ein Volumen von tausend Kubikmikron (1 μ = 1 Mikron = 1 tausendstel Millimeter). Um sich das zu vergegenwärtigen, stellen Sie sich den Querschnitt eines Menschenhaares vor, den Sie wie eine Torte in zehn gleiche Stücke schneiden. Jedes Tortenstück hätte dann die Größe einer Zelle. Aber man könnte sie nur mit Hilfe eines Mikroskops erkennen. Das also ist die Größe der Maschine, in welche die Mediziner gerne eindringen und die sie gerne reparieren würden.

Anders betrachtet, die Probleme entstehen nicht, weil unsere Zellen zu klein sind, sondern – wie der Physiker Richard Feynman bereits 1959 formulierte – weil die Chirurgen zu groß sind. Feynman erkannte, daß uns kein physikalisches Gesetz hindert, Maschinen von der Größe eines Atoms zu konstruieren, wenn wir nur wüßten wie. Derartige Maschinen wären noch kleiner als Zellen. Sie könnten durch den Körper fahren, Störstellen identifizieren, Reparaturen durchführen und sich vielleicht sogar biologisch abbauen und still zugrunde gehen. Nur die Größe der Menschen und die Größe der Werkzeuge, die in menschliche Hände passen müssen, hindern uns, sie zu bauen.

In den Jahrzehnten seit Feynmans Erkenntnis sind unsere Maschinen kleiner geworden. Um nur die Miniaturisierung im Computerbereich zu betrachten: aus dem zimmergroßen Univac-Rechner, den Feynman in den sechziger Jahren benutzt haben dürfte, ist ein Laptop geworden. Die Mikroelektronik hat uns im Laufe der Zeit viele winzige Maschinen beschert, und sie werden noch immer kleiner. Kürzlich gelang es einer Firma, einen 0,004 Mikron großen Transistor zu entwikkeln. Wäre ein Transistor dieser Größe würfelförmig, dann würden etwa viertausend derartige Transistoren in eine einzige Zelle passen.

Doch die Strategie, Maschinen zu miniaturisieren, ist nur eine Möglichkeit, das Problem anzugehen, wie 1976 K. Eric Drexler, damals Doktorand am Massachusetts Institute of Technology, feststellte. Anstatt zu versuchen, eine große Maschine durch immer weitere Verringerung der Zahl ihrer Atome zu miniaturisieren, schlug Drexler vor, die Ingenieure sollten vom Atom ausgehend Maschinen konstruieren. Hierzu müßte man auf einer niedrigeren Ebene, nämlich unterhalb des Mikronbereichs (oder Millionstelmeter) operieren. Der Maßstab wäre dann im Nanometerbereich, also Milliardstelmeter. Ein einziges Nanometer ist etwa so groß wie zehn Atome zusammen.

Mechanismen dieser Größenordnung existieren bereits in der Natur. Sie sind nicht größer als ein Nanometer und können in Zellen eindringen und deren Apparat benutzen, um sich zu vermehren. Noch ist nicht sicher geklärt, ob es sich bei diesen Mechanismen – den Viren – um Lebewesen im strengen Sinn handelt. Immerhin arbeiten sie so effizient, daß sie alljährlich mehrere Millionen Menschen töten.

Um ihre Theorie zu stützen, berufen sich die Befürworter der Nanotechnologie auf den Erfolg von Viren und Bakterien wie auch die effiziente Arbeit der Zellen. Vorläufig aber bleibt die Möglichkeit, »Nanomaschinen« zu entwickeln, reine Theorie. Drexler und einige hundert andere, die auf diesem Gebiet arbeiten – Mathematiker, Physiker, Chemiker, Molekularbiologen, Bioingenieure – treiben Grundlagenforschung, die u. a. klären soll, wie man einzelne Atome richtig zusammenfügt und ein spezialisiertes Molekül zuwege bringt, wie man die Temperatur so fein reguliert, daß eine »Nanomaschine« nicht durch Vibrationen in Fetzen fliegt, und natürlich wäre noch, wenn man nicht optisch kontrollieren kann, was man tut, die vordergründige Frage zu klären, wie man sichtbar machen kann, was man getan hat.

=== In kleinen Dimensionen denken

Trotz dieser Herausforderungen sind die Nanotechnologen Optimisten, und sie haben Grund zu ihren hohen Erwartungen. Kristallographen, die z. B. Schneeflocken und Diamanten erforschen, können heute bereits die Geschwindigkeit regulieren, mit der sich einzelne Atome vereinen, um ein Molekül zu bilden. Sie können, indem sie die Temperatur ändern, die Bahnen bestimmen, auf denen sich Atome bewegen. Durch Feinabstimmung lassen sich Atome sogar zu einer Inselform oder einem Dreieck konfigurieren. Was richtige Maschinen angeht, entwarf ein amerikanischer Physiker 1993 eine winzige Dampfmaschine – 6 μ lang und 2 μ breit –, die bei ihrer Größe bis zu 100mal mehr Energie produzieren kann als ein Elektromotor. Etwa 900 derartige Dampfmaschinen würden in eine menschliche Zelle passen.

Von Designer-Kristallen und winzigen Dampfmaschinen ist es noch ein sehr weiter Weg bis zu Kehrmaschinen mit Eigenantrieb, die durch Arterien fahren und Cholesterinablagerungen von den Gefäßwänden abtragen könnten. Bislang deutet aber nichts darauf hin, daß die Nanotechnologie dies nicht schaffen könnte. Außer den Arterienkehrmaschinen hoffen die Nanotechnologen, eines Tages Nanomaschinen injizieren zu können, die das Immunsystem unterstützen werden, indem sie patrouillieren, um mikroskopisch kleine Eindringlinge und mißgebildete Zellen zu identifizieren. Für die Erledigung der Dreckarbeit würden die miniaturisierten Maschinen dann andere Nanomaschinen herbeirufen. Nanocomputer könnten an anderen Stellen im Körper Nanopumpen signalisieren, je nach dem chemischen Zustand einer Zelle jeweils ein Molekül eines Arzneimittels freizugeben. Andere Nanocomputer könnten für beschädigte Nerven und Gehirnzellen einspringen, die durch Schlaganfall oder degenerative Erkrankungen funktionell eingeschränkt wären. Sowie das Altern seinen Tribut von den Zellen fordert, würden Nanomaschinen einschreiten und dafür sorgen, daß das Gehirn keine Erinnerung falsch speichert und das Herz keinen Schlag ausläßt.

Wenn erst die Kosten für Forschung und Entwicklung bezahlt wären, könnte die Therapie durch Nanomedizin ironischerweise zum gleichen Preis zu haben sein wie herkömmliche Behandlungen. Hätte man z. B. Dampfmaschinen im 1 000-Mikron-Maßstab herzustellen, ergäbe sich ein Stückpreis von 5 bis 10 Dollar. Die Nanomaschinen könnten durch größere Maschinen konstruiert werden, was Herstellungskosten sparen würde. Und wenn man Produkte herstellt, die aus nur ein paar tausend Atomen bestehen, sinken die Kosten für die Ausgangsprodukte.

Man schätzt, daß solche Wunder allgemein zwischen den Jahren 2010 und 2020 wirklich werden könnten. Bis die Nanomedizin praktische Anwendung finden wird, könnte es vielleicht noch weitere 20 bis 40 Jahre dauern. Da Durchbrüche und Rückschläge nicht vorhersehbar sind, könnte die Wartezeit kürzer sein oder sich sogar um 100 Jahre hinausziehen.

Für die Mehrzahl der heute lebenden Menschen bietet dieser Zeitplan nur geringe Hoffnung. Wenn die Medizin keinen Weg finden kann, die durchschnittliche Lebensdauer maximal zu verlängern, wird der Segen der Nanotechnologie erst die nächste Generation beglücken. Doch vielleicht kann man dem Alter und dem Tod auf andere Weise einen Strich durch die Rechnung machen. Nach der Theorie einer dritten Zukunftstechnologie – der Kryonik – könnte letztlich sogar der Tod selbst nur vorübergehend sein.

Kalte Zukunftsaussichten

Während die Nanotechnologen die Maschinerie der Zelle nutzbar machen wollen, möchten die Wissenschaftler, die über Kryonik forschen, die Methode der wechselwarmen Tiere kopieren. Ähnlich wie die Nanotechnologen können auch die Kryonikforscher auf zahlreiche Beispiele in der Natur verweisen, um die Logik ihrer Theorie zu belegen.

Beispielsweise nimmt ein im Norden der USA heimischer Frosch jeden Winter einen sehr kühlen Urlaub vom Alltag. Unter Blättern versteckt, läßt er seine Körpertemperatur so weit absinken, bis ein Drittel seines Körpers zu Eis erstarrt ist. Unter dem Schnee – mit weiß-gefrorenen Augen und mit Beinen, die in der Kälte brechen können – wartet der Frosch, bis der Winter vorbei ist. Sobald der Frühling kommt, taut er auf und erwacht zu neuem Leben, offenbar ohne Schäden erlitten zu haben. Die Anhänger der Kältekonservierung hoffen, die Menschen eines Tages in ähnlicher Weise bei niedrigen Temperaturen zwischenla-gern zu können.

Auch andere kleine wechselwarme Tiere, wie z. B. Ringelnat-tern und junge Schildkröten, können in eine Kältestarre fallen, indem sie das chemische Gleichgewicht in ihren Zellen verändern. Der Frosch beispielsweise überflutet seinen Körper mit Glyzerin, einer Art Frost-schutzmittel, das die Zellen vor der Zerstörung bewahrt, die das Gefrie-ren normalerweise bewirken würde. In unseren Blutgefäßen würde ein entsprechender Glyzerinspiegel den sicheren Tod bedeuten, aber es wer-den Substanzen erforscht, die beim Menschen als Gefrier- oder Frost-schutz wirksam sein könnten.

Noch wurde kein derartiger Gefrierschutz gefunden, aber das Unterkühlen und Wiedererwärmen des Körpers ist längst medizinische Routine. Seit Jahrzehnten setzen Chirurgen niedrige Temperaturen un-terstützend ein, um komplizierte Eingriffe am Herzen und am Gehirn durchführen zu können. Da derartige Operationen mit einer Drosselung der Blutzufuhr zum Gehirn und mit hohen Blutverlusten verbunden sind, gibt die intraoperative Hypothermie eine breitere Sicherheitsspan-ne. Indem niedrige Temperaturen den Stoffwechsel verlangsamen und den Sauerstoffbedarf des Gehirns verringern, bedeuten sie einen Zeitge-winn.

Die untere Grenze für chirurgische Eingriffe am unterkühlten Körper liegt derzeit bei ca. 13 bis 16°C. Um diese Temperatur zu errei-chen, wird das Blut durch eine Herz-Lungen-Maschine geleitet und da-bei gekühlt, während gleichzeitig kühlende Laken die Körpertempera-tur absenken. Bei einer Körpertemperatur von ca. 27°C bleibt das Herz stehen. Dann übernimmt die Herz-Lungen-Maschine. Sobald die Tempe-ratur noch tiefer gesunken ist, wird das Blut dem Körper gänzlich entzo-gen, der Patient ist dann blutleer, ohne Herzschlag, ohne Hirnströme.

Die Chirurgen können diesen Zustand bis zu einer Stunde aufrechterhalten und während dieser Zeit Schäden am Herzen reparieren und brüchige Blutgefäße abdichten, die eine Gefahr für das Gehirn darstellen. Danach wird der Patient ganz allmählich wiedererwärmt, und die normalen Funktionen stellen sich wieder ein.

Wollte man die verfügbare Zeit für Operationen unter Hypothermie – etwa für kompliziertere Eingriffe – um zusätzliche Minuten oder gar Stunden verlängern, dann müßte ein geeigneter Blutersatz gefunden werden. Dieser müßte gegen Kälte resistent sein, aber ein Minimum an Sauerstoff und Nährstoffen zu den Zellen des Körpers transportieren können. Die Entwicklung eines tauglichen Blutersatzes könnte auch den Weg bereiten, die Körpertemperatur noch weiter abzusenken und damit eine echte »Kältekonservierung« zu erreichen. Dies ist das ehrgeizige und in weiter Ferne liegende Ziel der Kryonik.

Die Kältekonservierung zielt darauf, den Körper am Ende des Lebens tiefzugefrieren. Sobald die Krankheit, die den Körper dahinraffte, geheilt werden kann, würde der Körper wiedererwärmt und zum Leben erweckt. Wegen dieser bizarren Hoffnungen und Vorstellungen ecken die Fürsprecher der Kältekonservierung mit schöner Regelmäßigkeit bei Wissenschaftlern, Presse und sogar Humoristen an, die mit Vorliebe über das Auftauen »menschlicher Gefrierleichen« witzeln.

Trotzdem hat die Kältekonservierung ihre Anhänger. Unter ihnen befinden – oder befanden – sich sechzig Personen, die 1992 unmittelbar nach ihrem Tod eingefroren wurden. Während bisher noch nie jemand aus dem kalten Tod zurückgeholt werden konnte, nähren Versuche mit Tieren die Hoffnung, daß schließlich sozusagen eine Wiedererweckung zum Leben gelingen könnte.

Wenn wir von Kältekonservierung sprechen, verrät uns die Sprache, denn die meisten Menschen halten den Tod für etwas Endgültiges. Doch im gleichen Zeitraum, in dem die medizinische Wissenschaft die klinische Definition des Todes neugeschrieben hat – Reanimation des Herzens, Wiederherstellung der Gehirnaktivität, Ersatz lebenswichtiger Organe –, hat auch die Kryonik die traditionellen Grenzen für das Lebensende überschritten. Forschern, die zeitweise kaltblütiger zu sein scheinen als ihre Versuchsobjekte, ist es gelungen, Körper von Tieren immer länger und immer tiefer zu unterkühlen und sie wieder ins Leben zurückzurufen.

In einem Versuch wurde eine Schäferhündin namens Dixie auf 3 °C gekühlt und ihre Körpertemperatur fast $4^{1}/_{2}$ Stunden unter 10 °C gehalten. Dixies Blut hatte man durch eine Lösung ersetzt, um ihre Zellen zu schützen, Sauerstoff zuzuführen und Stoffwechselprodukte abzutransportieren. Die Hirnströme waren stumm, und das Herz stand still. Nachdem das Blut wieder in den Körper geleitet und dieser erwärmt wurde, erholte Dixie sich vollständig. Drei Jahre später war sie noch am Leben und gesund. Ähnliche Versuche mit mindestens drei weiteren Hunden waren allem Anschein nach genauso erfolgreich.

In einem anderen Tierversuch wurde gemessen, wie lange ein Pavian extreme Kälte überleben konnte. Die Forscher senkten die Körperkerntemperatur des Tieres auf wenige Grad über dem Gefrierpunkt und ersetzten das Blut durch eine Lösung. Nach 55 Minuten bei niedriger Temperatur wurde das Tier erfolgreich erwärmt und wiederbelebt.

Kritiker fragen, ob das Gefrieren und Auftauen die Gehirnzellen, den Speicher jener rätselhaften Essenz, die wir meist für unser »Selbst« halten, schädigen könne. An Fadenwürmern, die man auf rudimentäre Weise »dressiert« hatte, wurde experimentell untersucht, ob Unterkühlung das Gedächtnis schädigt, nachdem man sie zwei Stunden auf -7 °C gekühlt hatte. Nicht alle Nematoden überlebten, aber die wenigen Überlebenden schienen ihre Dressur nicht vergessen zu haben.

Die bisherigen Tierversuche waren relativ begrenzt, und die Technik der Kryonik wird noch Jahrzehnte weiterentwickelt werden müssen, bis sie praktisch anwendbar und gar am Menschen geprüft werden kann. Und doch geht die Kryonik davon aus, daß es in Zukunft weitaus bessere Techniken geben wird. Mehrere hundert Individuen haben sich bereits für diese Zukunft entschieden.

In der Hoffnung, daß schließlich ein Durchbruch in der Nanotechnologie und in der Organregeneration die Chancen einer erfolgreichen Wiederbelebung und Reparatur verbessern wird, haben sie Verträge abgeschlossen, die sicherstellen, daß ihr Körper nach dem Tod eingefroren wird. Diese Verträge sehen eine von zwei möglichen Optionen vor – Ganzkörperkonservierung oder nur Konservierung des Kopfes, die Sparversion, die als »Neurosuspension« bezeichnet wird. Die Kosten für das Einfrieren, das unmittelbar nach Eintritt des Todes geschehen muß, belaufen sich auf 42 000 (Neurosuspension) bis 140 000 (Ganzkörperkonservierung) Dollar. Die Gebühren müssen auch die jährlichen Kosten für die Aufbewahrung der Leiche decken, bis der Körper wiederbelebt werden kann. Theoretisch werden die künftigen Verträge dann bezahlt, wenn Heilverfahren für Erkrankungen am Lebensende entwickelt worden sind und die in der Kälte Konservierten wiederhergestellt werden können.

═══   Auf die Zukunft setzen

Unter den Wissenschaften, die dem Alter ein Schnippchen schlagen wollen, ist die Kryonik die futuristischste, und sogar ihre Fürsprecher räumen ein, daß es vielleicht niemals möglich sein wird, einen menschlichen Körper einzufrieren und wieder ins Leben zurückzurufen. Nichtsdestotrotz kann die Forschung, die dieses Ziel verfolgt, sich in der Praxis auszahlen. Zumindest könnten die verbesserten Möglichkeiten der Medizin, den Körper herunterzukühlen und wiederzuerwärmen, für die Chirurgie und andere in Hypothermie durchgeführte Verfahren eine große Verbesserung bedeuten. Auch könnte die derzeit gültige äußerste Grenze von fünf Minuten, jenseits derer Wiederbelebungsmaßnahmen aussichtslos sind, überschritten werden.

Sollte es der Forschung auf dem Gebiet der Kryonik gelingen, Wege zu finden, um die Körpertemperatur schnell abzusenken und dadurch den Sauerstoffbedarf zu verringern, bis wiederbelebende Medikamente gegeben werden, dann ließen sich vielleicht lebenswichtige Gehirnfunktionen erhalten und viele Leben retten. In ein paar Fällen ist es bereits gelungen, Patienten wiederzubeleben, nachdem sie zwanzig Minuten lang keinen meßbaren Puls mehr gehabt hatten. Manche Experten sehen die Möglichkeit, daß man diese Spanne mit Hilfe tiefer Temperaturen auf eine volle Stunde ausdehnen könnte.

Außerdem könnte die Entwicklung brauchbarer Blutersatzmittel die Anwendung von Stufen zwischen therapeutischer Hypothermie und totalem Einfrieren gestatten. Patienten mit fortgeschrittenem Karzinom oder Aids könnten sich entschließen, Monate in vorübergehender Hypothermie zuzubringen, wobei die Temperatur über dem Gefrierpunkt eingestellt würde, aber niedrig genug wäre, um den Verfall zu verzögern. Bei diesem Szenario würden Phasen der Wiedererwärmung mit solchen der Hypothermie abwechseln, und man würde Zeit gewinnen, bis eine Heilmethode gefunden wäre.

Inzwischen investieren weiterhin manche Menschen ihre Ersparnisse oder Versicherungspolicen, damit man sie tatsächlich unmittelbar nach ihrem Tod einfriere. Sie schieben grausige Vorstellungen beiseite und kaufen Hoffnung auf die Zukunft. Diese Hoffnung ist größer und teurer als ein Lotterielos, aber das Prinzip ist das gleiche. Diese Menschen sterben in dem Bewußtsein, daß sie ihren Einsatz verlieren können. Aber wie die Wette auch ausgehen mag, sie haben schon gewonnen.

Angesichts des sicheren Todes setzten sie ihr Vertrauen in die Kraft und Weisheit des Lebendigen. Letzten Endes wetten sie auf sicheren Gewinn. Immer werden die Menschen Wege suchen, um jung und am Leben zu bleiben. Darauf setzen die »Hypothermie-Pioniere«, wie die Fürsprecher des Einfrierens diejenigen im Spaß nennen, die sich als erste diesem Verfahren unterzogen.

Abwarten und Tee trinken

Zwangsläufig und beharrlich verfolgen wir die neuesten Nachrichten, das Auf und Ab medizinischer Erkenntnisse, und suchen Wege, wie den Verheerungen der Zeit entgegenzuwirken wäre. Wir lassen unseren Cholesterinspiegel bestimmen, zählen Kalorien und zwingen uns tapfer, soundsoviel Treppen zu steigen. Wenn wir bloß gesund bleiben, erleben wir vielleicht noch den versprochenen Durchbruch beim Klonen und in der Nanotechnologie. Was die Kryonik angeht, werden wir – vorausgesetzt, wir machen alles richtig – vielleicht nie darüber nachdenken müssen.

Doch inmitten der Informationsflut, die uns belehren will, wie wir uns verhalten sollen, ist die schwierigste Aufgabe womöglich nicht einmal die, alles richtig zu machen, sondern die, herauszufinden, welches die richtigen Dinge sind, die man tun sollte.

Dies ist, ganz kurz zusammengefaßt, das Problem des Lebendigen. Auf welchen Rat kann man vertrauen, wenn man lange leben und jung bleiben möchte? Ein kühler Blick auf die neuesten Forschungsergebnisse kann helfen, realistische Hoffnungen gegen das blühende schamlose Geschäft mit der Gesundheit abzugrenzen.

≡   Wie man alt wird und dabei jung bleibt

Älteren Menschen wird oft vorgeworfen, sie gäben Plattheiten von sich. Wer viele Jahre auf dem Buckel hat, weiß, wann ein Satz ins Schwarze trifft. Ganz oben auf der Liste solcher Sätze steht vielleicht dieser: »Je mehr sich die Dinge ändern, desto mehr bleiben sie gleich.« Wenn es darum geht, für Gesundheit zu werben, wurden nie wahrere Worte gesprochen.

Moden im Gesundheitsbewußtsein kommen und gehen; sie verschwinden nach einer Weile und kehren in neuem Gewand wieder. Gegen Ende des 20. Jahrhunderts feiert der präventive Ansatz, wie Alter zu verhindern sei, Wiederauferstehung in Videos und professionell aufgemachten Zeitschriftentitelseiten, bei Talkshows am Nachmittag und bei Unterhaltungen im Internet – ihm gingen praktische Ratgeber in der viktorianischen Zeit und wahrscheinlich auf Rollen aus Ziegenhaut niedergeschriebene Ratschläge aus der aristotelischen Zeit voraus. Die geburtenstarken Jahrgänge erreichen bald die Fünfzig, die Vitaminumsätze erreichen schwindelerregende Werte.

Einst schien Altern so unausweichlich zu sein wie die Entwicklungsstadien der Kindheit und der Adoleszenz. Heute wissen wir es besser. Wir können Diät halten, joggen, uns vor schädlichen Sonnenstrahlen schützen und unseren Weg zur Unsterblichkeit mit Nährstoffpräparaten pflastern. Genügend Aktivität, selbst wenn wir dadurch nicht mehr zwanzig werden, wird uns zumindest dabei helfen, die verbohrten und doch leidenschaftlich vertretenen Theorien der Generationen vor uns aufzugeben. Jegliches Dogma hat seine Zeit, wenn es ums Altern geht.

Bis in die sechziger Jahre unseres Jahrhunderts warnten Mediziner ältere Leute z. B. vor jeder sportlichen Betätigung, die anstrengender ist als Gehen, da stärkere Belastungen vermeintlich die Körpermaschine verschlissen. Erst 1971 verkündete eine renommierte Wissenschaftszeitschrift, daß die potentielle Fitneß eines Menschen zu 90 Prozent erblich bedingt sei.

Heute wissen wir jedoch, daß der Körper keine Maschine ist; man belehrt uns, daß – egal, welche Gene uns vererbt wurden – regelmäßiges, schweißtreibendes körperliches Training zur Erhaltung der Gesundheit unerläßlich ist. Was die Ernährung angeht, ist es schwer, über alle guten Ratschläge auf dem laufenden zu bleiben. In dem einen Monat lautet die neueste Nachricht, daß Margarine den Cholesterinspiegel erhöht und Kaffee Krebs verursacht. Vier Wochen später erfahren wir, daß Margarine nicht schädlich ist und wir auch ruhig Kaffee trinken dürfen, aber vorsichtshalber auf das heißgeliebte dänische Hefegebäck verzichten sollen.

Einer der ironischsten Berichte aus jüngster Zeit war der über eine Studie in Finnland, die prüfte, ob Antioxidanzien – speziell Betakarotin – das Risiko eines Lungenkarzinoms herabzusetzen vermögen. Da zu erwarten war, daß bei hochgradig lungenkrebsgefährdeten Personen die eindrucksvollsten Ergebnisse erzielt würden, wählte man nach dem Zufallsprinzip 30 000 männliche Raucher aus und teilte sie in vier unterschiedlich behandelte Gruppen ein.

Eine Gruppe erhielt Vitamin E, eine zweite Betakarotin. Der dritten Gruppe wurden beide Vitamine verabreicht, während die vierte lediglich ein unwirksames Placebo erhielt. Als die Ergebnisse der Studie ausgewertet waren, lasen die Forscher ihre Statistik, blinzelten und vertieften sich wieder in die Zahlen. Bei den Probanden, die Betakarotin genommen hatten, war das Risiko zu sterben am höchsten, und auch die Gefahr, daß sie Lungenkrebs bekämen, war größer. Ein zweiter Blick auf die Placebogruppe machte die Sache noch verworrener. Bei der Placebogruppe war umgekehrt das Risiko, an Lungenkrebs zu erkranken, *weit geringer,* wenn sie *höhere* Dosen des in Frage stehenden Zaubermittels – Betakarotin – mit der Nahrung aufnahmen.

Nach diesen Ergebnissen schien es, daß die zusätzliche Gabe von Betakarotin und möglicherweise aller Antioxidanzien in Wirklichkeit Krebs fördern könnte. Würde man jedoch den Nährstoff aus natürlichen Quellen gewinnen, könnte man Krebs verhindern. Jeder, der in dem Bericht, der im angesehenen *New England Journal of Medicine* erschien, nach einfachen Antworten suchte, sah sich getäuscht. Die Studie schien methodisch fehlerlos, und nur eine ihrer Implikationen war unbestritten: Es gibt sehr viel, was wir über die Kunst, gesund zu bleiben, nicht wissen.

Angesichts derart unvollständiger und gelegentlich widersprüchlicher Ergebnisse reagieren manche Leute fatalistisch. *»Ob du vernünftig ißt, ob du dich ausreichend bewegst – sterben mußt du trotzdem«:* so wurde die Stimmung als Slogan auf einem Sweatshirt knapp formuliert. Eine optimistischere und wahrscheinlich vernünftigere Strategie berücksichtigt die vorläufige Natur aller wissenschaftlichen Erkenntnisse. Was Wissenschaftler heute glauben, stellen sie morgen in Frage. Und wir sollten lieber bereit sein, was wir heute hören, morgen zu verwerfen.

Es hat natürlich keinen Zweck, unser Leben damit zu verbringen, auf die perfekte Antwort von morgen zu warten. Sollten die Präventionsexperten, was die Vermeidung eines ungesunden Alters betrifft, recht haben, dann gibt es kein Morgen. Das Altern führt dazu, daß sich viele Arten von Schäden manifestieren, die sich im Laufe der Jahre angesammelt haben, Jahre, in denen wir auf Antworten warteten, wie wir jung bleiben könnten.

Aufgeschlossen zu bleiben und entsprechend relativ schlüssigen Erkenntnissen zu handeln wird wahrscheinlich zu besserer Gesundheit mit zunehmendem Alter beitragen. All die guten Ratschläge werden uns wohl nicht unsterblich machen, aber sie können die Sterblichkeit doch deutlich angenehmer gestalten. Und sofern wir nicht rauchen und auch die Zufuhr von Betakarotin nicht verdoppeln, werden die Ratschläge uns wahrscheinlich nicht schaden.

In den vergangenen zehn Jahren wurden viele hinreichend schlüssige Einsichten über Ernährung, Vitamine und körperliches Training gewonnen, so daß man annehmen darf, es handelt sich um mehr als nur einen Trend. Außerdem gewinnt ein ganz neuer Ansatz der Altersforschung an Bedeutung. Er besagt, daß unsere Denkweise – unsere mentale Einstellung und unsere intellektuellen Aktivitäten – einen Einfluß darauf hat, wie unser Alter sein wird. Indem wir diese Fäden ineinander verschlingen, könnte mit der Zeit sogar ein neues Motto für ein Sweatshirt entworfen werden: *»Iß vernünftig, beweg dich fleißig, denke jung – und stirb bei guter Gesundheit«.*

═══ Die Wahrheit über die Senkung von Kalorienzufuhr und Cholesterin

In einem Punkt sind sich die Alternsforscher ziemlich einig: in den ersten dreißig Jahren leben wir auf Kredit, danach müssen wir bezahlen. Leider sind einige der Kosten unsichtbar, und einige werden erst rückwirkend festgesetzt. Die Vorboten der koronaren Herzkrankheit können sich bereits in der Kindheit auf den Blutgefäßen ablagern. Karzinogene, die wir mit der Nahrung aufnehmen oder einatmen, können jahrzehntelang im Wartestand lauern, bis sie lebensgefährliche Mutationen in Gang setzen. Da der Imperativ der Evolution – daß unser Körper lange genug am Leben bleibt, um für Nachkommen zu sorgen – diese ersten dreißig Jahre unseres Lebens sponserte, drängen die Experten, daß wir uns genau an die Anleitungen auf dem Garantieschein des Herstellers halten. Um Reparaturkosten zu vermeiden, sollten wir vor allem die gleichen Mengen der gleichen Arten von Dingen essen und einatmen wie unsere Vorfahren im Laufe der Evolution.

Tierversuche über Kalorienbeschränkung weisen darauf hin, daß die Lebensdauer unserer Vorfahren, immer wenn sie zu wenig zu beißen fanden, wahrscheinlich zunahm. Das längere Leben erhielt die Vertreter der Art, bis die guten Zeiten zurückkehrten. In den hochzivilisierten Ländern kennen viele Menschen am Ende des 20. Jahrhunderts nur noch die guten Zeiten. Einige Leute ernähren sich bewußt mit einer stark reduzierten Kost in der Hoffnung, dadurch ihr Leben zu verlängern, aber die meisten weigern sich, so umfassend auf Gaumenfreuden, die damit verbundene Geselligkeit und Annehmlichkeit zu verzichten. Wir genießen drei Mahlzeiten täglich, zumindest wenn wir zwischendurch nicht naschen.

In den ersten dreißig Jahren kann das Essen nach Lust und Laune unsichtbare Kosten aufbauen, die sich aber nur dann in Extrapfunde verwandeln, wenn wir durch unsere Gene dazu neigen, leicht zuzunehmen. Die meisten Menschen halten einigermaßen ihr Gewicht, indem sie die zusätzlichen Kalorien effizient verstoffwechseln. Um die Mitte des Lebens jedoch verschiebt sich der Stoffwechsel unmerklich von der Verschwendung zum Geiz. Wir brauchen weniger Kalorien, aber im allgemeinen essen wir genauso viel wie früher oder mehr. Wir legen Pfunde zu.

Obwohl wir das Gewicht später wieder abbauen können, zeigen die neuesten Forschungsergebnisse, daß es am besten ist, von vornherein eine Gewichtszunahme zu vermeiden. Wochen, Monate oder Jahre, in denen man überflüssige Pfunde mit sich herumschleppt, scheinen eine kumulierende Wirkung zu haben, egal was später geschieht. Eine kürzlich abgeschlossene Langzeitstudie über vierzehn Jahre an mehr als 100 000 Frauen zwischen 30 und 55 Jahren ergab, daß eine Gewichtszunahme von 10 bis 12 Pfund nach dem 18. Lebensjahr das Risiko eines späteren Herzinfarktes um 20 Prozent erhöht.

Wenn man, gemessen an der Körpergröße, möglichst nahe bei seinem Idealgewicht bleibt, scheint auch die Anfälligkeit für Diabetes und einige Krebsarten verringert zu werden. Da sich aber nur wenige Menschen Gewichtstabellen in die Küche hängen, haben die Experten eine brauchbare Faustregel für die Relation Größe zu Gewicht aufgestellt: Bei einer Körpergröße von 1,52 m darf eine Frau 100 Pfund wiegen; für jede weiteren 2,5 cm dürfen 5 Pfund zugeschlagen werden. Der Mann darf für seine ersten 1,52 m 106 Pfund auf die Waage bringen und pro weitere 2,5 cm jeweils 6 Pfund addieren. Als Normalbereich gelten Schwankungen um plus/minus 10 Prozent zu diesem Wert. (Dem entspricht in etwa die Formel: Körpergröße minus 100 minus 10 Prozent, ebenfalls mit einer zulässigen Abweichung von 10 Prozent nach oben oder unten.)

Die Anhäufung der Pfunde läßt sich kontrollieren, indem wir zählen, wieviele Kalorien wir zuführen. Bei den Kalorien spielt aber auch eine Rolle, in welcher Form wir sie zu uns nehmen.

Gemischte genetische Informationen

Im Laufe der Evolution dürften sich unsere Vorfahren überwiegend von Früchten und Gemüsen ernährt haben. Wenn sie ein saftiges Stück Fleisch vom Mastodon genießen wollten, mußten sie eine beschwerliche Jagd veranstalten und dazu Glück haben.

Die Gene, die uns seinerzeit veranlaßten, ein Mastodon zu erlegen, drängen uns heute, auf die Jagd nach Cheeseburgern zu gehen. Gäbe es heute noch Mastodonfleisch, dann müßten wir wohl kaum eine

Kalorie opfern, um daranzukommen. Wir würden es telefonisch bestellen und bekämen es frei Haus geliefert. Um nicht massenhaft Kalorien verbrennen zu müssen, sollten wir uns wahrscheinlich von Obst und Gemüse ernähren – für viele Menschen keine verlockende Vorstellung. Als der Fortschritt die Evolution einholte und die Fertiggerichte erfunden wurden, galt die Gleichung Kalorienverbrauch = Kalorienzufuhr plötzlich nicht mehr.

Die Experten drängen uns deshalb, uns über die Botschaft unserer Gene hinwegzusetzen. Wir brauchen nicht mehr nach saftigem, fettem Fleisch zu schnappen, wann immer es verfügbar ist. Statt dessen raten sie uns, täglich drei bis fünf Portionen Gemüse zu essen, zwei bis vier Portionen Obst und sechs bis elf Portionen Getreide. Zwei bis drei Portionen Fleisch, Ei oder Geflügel sind erlaubt. Eine solche Ernährung hält uns nicht nur gut in Form, sondern scheint auch die Erkrankungshäufigkeit bei vielen Krebsarten, die ja zu 20 bis 60 Prozent ernährungsbedingt sind, zu reduzieren.

Auch eine wohlbedachte rein vegetarische Ernährung scheint vorteilhaft zu sein. Eine neuere vergleichende Studie über zwölf Jahre an 6 000 Vegetariern und 5 000 Nichtvegetariern ergab, daß Vegetarier signifikant weniger gefährdet sind, an Krebs oder Herzleiden zu sterben. Bei Vegetariern sind Blutdruck und Cholesterinspiegel niedriger. (Diese Ergebnisse werden unter anderem durch die 1981 begonnene Berliner Vegetarier-Studie bestätigt.)

Die Vegetarier können sich also gratulieren. Die anderen möchten sich ebenso vernünftig ernähren, tun es aber selten. In einer Umfrage von 1991 wurde z. B. festgestellt, daß an einem bestimmten Tag in den USA 41 Prozent der Bevölkerung keinerlei Obst aßen. Nur 10 Prozent verzehrten die empfohlenen fünf Portionen Obst und Gemüse. Zweifellos waren unter diesen 10 Prozent auch die glücklichen Vegetarier.

Ernährungsumstellung

Mit jedem Jahrzehnt unseres Lebens wird es wichtiger für uns, auf eine ausgewogene Ernährung zu achten. Und schwieriger wird es auch. Natürlich wäre es einfach anzunehmen, daß wir uns im mittleren

Alter eine befriedigende Ernährungsweise ausdenken und diese dann ins höhere Alter übernehmen; aber die Wirklichkeit ist komplizierter.

Da der Stoffwechsel im höheren Alter langsamer wird, kann auch der Appetit abnehmen. Wenn man weniger ißt, läßt sich das Gleichgewicht der benötigten Nährstoffe schwer erreichen. Tatsächlich können mit Siebzig oder Fünfundsiebzig Tabellen über Kalorien, Fette und Cholesteringehalte hinter der Notwendigkeit, einfach nur genug zu essen, zurücktreten. Ab Achtzig oder Fünfundachtzig sind dann die Gefahren einer Mangelernährung deutlich größer als die einer zu üppigen Ernährung. Das Alter scheint es aber zu erschweren, die Eßgewohnheiten den diätetischen Bedürfnissen anzupassen.

Dies zeigte ganz deutlich eine 1994 durchgeführte Studie, die Männer im Alter von 62 bis 80 Jahren mit Männern Anfang Zwanzig verglich. In beiden Gruppen erhielt jeweils eine Hälfte der Männer täglich zusätzliche 1 000 Kalorien, bei der anderen wurden 800 Kalorien eingespart. Nach drei Wochen durften alle Männer nach Lust und Laune essen. Die jungen Männer, die zuviel oder zuwenig Kalorien erhalten hatten, glichen dies aus und begannen, die richtigen Mengen zu essen, so daß sich der Körper wieder auf das vorherige Gewicht einstellte. Die älteren Männer hingegen reagierten anders. Die Überernährten aßen weiterhin zuviel. Diejenigen, die weniger Kalorien bekommen hatten, fuhren fort, weniger zu essen. Es schien, als verfüge der ältere Organismus nicht über die richtigen Signale, um das Normalgewicht zu halten.

Vielleicht besteht deswegen bei älteren Leuten die Gefahr, daß sie eine sogenannte Altersanorexie bekommen. Obwohl die Ursachen offenbar andere sind als bei der Anorexia nervosa, an der viel jüngere Leute erkranken, hat die Magersucht der alten Menschen dieselben Folgen – u. a. schweren Gewichtsverlust und die Gefahr des Nährstoffmangels. Da das tägliche Leben gelegentlich Fasten- oder Hungerperioden mit sich bringt, vor allem wenn man allein und von einem mäßigen Einkommen lebt, müssen wir mit zunehmendem Alter auf eine angemessene Versorgung mit Nahrungsstoffen bedacht sein, ob wir hungrig sind oder nicht.

Nimmt man dies alles zusammen, dann sind die Aussichten ziemlich niederschmetternd – die Empfehlung, nach der Mitte des Lebens nur zu essen, was gesund ist, und nur noch zu essen, weil es sein

muß, wenn es uns eines Tages nicht mehr schmeckt. Zumindest der Chor
der Empfehlungen ist nichts Neues. Er hat schon eine so lange Tradition,
daß Mark Twain seinerzeit stichelte:

> Es gibt Leute, die sich strikt alles, was man essen, trinken und
> rauchen kann und was in irgendeiner Weise einen fragwürdigen
> Ruf erlangt hat, verkneifen. Diesen Preis zahlen sie für ihre Ge-
> sundheit. Und Gesundheit ist das einzige, was sie dafür bekom-
> men. Wie merkwürdig ist das doch: geradeso als gäbe man sein
> gesamtes Vermögen für eine Kuh, die keine Milch gibt.

Gute Gesundheit durch leibliche Genüsse

Mark Twain, der mit 75 starb, wußte die guten Dinge des Lebens
zu genießen. Ihm hätte die Erkenntnis der modernen Wissenschaft Spaß
gemacht, daß wenigstens ein paar unserer leiblichen Genüsse auch gesund sind. Es hat sich nämlich herausgestellt, daß ein köstliches franzö-
sisches oder italienisches Essen mit einem Glas Wein dazu gar nicht das
Schlechteste ist.

Während die Saucen, die oft zu diesen Essen gereicht werden,
den Cholesterinspiegel erhöhen können, ist ein innig geliebtes Gewürz –
der Knoblauch – sehr gesund. Bestimmte pflanzliche Wirkstoffe, die u. a.
in Knoblauch, Süßholzwurzel und Petersilie vorkommen, scheinen die
Leber beim Entgiften von Karzinogenen zu unterstützen. Schwefelver-
bindungen, die dem Knoblauch seinen charakteristischen Geruch verleihen, beugen im Tierversuch nachweislich der Entstehung von Dick-
darm- und Speiseröhrenkrebs vor.

Auch das Glas Wein kann ein Aktivposten sein. Der mäßige Genuß von Wein wurde mit niedrigeren Cholesterinspiegeln und seltener
auftretenden Herzleiden in Verbindung gebracht, vielleicht weil Wein
Salizylsäure enthält, den Wirkstoff von Aspirin. Auch Aspirin wird in ge-
ringen Dosen zur Prävention von Herz- und Gefäßleiden eingesetzt,
wenngleich ein Glas Bordeaux oder Cabernet Sauvignon eine vergnügli-
chere Art der Medikation zu sein scheint. Wein zu einer Fleischmahlzeit
scheint zu bewirken, daß der Magen das Fleisch anders verdaut, nämlich
unter geringerer Bildung von Cholesterin. Eine Untersuchung an über
600 Ärzten ergab außerdem, daß mäßiger Alkoholgenuß die Konzentra-

tion eines Enzyms erhöht, das die Bildung von Blutgerinnseln verhindert.

Sie sollten sich aber keine Hoffnungen machen, daß man Ihnen künftig im Wartezimmer beim Arzt oder in der Klinik aus gekühlten Karaffen einen Schoppen spendiert. Keine dieser Einrichtungen macht sich für eine Diät mit Pinot noir stark. In Frankreich, wo die Tradition des Weintrinkens lange Zeit mit einer niedrigen Herzerkrankungsrate einherging, sank die Mortalität um 24 Prozent, als der Weinkonsum um 27 Prozent abnahm. Einen wesentlichen Anteil an diesem Rückgang hatte die Abnahme der Todesfälle infolge Leberzirrhose um fast 38 Prozent. Man schätzt, daß, wenn alle US-Bürger abstinent würden, jährlich zusätzliche 81 000 Menschen an Herzleiden sterben würden. Doch würde man alle alkoholbedingten Todesfälle – derzeit sind es jährlich 100 000 – eliminieren, dann wäre die Rechnung mehr als ausgeglichen.

Als entscheidend beim Genuß von Alkohol zur Prävention von Herzkrankheiten hat sich das richtige Maß erwiesen. Ein bis zwei Gläschen Wein am Tag sind die optimale Dosis, aber die Ärzte befürchten, mit dieser Empfehlung könnten sie Patienten leicht in die Sucht treiben. Eine vom Standpunkt der Volksgesundheit attraktivere Lösung bestünde darin, die für die Herzgesundheit günstigen Wirkstoffe des Weins zu isolieren und als Nahrungsergänzungsstoff zu verabreichen, *ohne* daß die Konsumenten berauscht werden können. Eines Tages werden wir vielleicht zu unseren Vitaminpillen eine burgunderfarbene Kapsel schluken. Wahrscheinlich wird diese auch die pflanzlichen Wirkstoffe des Knoblauchs und anderer bis dahin wohlschmeckender Würzmittel enthalten. Die Forscher tüfteln bereits an solchen Pillen, die uns nicht nur gesund erhalten, sondern uns auch Nüchternheit und Wohlgeruch verleihen sollen.

Das Hin und Her um Pillen

Bis die magische Pille verfügbar sein wird, fehlt noch eine schlüssige Antwort auf die Frage, ob zur Gesundheitspflege auch tägliche Vitamingaben sinnvoll sind. Während der eine Experte zusätzliche Vitamingaben empfiehlt, um mögliche Defizite auszugleichen, behauptet der andere, wir könnten die Pillen weglassen, wenn wir nur immer brav unser Gemüse essen. Während die Experten sich streiten, fühlt sich der Verbraucher in der Zwickmühle.

Zum Teil entsteht die Verwirrung, weil in den USA die amtlich empfohlenen Tagesdosen (RDA) ursprünglich nach Richtlinien ermittelt wurden, die für die meisten Leute nicht zutreffen. Dieser Tagesbedarf wurde festgelegt, um während des Zweiten Weltkriegs den Nährstoffbedarf der Rekruten der US-Armee zu decken. Diese Dosierung sollte die kämpfenden Truppen, deren Angehörige vielfach noch im Wachstumsalter waren, vor Nährstoffmangel, vielleicht sogar vor Skorbut bewahren. Später wurden die Werte etwas nach unten korrigiert und mehr am Nährstoffbedarf erwachsener Frauen orientiert. Der Organismus älterer Menschen dürfte aber nicht unbedingt den gleichen Bedarf haben wie der heranwachsender junger Männer oder erwachsener Frauen. Außerdem nehmen wir Vitamine nicht mehr, um Skorbut zu vermeiden. Aus diesem Grund vertreten viele die Auffassung, daß die empfohlenen Tagesdosen zu hoch sind.

Andere halten sie für möglicherweise zu niedrig, speziell nach der Mitte des Lebens. Eine kleine Dosis Vitamin C z. B. mag ausreichen, um Skorbut zu verhüten, aber für einen optimalen Gesundheitszustand sind vielleicht viel größere Mengen erforderlich. Dies könnte sich im höheren Alter zunehmend bewahrheiten, wenn Stoffwechselveränderungen die Absorption von Nährstoffen hemmen.

Zusätzliche Verwirrung entsteht dadurch, daß ständig neue wissenschaftliche Erkenntnisse über Nahrungsergänzungsstoffe gewonnen werden. Gemäß dem Auf und Ab der wechselnden Standards und neuen Entdeckungen sind sich die meisten Forscher heute einig, daß die tägliche Einnahme eines Multivitaminpräparates wahrscheinlich nicht schadet, aber durchaus nützen kann. Ob man darüber hinausgehen soll, vor allem durch Zufuhr einer Palette von Antioxidanzien, dafür gibt es zunehmend Beweise, aber das letzte Wort ist noch längst nicht darüber gesprochen.

=== Pro und contra Antioxidanzien

Als bekannt wurde, daß bestimmte Vitamine dazu beitragen könnten, Krebs zu bekämpfen, meldeten sich respektgebietende Kommentatoren zu Wort und legten uns dringend ans Herz, sie zu schlucken. Man bekam ganz den Eindruck, als wären zusätzliche Gaben von Vitamin C, Vitamin E und Betakarotin für unsere Gesundheit unentbehrlich. Es gab Hinweise, daß diese Vitamine den Zellen zusätzliche Kräfte verleihen, um dem zerstörerischen Treiben der freien Radikale ein Ende zu bereiten. Die Antioxidanzien könnten Krebs vorbeugen, vielleicht auch grauen Star verhindern. Da die Häufigkeit von Krebs und grauem Star mit dem Alter steil zunimmt, könnten folglich Antioxidanzien vielleicht auch dem Alter entgegenwirken. Möglich wäre es. Allerdings könnte der Bedarf des Organismus an Antioxidanzien komplizierter sein, als bislang angenommen.

Die finnische Studie, derzufolge Betakarotingaben mit einer erhöhten Mortalität an Lungenkrebs korreliert waren, ist nicht der erste Hinweis darauf. Schon vorher hatte eine fünf Jahre dauernde Studie des Nationalen Krebsinstitutes an 30 000 Erwachsenen in China nur schwache Beweise gefunden, daß Antioxidanzien die Häufigkeit von Krebserkrankungen senken und die Überlebensrate insgesamt verbessern. Eine neuere kleinere Studie ergab, daß die Einnahme von Antioxidanzien keinen Einfluß auf eine Darmerkrankung hat, die häufig einem Krebs vorausgeht.

Die Bedeutung dieser Studien liegt in der Tatsache, daß frühere Ergebnisse vielversprechende Zusammenhänge zwischen dem Verzehr antioxidanzienreicher Nahrungsmittel, vor allem Obst und Gemüse, und einer Abnahme der Krebserkrankungen gezeigt hatten. Allein beim Lungenkarzinom fanden manche Arbeiten ein um bis zu 30 Prozent verringertes Risiko, wenn die normale Ernährung täglich um nur 1,2 Milligramm Betakarotin ergänzt wird. Tägliche Gabe von 100 IU (Internationale Einheiten) Vitamin E oder mehr hat die erfreuliche Wirkung, Mundkrebserkrankungen um 50 Prozent zu reduzieren, während eine großzügige Zufuhr von Vitamin C nicht nur die Erkrankungsrate an Mundkrebs, sondern auch an Krebs der Speiseröhre und des Magens günstig beeinflußt.

Die berichteten positiven Wirkungen der Antioxidanzien gehen weit über die Krebsprävention hinaus. Die Zufuhr hoher Dosen Vitamin C wurde auch mit einer geringeren Wahrscheinlichkeit assoziiert, grauen Star zu bekommen. Eine 10-Jahres-Studie der Harvard Medical School an 22 000 Ärzten ergab, daß die Einnahme von Betakarotin bei denen, die bereits ein Herzleiden hatten, die Zahl der Herzinfarkte und Schlaganfälle um die Hälfte reduzierte. Andere Berichte zeigten eine enge Korrelation zwischen erhöhten Vitamin-E-Blutspiegeln und einem geringeren Herztodrisiko.

Die richtige Kombination

Zwei Theorien bieten mögliche Erklärungen für die auseinanderdriftenden Ergebnisse bei den Antioxidanzien an. Die erste bezieht sich auf die Herkunft der Antioxidanzien; die zweite spekuliert, was geschieht, wenn sie in den Körper gelangen.

Wenn Betakarotin und einige andere essentielle Stoffe aus der Nahrung stammen, sind sie mit deutlichen Vorteilen für die Gesundheit verbunden, einschließlich einer Krebsprävention. Dies hat manche Experten dazu verleitet zu spekulieren, daß die eigentliche Ursache der Besserung nicht die Antioxidanzien als solche sind, sondern irgendetwas in der antioxidanzienreichen Nahrung. Das würde erklären, warum die aktuellen Übersichten über natürliche Nährstoffzufuhr und Krankheit eine positive Korrelation zeigen, während die Studien über Nahrungsergänzungsstoffe oft nichtsignifikante oder negative Ergebnisse liefern.

Falls diese Theorie zutrifft, könnte der zweite Ansatz möglicherweise erklären, warum mit der Nahrung zugeführte Antioxidanzien wirken. Es sieht ganz danach aus, als könne sich eine ausgewogene Zufuhr von Antioxidanzien mit der Nahrung bezahlt machen.

Der Körper bildet selbst einige Antioxidanzien, und wenn die Wissenschaft die Natur imitieren möchte, müssen die Anteile der einzelnen Antioxidanzien sorgfältig aufeinander abgestimmt werden. Den Beweis dafür bieten jene Antioxidanzien, die der Körper selbst bildet, nämlich die beiden Enzyme Superoxiddismutase (SOD) und Glutathionperoxidase (GPx).

Kürzlich publizierte Forschungsergebnisse besagen, daß niedrige Dosen SOD im Tierversuch das Ausmaß der Zellschäden durch freie Radikale minderten, hingegen höhere Dosen es erhöhten, außer wenn die Relation zwischen SOD und GPx stimmte. Bei einem optimalen Verhältnis von 4:1 zugunsten GPx wurden die Ergebnisse signifikant besser. Eine andere Studie ergab, daß die Lebensdauer von Fliegen, die *nur* auf höhere SOD-Spiegel gezüchtet wurden, dadurch nicht verlängert wurde. Nur wenn man sowohl höhere SOD-Spiegel als auch höhere Spiegel eines weiteren antioxidativen Enzyms, nämlich der Katalase, herauszüchtete, lebten die Fliegen länger und waren darüber hinaus auch noch aktiver.

Vielleicht sind die Antioxidanzien, die wir aus Obst und Gemüse aufnehmen, so ausgewogen, wie unser Körper es verlangt, aber wenn wir einen solchen Stoff in Pillenform nehmen, wird deren Konzentration im Körper zwar erhöht, doch die der anderen Antioxidanzien relativ geringer. Bis die Zusammenhänge eindeutig geklärt sind, sollten wir unseren Vitaminbedarf vielleicht am besten aus dem Lebensmittelgeschäft decken.

Natürlich kann der Verzehr von Obst und Gemüse nicht die Kanzerogene, denen wir uns aussetzen, unschädlich machen. Wenn wir z. B. auf das Rauchen verzichten, senken wir unser Lungenkrebsrisiko um 80 Prozent. Daneben besteht die beste krebsverhütende Maßnahme darin, uns so zu ernähren wie unsere Urahnen auf der Evolutionsleiter. Eine Ernährung, die reichlich antioxidativ wirkende Früchte und Gemüse enthält, kann die Wahrscheinlichkeit einiger Krebsarten um bis zu 50 Prozent verringern.

In den kommenden zehn Jahren werden die Wissenschaftler mehr darüber herausfinden, wie unverarbeitete Lebensmittel ihre Wunder wirken, und wir werden mit genetisch verändertem Obst und Gemüse Bekanntschaft machen, das mit jedem Bissen eine Riesendosis Antioxidanzien liefern soll. In England sind bereits Versuche im Gang, Lebensmittel zu entwickeln, die ungewöhnlich hohe Konzentrationen dieser Kämpfer gegen freie Radikale enthalten. Inzwischen ist ein weiteres Forschungsvorhaben beinahe abgeschlossen, nämlich die Entwicklung eines Blut- und eines Urintests, mit denen sich beurteilen läßt, ob unser Antioxidanzienspiegel ausgewogen ist. So wie man heute schon Patienten mit hohen Cholesterinwerten diätetisch behandelt, wird man vielleicht künftig Personen, die einen Mangel an einem bestimmten Antioxidans aufweisen, eine möglicherweise gentechnisch hergestellte Spezialdiät anbieten können. Je nachdem wie ihr Organismus altert, wird man ihnen vielleicht auch raten, individuell zusammengestellte Nahrungsergänzungsstoffe einzunehmen. Vitamin E z. B. scheint das Immunsystem des älteren Menschen zu aktivieren. Eine Studie, in der älteren Menschen die empfohlenen Tagesdosen Vitamin E verabreicht wurden, ergab Besserungen der Immunreaktion zwischen 10 und 70 Prozent. Die Vitamine B_6 und B_{12} sind mögliche Kandidaten, um die Aufgewecktheit und die Gedächtnisleistung zu steigern. Und dafür, daß sich eine andere Alterserscheinung – die Osteoporose – rückgängig machen läßt, gibt es bereits Beweise. Es hat sich gezeigt, daß Kalziumgaben nicht nur den Knochenabbau zum Stillstand bringen können, sondern einer neuen Studie mit Frauen nach der Menopause zufolge stellte Kalzium die Uhr zurück und förderte frisches Knochenwachstum.

Gesundheit durch Bewegung

Verglichen mit der Verwirrung, die das Thema Nährstoffergänzung überschattet, stimmen die Auffassugen der Forscher über die Notwendigkeit körperlichen Trainings im Alter bemerkenswert überein. Einmütig sagen die Experten: Wer rastet, der rostet. Wer als Achtzigjähriger für die Olympiade trainiert, wird nicht zwangsläufig sein Leben verlängern, aber letztlich seine Lebensqualität verbessern. Regelmäßiges Training verlangsamt den körperlichen Abbau während des Alterns schätzungsweise um bis zu 50 Prozent.

Exemplarisch sind die über 450 Mitglieder eines südkalifornischen Läuferclubs. Eine 1994 publizierte Studie verglich Clubmitglieder, die sämtlich über fünfzig waren, mit der gleichen Anzahl von Nichtläufern. Nach acht Jahren waren acht Läufer, aber dreißig Nichtläufer gestorben. Die Läufer hatten übrigens einen niedrigeren Blutdruck, nahmen weniger Medikamente und waren körperlich leistungsfähiger, z. B. konnten sie schneller von einem Stuhl aufstehen, sich nach einem erhöhten Regalfach strecken oder einen Gegenstand geschickt festhalten.

Eine andere, in Texas durchgeführte Studie kam zu ähnlichen Ergebnissen. Bei der Überprüfung von 10 000 Männern und 3 000 Frauen stellte sich heraus, daß Männer, die besonders fit waren, in einem gegebenen Jahr nur ein Sterberisiko von 20 Prozent hatten. Bei den Männern mit der schlechtesten Kondition verdreifachte sich das Risiko – auf 64 Prozent. Bei den Frauen waren die Relationen des Sterberisikos gleichermaßen eindrucksvoll – 7 Prozent bei denen mit sehr guter und 40 Prozent bei denen mit miserabler Kondition. Bei der letzten Gruppe ist das Risiko demnach fast sechsmal so hoch. Interessanterweise zeigte sich bei den 13 000 Probanden dieser Studie, daß mit zunehmendem Alter des Individuums die Fitneß eine um so größere Rolle bei der Vorhersage der Überlebenszeit spielte.

Eine dritte Studie, sie erfolgte mit 17 000 Graduierten der Harvard-Universität, ergab, daß kräftiges Training mit einer um 28 Prozent niedrigeren Mortalität korreliert war. Am geringsten war die Wahrscheinlichkeit zu sterben bei Individuen, die ein wöchentliches Lauftraining von insgesamt 4 bis 6 Stunden absolvierten. In dieser leichtfüßigen Menge wurden 70 Prozent der Probanden achtzig Jahre alt. Nur etwa 60 Prozent ihrer weniger aktiven Studienkollegen hatten das Glück, diesen Geburtstag zu feiern.

Natürlich stellen die Mitglieder eines Läuferclubs an sich bereits eine »vorsortierte« Gruppe dar, die sich gern trifft, weil die Läufer von Natur aus einen starken Bewegungsdrang haben. Auch gehen die aktiven Leute von Texas und Harvard vielleicht nur hinaus und zum Training, weil sie sich ohnehin energiegeladen fühlen. Um zu bestimmen, ob nur die genetisch begünstigten oder solche, die in anderer Weise Glück hatten, von einem Training profitieren können, arbeiten die Wissenschaftler lieber mit Probanden mit sitzender Lebensweise, an denen sie die Wirkungen eines Trainings untersuchen können.

Senioren als Gewichtheber

Mit diesem Ziel begab sich eine Arbeitsgruppe, wohlversehen mit Kraftmaschinen, Nährstoffpräparaten und Placebos, in ein Rehabilitationszentrum für Alte nahe bei Boston. Die für die Studie ausgewählten hundert Senioren waren für die Klientel des Zentrums repräsentativ.

Bei einem Durchschnittsalter von 87 Jahren litten 50 Prozent von ihnen an Arthritis und 44 Prozent an Atemwegserkrankungen. 66 waren mindestens einmal im vergangenen Jahr gestürzt, und fast die Hälfte hatten Knochenbrüche infolge Osteoporose erlitten. Es handelte sich wohl kaum um Paradebeispiele eines robusten Alters, denn 83 von diesen Menschen benötigten Hilfen, um sich fortzubewegen – Spazierstöcke, Gehgestelle oder Rollstühle.

Die Wissenschaftler teilten die Probanden in vier Gruppen ein. Eine Gruppe erhielt täglich Placebos, eine andere Multivitamine. Die dritte Gruppe machte Widerstandsübungen – jeden zweiten Tag 45 Minuten lang Gewichtheben –, und die vierte Gruppe absolvierte das Krafttraining und bekam außerdem ein Multivitaminpräparat. Nach zehn Wochen zeigte die vierte Gruppe die ausgeprägteste Besserung. Auch der Gruppe, die nur trainierte, ging es besser. Der Nutzen der alleinigen Multivitamineinnahme indessen war nicht größer als der des Placebos.

Die Probanden der Gruppen, denen es besser ging, konnten fast doppelt so schwer heben wie zuvor, schneller gehen und leichter Treppen steigen. Vier dieser Probanden hatten zuvor Gehhilfen benutzt und konnten jetzt auf den Spazierstock verzichten. Es überrascht nicht, daß die trainierten Probanden auch weniger zu Depressionen neigten.

Anders als bei diesem Projekt wurde in zahlreichen anderen Studien der Einfluß des Trainings auf die Prävention von Krankheiten untersucht. Die Ergebnisse stimmen weitgehend überein. Die Zustände, die durch regelmäßiges körperliches Training gebessert werden können, füllen einen Waschzettel, auf dem fast alles steht, was mit zunehmendem Alter schiefgehen kann.

Studie um Studie bestätigt, daß Fitbleiben der Gesundheit dient. Körperliches Training korreliert mit niedrigem Blutdruck, reduziertem Risiko für bestimmte Krebsarten und Diabetes, mit niedrigem LDL (oder »schlechtem« Cholesterin) und höheren t-PA-Werten (Plasminogenaktivator), einem Blutgerinnsel aufbrechenden Enzym. Es besteht auch ein Zusammenhang zwischen körperlichem Training und einem geringeren Infarkt- und Schlaganfallsrisiko sowie einem geringeren Körpergewicht und einem kleineren Fettanteil der Körpermasse und einem größeren Anteil von Muskeln und Knochen. Körperliche Fitneß verbessert auch die Vitalkapazität und mindert die Wahrscheinlichkeit von

Magen-Darm-Blutungen, sei es infolge Ulkus, Krebs oder anderer Darmkrankheiten.

Wer Sport treibt, schläft außerdem besser – und Schlafstörungen sind ja ein häufiges Problem alter Menschen. Mit dem Schlaf bessert sich auch die Funktion des Immunsystems. Das Training macht ferner Appetit, so daß die Zufuhr essentieller Vitamine und Mineralstoffe gefördert wird. Ein Befund, der erst verständlich wird, wenn man bedenkt, daß Training den Sauerstoffgehalt des Blutes erhöht, belegt sogar, daß körperliche Aktivität dazu beiträgt, der zunehmenden Schwerhörigkeit vorzubeugen.

Bei all diesen wundersamen Wirkungen mag einem der Wunsch nach sexueller Verjüngung fast schon zuviel verlangt scheinen. Aber auch damit wird die körperliche Ertüchtigung belohnt. Ein Forscher an der Harvard-Universität, der die richtigen Fragen zu stellen wußte, erfuhr, daß Senioren, die regelmäßig schwimmen gingen, auch regelmäßig Sex hatten. Die Schwimmer hatten zwei- bis dreimal häufiger Sex als Altersgenossen, die sich bequem zurücklehnten und im Liegesessel davon träumten.

Derart enthusiastische Berichte erwecken den Eindruck, als wäre körperliches Training der beste Gesundheitspromoter seit der Erfindung des Penicillins. Doch es ist eine Sache zu erkennen, was uns gut tut, und eine andere, dies zu praktizieren. Vielleicht bleibt deshalb einer von fünf auf seinem Hintern sitzen, verschleißt nie seine Turnschuhe und vergeudet dadurch Jahre seines Lebens. Wir haben zuviel zu tun, sind zu müde, uns ist zu kalt oder zu warm, oder wir haben einfach keine Lust, die Zeit zu opfern. Schließlich fragen sich manche, ob es sich lohnt, ein Dutzend Jahre mit Sport zu vertun, nur um das Leben um zehn Jahre zu verlängern.

══ Zusätzliche Jahre allein sind nicht genug

Das ist eine harte Frage, und die Antwort ist etwas kompliziert – es kommt darauf an. Der wahrscheinliche Gewinn aus den Stunden, die man in Training investiert, hängt davon ab, welche Kondition man erreichen möchte. Er hängt außerdem ab von der Sportart, die man betreiben möchte. Die gute Nachricht ist, daß nahezu jede Investition einen gewissen Gewinn bringt.

Um maximale Fitneß zu erreichen, muß man dem Training hohe Priorität einräumen, vergleichbar etwa mit der Mühe, den Lebensunterhalt zu verdienen und dafür zu sorgen, daß die Familie satt wird und was zum Anziehen hat. Doch die Erhaltung enormer Kraft, großer Ausdauer und einer robusten Erscheinung mag zwar wohltuend sein, diese Aktiva wirken sich aber nicht auf die tatsächliche Lebenserwartung aus. Leistungssportler – sogar die, denen es gelingt, ohne größere Blessuren aus dem Sportzirkus auszuscheiden – leben nicht unbedingt länger als wir Durchschnittsmenschen. Tatsächlich gehen manche Fitneßexperten davon aus, daß ein Training, wie es von Berufssportlern verlangt wird, in Wirklichkeit Schäden verursacht.

Während wir in Richtung Zielgerade oder ans Netz rennen, verbrauchen wir mehr Sauerstoff als bei gewöhnlichen Alltagsaktivitäten. Falls die Theorie vom Einfluß der freien Radikale auf den Alterungsprozeß zutrifft, könnte die Belastung des Körpers durch extremen Sauerstoffverbrauch zur Strafe einen Stoßtrupp freier Radikale freisetzen, die an den Zellen zusätzliche Schäden verursachen. In dem Maße wie die Forschung Erkenntnisse gewinnt, wird sich vielleicht herausstellen, daß der Fußweg zur Arbeit gesünder ist als das Joggen durch den Park.

Aber gerade weil exzessives Training potentiell schädlich sein kann, ist es immer noch besser, am Sonntagnachmittag Fußball zu spielen, als sich die Sportschau in der Glotze reinzuziehen. Für ein Optimum an Gesundheit korrelieren die höchsten Gewinne letztlich mit überdurchschnittlichen Einsätzen.

Hinsichtlich der Prävention von Herzkrankheiten z. B. ergab eine größere Studie, daß nur diejenigen, die wöchentlich mehr als zwei Stunden intensiv trainierten – Joggen, Skilaufen, Radeln, Schwimmen, Gymnastik –, wirklich profitierten. Bei den 1 450 männlichen Probanden im mittleren Alter lag das Risiko eines Herzinfarktes bei einem Prozent für die aktivsten, verglichen mit fünf Prozent für die weniger trainierenden.

Diese Männer waren im mittleren Alter, in dem sich ja die meisten Herzinfarkte ereignen. Bei den Studien, die den Nutzen eines Trainings im höheren Alter untersuchen, zeigt sich der Zusammenhang noch deutlicher. Um den Blutdruck zu senken, die Knochen zu kräftigen, Altersdiabetes zu verhindern oder Gewicht zu reduzieren, muß das Training mehr umfassen als ein paar lässige Verrenkungen oder den Gang zum Briefkasten kurz vor der Leerung.

═══ Bescheidene Ziele

Trotz der Tatsache, daß Fitbleiben das Auftreten lebensbedrohlicher Erkrankungen verzögern oder verhüten kann, wollen oder können viele Menschen die erforderlichen zwei Trainingsstunden nicht aufbringen. Jede Woche intensiv zu trainieren mag toll sein für die Resoluten (»das mach ich einfach«), den übrigen bieten in den USA die Zentren für Krankheitsüberwachung (Centers for Disease Control) neuerdings bescheidenere Möglichkeiten. Mit ihrem Programm, das man »Tu (überhaupt) was« nennen könnte, propagieren die Zentren, daß jede Art körperlicher Aktivität nützlich ist, wenn sie täglich 30 Minuten ausgeübt wird.

Zu den nützlichen Aktivitäten zählt »Tu was« so leichte Tätigkeiten wie Garten- oder Hausarbeit oder Tanzen. Sie wirken präventiv, falls sie so intensiv wie z. B. ein flotter Spaziergang ausgeübt werden. Es ist auch nicht erforderlich, sich volle dreißig Minuten nur einer Aufgabe zu widmen. Es genügt, eine Reihe von Aktivitäten für insgesamt dreißig Minuten zu sammeln – anstelle des Aufzugs die Treppe zu benutzen, Laub zusammenzurechen, statt das Gebläse zu benutzen usw.

Mit einem ordentlich gejäteten Garten, einem gepflegten Haus oder einem akkurat gestutzten Rasen wird zwar niemand berühmt, aber das Ziel ist ja auch nur, nicht irgendwann in einer Intensivstation zu landen. Die »Tu was«-Empfehlungen sollen den Leuten mit sitzender Lebensweise helfen, einigermaßen gesund zu bleiben, indem sie es sich nicht nur träge im bequemen Sessel gemütlich machen. Wenn wir an Gartenarbeit, flottes Spazierengehen oder schwungvolles Tanzen gewöhnt sind, werden wir auch eher etwas Anstrengenderes riskieren, sollte es uns zufällig begegnen. Ein halbwegs gesunder Mensch ist ausdauernder, und das zahlt sich aus, wenn man auf dem Golfplatz alle achtzehn Löcher spielen oder, ohne zu ermüden, seinen Großeinkauf erledigen kann.

Zwar mag körperliches Training nicht unbedingt das Leben verlängern, aber es trägt praktisch auf allen Ebenen zu besserer Lebensqualität bei. Nicht nur Muskeln und Knochen profitieren von sportlicher Betätigung. Es hat sich herausgestellt, daß es auch die Stimmung hebt, wenn man aktiv bleibt.

Geistig fit bleiben

Bei Mensch und Tier beeinflußt körperliche Aktivität die Gehirnzellen, indem sie die Freisetzung von Neurotransmittern fördert. Über ein kompliziertes Zusammenspiel von Signalen zwischen Gehirn und übrigem Organismus können Neurotransmitter Schmerz dämpfen, das Denken schärfen und Angst beseitigen. Durch körperliches Training werden alle Organe einschließlich des Gehirns stärker durchblutet, und ein unmittelbarer günstiger Effekt ist der Abbau von Streß.

Bei jeder Altersgruppe hat Streß einen schlechten Ruf, aber neue Forschungsergebnisse belegen, daß er sich besonders verheerend auswirkt, wenn wir älter werden. Zum Beispiel haben Männer, die häufig unter starken Ängsten leiden, ein mehr als viermal so hohes Risiko eines plötzlichen Herztodes wie der Durchschnitt. Ihr Risiko ist noch größer als das von Rauchern. Die Wissenschaftler vermuten, daß häufiger Streß einen plötzlichen, unregelmäßigen Herzrhythmus auslöst, einen Sturm bei der elektrischen Reizleitung, der eine normale Pumpleistung des Herzens verhindert.

Streß kann auch bewirken, daß unser Körper mehr Kortisol bildet. Das Hormon Kortisol im Blut kann in neuen und erschreckenden Situationen einen Überlebensvorteil bieten; bei älteren Leuten jedoch wurde ein Zusammenhang zwischen erhöhten Kortisolspiegeln und Störungen des Gedächtnisses und der Aufmerksamkeit festgestellt. Wenn Kortisol unsere Blutgefäße überflutet, können wir uns an Erlebnisse erinnern, die viele Jahre zurückliegen; eine klassische Klage alter Menschen ist jedoch, daß wir leicht Dinge vergessen, die wir gerade eben erfahren haben.

═══   Wenn's um den Verstand geht

Zwar kann körperliches Training auch die Energieversorgung des Gehirns verbessern, aber viele Menschen wollen im Alter zusätzlich etwas für ihre geistige Fitneß tun. Unsere Gesundheit insgesamt können wir fördern, indem wir Streß mindern und positive Einstellungen betonen.

In einem Versuch z. B., bei dem bestimmt werden sollte, ob Streßabbau Herz und Verstand gesund erhält, prüften Forscher an 73 Bewohnern von Altenheimen in der Region Boston die Wirkungen von Meditation. Das Durchschnittsalter der Probanden betrug 81 Jahre, und sie litten an den alterstypischen körperlichen Beschwerden. Ein Teil der Probanden wurde einer Kontrollgruppe zugeordnet, die kein besonderes Mentaltraining praktizierte. Eine weitere Gruppe lernte nur Entspannungsübungen. Die dritte und vierte Gruppe unterzog sich einem Training in transzendentaler Meditation (TM) bzw. Neurolinguistischer Programmierung (NLP), einer Methode, mit der man festgefahrene Denkgewohnheiten überwinden lernt, indem man Entscheidungen auf der Grundlage mehrerer Möglichkeiten trifft.

Die Studie dauerte drei Jahre und ergab, daß die Probanden in den Meditationsgruppen nicht nur niedrigere Blutdruckwerte hatten, sondern auch bessere Testergebnisse erzielten hinsichtlich Wortgewandtheit, geistiger Beweglichkeit und Lernfähigkeit. Außerdem zeigten ihre Antworten in Fragebogen, daß sie ihr Leben besser im Griff hatten.

Am Ende der Studie waren alle Probanden der TM-Gruppe noch am Leben, desgleichen 87 Prozent der Probanden, die NLP geübt hatten. In den beiden anderen Gruppen war die Überlebensrate geringer und entsprach mit 62 Prozent dem normalen Durchschnitt der Altenheimbewohner. Eine spätere Studie, in der untersucht wurde, ob NLP bei Insassen von Pflegeheimen nützlich ist, ergab, daß $2^1/_2$ Jahre nach der Studie nur 7 Prozent der trainierten Gruppe gestorben waren, hingegen 27 bzw. 33 Prozent der beiden Vergleichsgruppen.

Zusätzliche Hinweise, die erklären, warum das Trainieren neuer Denkgewohnheiten das Leben verlängern kann, ergab eine ganz anders angelegte Untersuchung – die Analyse der Lebenseinstellung Hochbetagter. In Georgia untersuchten Wissenschaftler die Ältesten der Alten, nämlich 96 Personen im Alter von 100 Jahren oder darüber, um etwaige gemeinsame Merkmale der Hundertjährigen herauszufinden.

Die Untersuchung sowohl der geistigen Gesundheit als auch der körperlichen Verfassung ergab, daß diese Hundertjährigen erstaunlich viele Kalorien zuführten, davon einen Großteil in Form von Fett. Doch spielten Ernährung und körperliche Aktivität offenbar eine geringere Rolle als die innere Einstellung. Vier Charaktereigenschaften waren allen Hundertjährigen gemeinsam: Optimismus, Lebensbejahung, der Wille, aktiv zu bleiben, und Anpassungsfähigkeit insbesondere beim Umgang mit Verlusten. Diese optimistischen Hundertjährigen hatten viele Verluste erlitten – Angehörige, Freunde und auch körperliches Leistungsvermögen –, aber sie blieben trotzdem hellwach und lebendig, extrovertierte Menschen, die weiterhin aktiv am Leben an ihrem Wohnort teilnahmen.

Gehirnjogging

Die bewußte Lebensbejahung scheint ein Charakteristikum der Menschen zu sein, die bei guter Gesundheit sehr alt werden. Niemand weiß sicher, ob die Gesundheit an erster Stelle steht und der Lebensbejahung zugute kommt oder ob das Interesse am Leben die Gesundheit fördert, aber eins ist klar: Einsamkeit ist ein Feind der Langlebigkeit. Die Rentner, die sich neue Aufgaben suchen, welche ihren Verstand stimulieren und ihre sozialen Fähigkeiten erhalten, finden ihren Ruhestand viel angenehmer und können ihn länger genießen.

Was die Teilnahme am Gemeinschaftsleben angeht, gibt es wohl kaum eine Gruppe, die in engerer Gemeinschaft lebt und arbeitet als die Mitglieder von religiösen Orden. Dies könnte einer der Gründe sein, warum die Schulschwestern Unserer Lieben Frau, deren Mutterhaus sich in Mankato, Minnesota, befindet, im Durchschnitt 85 Jahre alt werden. Viele sind sogar über Neunzig. Die Schulschwestern halten übrigens einen ungewöhnlichen Rekord. Sie sind weltweit die größte Gruppe von Hirnspendern.

Mit diesen Nonnen wurde eine Studie durchgeführt, weil sie offenbar wissen, wie man das Altern des Gehirns verhindert. Die Zahl der

Nonnen, die im Alter Alzheimer oder andere Gehirnkrankheiten bekommen, liegt weit unter dem statistischen Durchschnitt. Die Nonnen behalten auch ein ungewöhnlich gutes Gedächtnis. 96jährige unterrichten noch und 99jährige füllen Führungspositionen aus. Der Forscher der Universität von Kentucky, der diese Frauen mehrere Jahre beobachtet hat, vermutet, daß sie ihre geistigen Kräfte bewahren, weil sie hart daran arbeiten, daß ihr Gehirn fit bleibt.

Ein typischer Abend, wie ihn die Nonnen gestalten, kann so aussehen: Im Fernsehen *Jeopardy!* anschauen, wobei die Zuschauerinnen den Kandidaten des Fernsehquiz weit überlegen sind; in der Gruppe Denksportaufgaben lösen; einzelne Schwestern setzen Puzzles zusammen oder schreiben Briefe an Abgeordnete; lebhafte Runden mit Wortspielen, z. B. beim Stichwort »Grünzeug« rasch zwei Dutzend passende Begriffe herzusagen. Da die Studie an den Nonnen noch fortgesetzt wird – viele haben ihr Gehirn testamentarisch der Wissenschaft vermacht –, erhofft man sich, ein anatomisches Substrat zu finden, das beweist, daß sich der intellektuelle Verfall aufhalten läßt, wenn das Gehirn strapaziert wird, weil dies die Neuronen zum Wachsen anregt und Schaltverbindungen zwischen ihnen gebahnt werden.

Diese Theorie wird bereits durch Tierexperimente belegt. Es wurde nachgewiesen, daß stärkere Reizwirkung das Wachstum neuer Verbindungen zwischen Gehirnzellen fördert. Das Gehirn zu fordern kann außerdem vor Alzheimer-Krankheit schützen. Eine 1994 an der Universität von Columbia durchgeführte Studie ergab, daß Menschen mit geringem Bildungsgrad und intellektuell anspruchsloseren Jobs ein signifikant höheres Risiko haben, an Alzheimer zu erkranken.

Die genannte Studie erfolgte an annähernd 600 Personen zwischen 60 und 69 Jahren und erfaßte sowohl Schulbildung als auch die erreichte berufliche Position. Verglichen mit Personen, die eine bessere Schulbildung hatten oder in Ausbildungsberufen oder in Führungspositionen arbeiteten, hatten die Probanden mit weniger als acht Jahren Schulbildung oder die niedere Arbeiten verrichteten ein doppelt so hohes Risiko, Alzheimer-Symptome zu entwickeln. Das vergleichsweise dreifache Risiko hatten Probanden, bei denen zwei Risikofaktoren zutrafen – geringe Bildung und ein anspruchsloser Job. Eine ähnliche Studie über 10 000 Personen, bei denen die Alzheimer-Krankheit bereits diagnostiziert worden war, fand einen noch engeren Zusammenhang. Danach besteht, verglichen mit Probanden mit höherer Schulbildung, bei denen mit schlechterer Schulbildung eine viermal größere Wahrscheinlichkeit, an Alzheimer zu erkranken. Ein höherer Bildungsabschluß und anspruchsvolle Berufstätigkeit verhütet anscheinend den Ausbruch der Alzheimer-Krankheit oder verschafft den Betroffenen eine Art I.Q.-»Reserve«, welche die Symptome des geistigen Verfalls kompensiert.

Arbeiten auch im Alter?

Derartige Erkenntnisse werden die über 50jährigen nicht veranlassen, sich zu Trigonometrie-Kursen anzumelden oder zu Buchstabierwettbewerben nur für Senioren. Jedoch sind sie richtungweisend für alternde Individuen wie auch für die alternde Gesellschaft. Es ist bereits erwiesen, daß körperliche Fitneß viele chronische Krankheiten verzögern und womöglich sogar verhindern kann. Wenn die Nachkriegsgeneration – die gesündeste und gebildetste der Geschichte – das Rentenalter erreicht, könnte Gehirngymnastik Teil des Standardprogramms zur Verbesserung der Fitneß im Alter werden.

Außerdem wird der Eintritt der geburtenstarken Jahrgänge ins Rentenalter wahrscheinlich viel mehr Einsichten und Trends in bezug darauf ergeben, woran wir mit zunehmendem Alter arbeiten müssen. Das Ergrauen dieser zahlenmäßig starken Generation wird den einzelnen auferlegen, fit zu bleiben, und die Gesellschaft zwingen, sich an die Bedürfnisse ihrer älteren Mitglieder anzupassen.

Von der Ernährung zum Reisen, von den Wohnbedürfnissen zur Wahl unserer Kleidung wird unsere Kultur sich wandeln und einer neuen Vision vom Alter Platz machen. Dank der Verbesserungen in den Bereichen Volksgesundheit, Ernährung und Medizintechnik sind die heutigen über 50jährigen bemerkenswert gesund. Die kommenden Jahrzehnte werden zeigen, ob es ihnen auch gelingen wird, wohlhabend zu sein und vielleicht sogar weise zu werden.

≡ Blick in die Zukunft

Die Statistiker strapazieren ihre Rechner. Rasend schnell werden Zahlen verarbeitet und ausgespuckt: Unsere Gesellschaft verwandelt sich zusehends in das Land der Alten. Die folgenden, für die USA geschilderten Aussichten für die Zukunft dürften früher oder später in ähnlicher Weise auf alle hochzivilisierten Länder zutreffen.

Bis zum Jahr 2000 wird der Anteil der über 50jährigen Amerikaner um 15 Prozent zunehmen. Derweil wird die Zahl der unter 20jährigen um 15 Prozent sinken. Die Gesamtzahl der Menschen, die in Altersheimen leben, wird größer sein als die der Anmeldungen in den Mittelschulen.

Bis zum Jahr 2010 wird das Durchschnittsalter der Bürger der Vereinigten Staaten 39 Jahre betragen. Einer von fünf Amerikanern wird älter als 65 Jahre sein. Die Relation zwischen den über 65jährigen und den Teenagern wird 2025 größer als 2:1 sein. Die Kosten für die Sozialversicherung, die sich derzeit auf ca. 16 Prozent des gesamten Staatshaushaltes belaufen, werden allmählich bis auf 40 Prozent ansteigen. Falls die bisherigen Versicherungsleistungen beibehalten werden, werden die Alten im Jahr 2030 das US-Budget mit 45 Prozent belasten. Und das ist nur das öffentliche Bild.

Das private Leben wird einem zweitklassigen Film gleichen – nehmen wir als Titel *Attacke der Geriatrie*. Überall werden Alte sein. Sie werden die Straßen verstopfen, miserabel chauffieren und Unfälle verursachen. Sie werden das Einkommen und die Kräfte der Familien verschlingen. Als Alleinlebende werden sie den Jungen knappen Wohnraum wegnehmen.

Allein durch die Brille der Statistik betrachtet, sieht die Zukunft in der Tat grauenhaft aus. Doch das Problem mit Prognosen ist – jeder Statistiker, der sein Geld wert ist, wird das zugeben –, daß sie kein facettenreiches Bild der Zukunft zeigen. Vielmehr geben sie allenfalls eine Art stereoskopisches Bild, ein scheinbar dreidimensionales Bild wieder, wie es durch Übereinanderprojizieren zweier Bilder entsteht.

So wie das Stereoskop, indem es zwei Bilder kombiniert, das Auge täuscht, werden beim Betrachten von Zahlen und Voraussagen der

Zukunft zwei Arten der Information gekoppelt. Die Zahlen entwerfen ein bestimmtes Bild; der Verstand, der natürlich annimmt, daß alles andere konstant bleibt, während sich die Zahlen ändern, blendet ein anderes Bild darüber. Dieses geht z. B. davon aus, daß wir im Jahr 2010 immer noch unser sinnloses *Ein-Fahrer-pro-Auto*-Verkehrssystem haben. Es macht uns weis, daß im Jahr 2020 die Kleinfamilie weiterhin die Norm sein wird. Und setzt voraus, daß wir im Jahr 2030 praktisch noch so wohnen werden wie heute. Aber man kann sich die Zukunft nicht lebhaft vor Augen führen, indem man in die Vergangenheit blickt und nur Zahlen ändert.

Eine genauere Prognose erfordert, daß man Faktoren vorwegnimmt, die sich ebenso schnell oder noch schneller ändern wie die Zahlen. Eher als eine Momentaufnahme der jüngsten Vergangenheit müssen diese Faktoren das zweite Bild des Stereoskops liefern. Das Bild, das so entsteht, wird nie ganz scharf sein können.

Wer weiter geht als die oberflächlichen Statistiken, um die Zukunft auszumalen, muß eine gewisse Verschwommenheit in Kauf nehmen, wenn er ein dreidimensionales Bild schaffen will. Dabei ergibt sich weder ein Horrorfilm noch ein Heile-Welt-Streifen. Statt dessen erhält man, indem man erwartete Veränderungen in Wirtschaft, Arbeitsmarkt, Konsum, Gesundheitswesen und öffentlichen Belangen einbezieht, eine Gesamtschau, die den künftigen Ereignissen wahrscheinlich viel näher kommen wird.

Wo werden die Alten leben?

Eine Möglichkeit, Projektionen in die Zukunft zu testen, besteht darin, Testfälle zu prüfen, Regionen im Land, in denen die Zukuft schon begonnen hat. In den USA bieten die Verhältnisse in Florida und mehreren angrenzenden Staaten bereits einen Einblick, wie sich eine ältere Bevölkerung auswirken kann.

Es wird erwartet, daß innerhalb von dreißig Jahren die gesamten Vereinigten Staaten dem Profil von Florida entsprechen werden, das seit Jahrzehnten als Enklave der Rentner gilt. In Florida sind 18 Prozent der Bevölkerung älter als fünfundsechzig. Statt durch die vielen Alten in die Klemme zu geraten, ist die wirtschaftliche Lage des Bundesstaates außerordentlich gesund. Die pensionierten Neubürger bringen einen stetigen Strom von Einkünften aus der Sozialversicherung, aus Pensionskassen und Dividenden aus Aktienvermögen, und das hat dem Bundesstaat eine finanzielle Gesundheit beschert, die den nationalen Durchschnitt übertrifft. Die Erlöse aus Häusern, die in anderen Staaten verkauft wurden, fließen nach Florida, wo sie in bescheidenere Behausungen sowie in Waren und Dienstleistungen investiert werden. Derzeit sorgt sich Florida weniger um den Zustrom der Alten als um die Tatsache, daß sich diese Zuwanderungsflut allmählich verlangsamt. Die Rentner haben begonnen, sich anderswo niederzulassen.

Davon profitieren die Bundesstaaten North Carolina, Virginia und Georgia, die seit 1990 erstmalig die Hitliste der Regionen anführen, in denen sich Rentner bevorzugt niederlassen. Die Demographen erwarten für die kommenden Jahre, daß die benachbarten Staaten weitere Rentner anziehen werden, so daß um Florida mit seiner zunehmend überalterten Bevölkerung eine Pufferzone mäßig alter Menschen entsteht. Marketingexperten, die solche Trends beobachten, registrieren, wann sich ein Bundesstaat unter die ersten zehn bevorzugten Rentnerwohngebiete einreiht. Sobald regelmäßige Rentenschecks in die Briefkästen gelangen, folgen bald sperrige Sendungen mit seniorentypischen Waren und Dienstleistungen. Wenigstens zunächst sind die Alten ein erfreulicher Wirtschaftsfaktor.

Die Marktforscher erkennen indes, daß die meisten Rentner nicht den Wunsch haben, sich zu verbessern und umzuziehen. Vielmehr sagen 84 Prozent der über 55jährigen, daß sie gern am bisherigen Wohnort bleiben wollen, wenn sie in Rente gehen. Als Reaktion darauf machen die örtlichen Banken, die Immobilienfirmen und Dienstleistungsunternehmen Anstalten, die Zielgruppe der Sozialversicherten zu erreichen. Landesweit nimmt das Anzeigengeschäft der Publikationsorgane, die eine große Leserschaft unter den Rentnern haben, deutlich zu. Und einige von ihnen, wie das Verbandsorgan der Rentner *Modern Maturity* (zu deutsch: »Moderne Reife«), können sich aussuchen, welche Anzeigen sie drucken wollen. Ihre Abonnenten, so glauben die Herausgeber, gehören nicht zu der Sorte, die vom Bürosessel in den Schaukelstuhl und von dort in den Rollstuhl wechseln.

== Berufstätige Senioren

Während sich viele Menschen ausmalen, wie sie im Ruhestand goldene Uhren sammeln und in sonnige Länder reisen, spiegelt dieses Klischee aber keineswegs die heutige Wirklichkeit. Weniger als 27 Prozent der Amerikaner wollen nach Eintritt des Rentenalters ganz aufhören zu arbeiten. Viele möchten weiterhin ganztags oder in Teilzeit arbeiten. Sollten die Wirtschaftswissenschaftler recht behalten, wird dieser Wunsch in Erfüllung gehen.

In den fünfziger Jahren, als das rosarote Bild der Rentner aufkam, endete das Erwerbsleben der Amerikaner im Durchschnitt mit 67 Jahren. Dank der großzügigen Sozialversicherung und verschiedener finanzieller Zulagen sank das Rentenalter allmählich, bis es in den achtziger Jahren 63 betrug. In den achtziger und zu Beginn der neunziger Jahre boten die Firmen, die rezessionsbedingt geringere Gewinne machten, attraktive Vorruhestandsregelungen an. Inzwischen liegt das Rentenalter schätzungsweise bereits bei 58 Jahren.

Diese Zahl kann indessen ein falsches Bild vermitteln. Viele Frührentner sind der Ansicht, daß sie bloß den Job wechseln. Vielleicht finden sie eine vergleichbare Beschäftigung. Oder sie stoßen auf eine Mauer der Diskriminierung aufgrund des Alters – eine subtile, ungesetzliche Barriere, die jedoch so manchen Arbeitsplatz wie ein Bollwerk umgibt – und nehmen schlechter bezahlte Jobs an. Vielleicht machen sie Teilzeitarbeit oder beginnen eine selbständige Tätigkeit. Die es sich leisten können, suchen oft eine zweite Karriere im Dienst an ihrer Gemeinde. Sie betreuen benachteiligte Jugendliche, helfen in den Schulen oder gründen, wie die pensionierten Ärzte in Hilton Head, South Carolina, eine Poliklinik, wo die Armen der Gemeinde kostenlose medizinische Hilfe bekommen. Wer heute über sechzig ist, verschwindet damit nicht automatisch vom Arbeitsmarkt.

Man erwartet, daß das Rentenalter, das derzeit noch sinkt, sich in den kommenden Jahren stabilisieren wird, um dann erneut wieder anzusteigen. Frührenten werden dann der Vergangenheit angehören. Die geburtenstarken Nachkriegsjahrgänge werden erst mit 66 Jahren in den Genuß ihrer Rente kommen. Viele Firmen haben ihre Pensionskassen umgewandelt, so daß die spätere Betriebspension nur noch danach bemessen wird, was der Arbeitnehmer eingezahlt hat. Die älteren Arbeitnehmer, die um das Jahr 2005 sechzig sein werden, würden wohl gern Wahlmöglichkeiten wünschen, aber tatsächlich wird das nur für wenige zutreffen.

Eine neuere Statistik stellte fest, daß zwar 90 Prozent der Firmen, die mehr als 200 Mitarbeiter beschäftigen, einen vorgezogenen Ruhestand auf freiwilliger Basis anbieten, aber nur 61 Prozent der in Frage kommenden Mitarbeiter von der Möglichkeit Gebrauch machen. Im Durchschnitt haben sie nur die Hälfte der nicht versteuerten maximalen Beiträge eingezahlt. Dabei kommt oft nicht so viel zusammen, wie es der künftige Rentner erhoffte, so daß viele berufstätig bleiben müssen.

Nun dürfen wir uns nicht vorstellen, daß in naher Zukunft alte Leute wieder zehn Stunden in der Firma malochen oder ihren wohlverdienten Ruhestand verbringen, indem sie Hamburger verkaufen. Viele werden jedoch einer Teilzeitbeschäftigung nachgehen. Außerdem werden sie ihren monatlichen Scheck von der Sozialversicherung bekommen. Die Anpassungen an die Lebenshaltungskosten werden wahrscheinlich gedrosselt, und die wohlhabenderen Rentner werden wohl weitere Einschränkungen hinnehmen müssen, aber der Versicherungstopf scheint bis zum Jahr 2029 gefüllt zu sein.

Obwohl die künftigen Rentner werden arbeiten müssen, sagen manche Wirtschaftswissenschaftler voraus, daß es nicht weniger Jobs geben wird. Tatsächlich werden ältere Arbeitnehmer gefragt sein, um den Arbeitskräftemangel zu beheben, der durch das geringere Bevölkerungswachstum entstehen wird. Manche Prognosen sagen eine sinkende Arbeitslosigkeit voraus, weil breite Teile der Bevölkerung ihre Arbeitszeit reduzieren, dabei aber noch weiterhin Waren und Dienstleistungen von der nächsten Generation kaufen werden.

Mit dem höheren Anteil älterer Arbeitnehmer dürften sich auch die Arbeitsplätze verändern. Wahrscheinlich wird Jobsharing häufiger werden. Bei Positionen, für die man jahrzehntelange Erfahrung braucht, werden Versetzungen äußerst selten werden. Die Telearbeit wird sowohl für ältere Arbeitnehmer als auch für Arbeitgeber ein akzeptabler Modus sein. Zeitverträge im Rahmen von Projekten, für die Spezialwissen benötigt wird, werden die Betriebskosten in Grenzen halten und eine große Flexibilität im Halbruhestand ermöglichen.

Könnten wir mit einer Zeitmaschine aus den neunziger Jahren an den Arbeitsplatz des 21. Jahrhunderts fliegen, dann würden uns vor allem kleine Veränderungen auffallen. Wir würden mehr graue Häupter und faltige Gesichter sehen, aber die Geräte um sie herum würden viel auffallendere Unterschiede aufweisen. Um ältere Arbeitnehmer anzuwerben und zu halten, müßten die Unternehmer günstigere Arbeitsbedingungen bieten.

Statt schwergängiger Türknöpfe gäbe es bequeme Türklinken. Die Türschlösser würden nicht mehr mit unhandlichen Schlüsseln geöffnet, sondern mit Hilfe von Plastikkärtchen, die man einfach in den vorgesehenen Schlitz schiebt. Handläufe würden zu beiden Seiten von Treppen angebracht und die Treppenstufen beleuchtet. Die Telefone hätten eine automatische Lautstärkeregelung und ein größeres Tastenfeld. Der Parkplatz draußen würde mehr Platz für Mittelklassewagen und viele Halteplätze für Pendeldienste bieten. Im Laufe des nächsten Jahrhunderts wird der Alltag, sei es am Arbeitsplatz oder daheim, so gestaltet sein, daß er den alten Menschen größere Bequemlichkeit bietet.

Sich auf das Alter einstellen

Wo das Geld hingeht, folgen die Waren nach. Wenn sich die Nachkriegsgeneration den längst in Rente lebenden Alten zugesellt, wird sich auch die Kaufkraft verschieben. Derzeit verfügen die 60 Millionen Amerikaner über fünfzig über ein Jahresgesamteinkommen von mehr als 850 Milliarden Dollar. Sie üben einen enormen Einfluß auf die Kaufkraft der älteren Verbraucher aus, die, während der Marktanteil der unter 50jährigen sinkt, wahrscheinlich zunehmen wird.

In jeder Phase ihres Lebens hat die Nachkriegsgeneration den Markt bestimmt. Für sie haben die Eltern Häuser, Frühstückszerealien, technische Geräte und Medikamente gegen Akne gekauft. Sie haben ihnen das erste Auto und ihre Schulbildung finanziert. Die jungen Berufstätigen kauften dann für sich die ersten Möbel, Autos, Elektrowerkzeuge und protzige Krawatten. Während der Jahre, da die Nachkriegsgeneration damit beschäftigt war, gegenseitig Eindruck zu schinden, machten die Geschäftsleute den schnellen Dollar.

Nachdem sie alles erreicht haben, wird den über 50jährigen doch eines fehlen – Zeit. Sie werden Dienstleistungen wünschen, die sie von lästigen Pflichten befreien, damit sie Zeit zu ihrer beliebigen Verfügung haben. Die gewonnenen Stunden werden sie mit ihren Dollars für das am wenigsten greifbare Produkt ausgeben, nämlich für Erlebnisse. Sie werden körperlichen Aktivitäten nachjagen, kulturellen Ereignissen, Bildung und Reisen. Die realen Güter, die sie einst kauften bis zum Umfallen, werden sie jetzt eher über ein Versandhaus bestellen und einen Scheck zur Post geben.

Eine Generation in Bewegung

Klare Umrisse der Jagd nach Erlebnissen begannen sich abzuzeichnen, als in den achtziger Jahren die Fitneßwelle über uns hereinbrach. Die geburtenstarken Jahrgänge treiben doppelt so häufig Sport wie die übrige Bevölkerung – Joggen, Schwimmen, Radeln, Skilaufen. Einer neueren Statistik zufolge gehören 17 Prozent dieser Altersgruppe Fitneßclubs an, das ist mehr als das Doppelte, verglichen mit anderen Altersgruppen. Diese Generation hat sich so gewaltig der Fitneß ergeben, daß bei Design und Vermarktung von Sportgeräten für neugegründete Sportstudios und für den häuslichen Gebrauch eine Revolution einsetzte. Boutiquen für Sportbekleidung schossen plötzlich aus dem Boden. Und der formlose und häßliche Trainingsanzug mauserte sich zu einem schicken modischen Outfit.

In gewissem Sinn hinkt diese Generation jedoch hinter der Zeit her. Die »reifen Erwachsenen«, wie die 50- bis 64jährigen auch genannt werden, geben für Sportausrüstung soviel Geld aus wie jüngere Leute. Über 70jährige nehmen an Marathonläufen teil, gehen bergsteigen, beteiligen sich an Wettbewerben im Kugelstoßen. Viele bevorzugen Sportarten, die ihre Gelenke weniger belasten: Sie schwimmen, radeln oder wandern, um fit zu bleiben.

Wenn sie sich nicht gerade körperlich ertüchtigen, trainieren viele ältere Menschen ihren Verstand, ein Trend, den die nachrückenden Älteren wahrscheinlich mittragen werden. Die mittelalte und ältere Bevölkerung bedeutet eine starke Förderung kultureller Institutionen wie Symphonieorchester und Repertoire-Theater. Sie füllen die Auditorien bei Diskussionen in Bibliotheken und besuchen Lesungen in der örtlichen Buchhandlung. Während die jüngere Generation weniger Geld für Lesefutter ausgibt, gehen die Marktbeobachter von steigenden Umsätzen bei den höheren Altersgruppen aus. 1993 z. B. gab der Durchschnittsamerikaner jährlich 66 Dollar für Lektüre aus, die Gruppe der 55- bis 64jährigen brachte es sogar auf stolze 86 Dollar.

Es wird auch erwartet, daß die Generation mit der besten Bildung ihre lebenslange Gewohnheit zu lernen beibehalten wird. Die Bildungsprogramme für Erwachsene erleben bereits einen Boom, und das Durchschnittsalter der Besucher von Abendkursen ist auf 38 Jahre geklettert. Landesweit sind die typischen Studenten, die noch kein Diplom haben, heute älter als 25 Jahre. Während manche wieder die Schulbank drücken, um sich auf eine neue Berufstätigkeit vorzubereiten, gehen viele ältere Lernwillige wieder in die Schule, weil sie für sich einen ideellen persönlichen Gewinn erwarten.

Gleichzeitig ist das allen zugängliche Klassenzimmer des Cyberspace nicht mehr die ausschließliche Domäne der heranwachsenden Computerfreaks. In Gemeindezentren und Fachhochschulen können sich die Senioren ins Internet einklinken und E-Mail und elektronische Nachrichtenbörsen benutzen, um Themen zu diskutieren und weltweit über gleiche Interessen zu kommunizieren. Denen, die ihre Behausung nur unter Schwierigkeiten verlassen können, hilft die elektronische Kommunikation, ihre Einsamkeit zu überwinden. Eine Organisation namens Seniornet, die preiswerten elektronischen Zugang zu 59 über die USA verteilten Zentren bietet, hat mehr als 13 300 Mitglieder. Die meisten berichten, daß sie Mitglied geworden seien, um ihren Verstand wach zu halten, daß sie allerdings auch den leichten elektronischen Zugang zu den Informationen der Sozialversicherung schätzen.

Auf Reisen gehen

Es mag ja toll sein, durch den Cyberspace zu schweben, aber nichts kommt dem Reisen gleich, wenn jemand an Lebenserfahrung gewinnen will. Während die Nachfrage bei Geschäftsreisen nachläßt, hat der Markt für Seniorenreisen kräftig zugelegt. Eine neuere nationale Studie ergab, daß über 55jährige Reisende fast 80 Prozent aller Tickets für Urlaubsreisen kauften, ein Markt, der jährlich 181 Milliarden Dollar Umsatz macht. Senioren können flexibel planen und sich außerdem leisten, wählerisch zu sein. Um die Senioren abzukassieren, haben die Fluggesellschaften, Hotels und Reisebüros seniorenfreundliche Rabatte, günstige Fremdenzimmer und Pauschalangebote im Programm, die neben intellektueller Stimulierung Sicherheit und Geborgenheit bieten.

Auch die Autoindustrie hat erkannt, daß sie sich umstellen muß, um ältere Käufer zu interessieren. Nachdem das Haus abgezahlt ist und die Kinder ihre Ausbildung abgeschlossen haben, zeichnet sich eine Verschiebung beim Autokauf ab. Zum Beispiel kauften 1989 die 50- bis 60jährigen 28 Prozent der in den USA verkauften Neuwagen.

Wenn man Familie hat, ist eine Großraumlimousine ideal, und ein Kleintransporter ist praktisch, um das neue Kühlgerät nach Hause zu schleppen. Doch für die vierstündige Fahrt zu den Enkelkindern sind Bequemlichkeit und Sicherheit am wichtigsten. Ältere Käufer achten zwar auf den Spritverbrauch, aber sie ziehen größere Wagen vor, achten auf Beinfreiheit, auf bequem erreichbare Bedienungselemente und gut einstellbare Sitze. Da die neuen Wagen am Reißbrett entworfen werden, beeinflussen die Bedürfnisse der älteren Fahrer Innovationen. Die Autodesigner planen größere Knöpfe für die Regulierung von Radio und Lüftung ein, blendfreie Windschutzscheiben und Rückspiegel, um die Augen der Älteren zu schonen, und Sensoren, die den Reifendruck anzeigen, so daß sich die Alten nicht mehr beim Messen nach unten bücken müssen. Um Sicherheitsgurte anzulegen, wird man sich nicht mehr die Schulter verrenken müssen, und das Ein- und Ausklinken des Gurtes wird weniger Fingerfertigkeit erfordern. Tiefer gelegte Kofferraumschwellen werden es erleichtern, Golfschläger und Einkäufe einzuladen.

Auch die Straßenbauplaner berücksichtigen die Bedürfnisse der älteren Bürger. Zwar bauen die älteren viel weniger Unfälle als die jungen Autofahrer, aber es lassen sich leicht einige Faktoren ausmachen, die zu Fehlern älterer Kraftfahrer beitragen. In Gegenden, wo viele Rentner leben, ließ sich durch Signallampen, die auf Abstandhalten hinweisen, die längere Reaktionszeit kompensieren. Auf den Landstraßen könnte eine eindeutige Ausschilderung mit größerer Schrift die Sicherheit älterer Autofahrer verbessern.

Altengerechte Wohnungen

Komfort und Sicherheit, die bei Älteren für die Wahl des Transportmittels wesentlich sind, spielen auch beim Wohnen eine gewichtige Rolle. Wenn die über 50- bis über 60jährigen ihr Einfamilienhaus verkaufen und sich eine bescheidenere Bleibe zulegen, dann sparen sie sich die Last hoher Hypotheken und schwer aufzubringender Unterhaltungskosten. Sie sind außerdem interessiert an seniorenfreundlichen Wohnungen.

Derartige Wohnungen müssen einer Reihe von Bedürfnissen gerecht werden. Hierzu gehören rutschfeste Bodenbeläge, größere Griffe an Wasserhähnen, leichtgängige Lichtschalter, Schubladen und Schränke, die ab Taillenhöhe angebracht sind, sowie Regalbretter, die sich durch Hebeldruck höher- oder tieferstellen lassen. Neuerungen im Haushalt können auch »denkende« Geräte umfassen, z. B. Herdplatten, die sich automatisch ausschalten, wenn man den Topf wegnimmt, oder Schlösser, die Signale geben, wenn man den Schlüssel stecken läßt.

Eine ältere Bevölkerung wird sich auch eine sichere Nachbarschaft wünschen, eine passende Gemeinschaft und Einkaufsmöglichkeiten in der Nähe. Manche sehen ihre Bedürfnisse in reinen Altenwohnsiedlungen erfüllt; diejenigen jedoch, die eine gemischtere Gesellschaft vorziehen, wählen vielleicht eine Wohnanlage mit Bereichen zur gemeinschaftlichen Nutzung. Beide Einrichtungen können Privatsphäre und Gelegenheit zu Geselligkeit bieten, wobei nahegelegene Geschäfte und Dienstleistungsangebote zusätzliche Verkaufsanreize darstellen. Diejenigen, die wegen körperlicher Behinderungen nicht in der Lage sind, zu kochen oder ihren Haushalt zu versorgen, können organisierte Hilfe im Alltag bekommen, z. B. Hilfe beim Putzen, Essen auf Rädern und geeignete Freizeitangebote. Lieferdienste oder Gemeinschaftseinkäufe können die täglichen Bedürfnisse befriedigen.

Bei abgelegenen Einkaufszentren haben die Planer begonnen, nach Wegen zu suchen, wie man älteren Konsumenten entgegenkommen könnte. Die typischen Einkaufsmeilen sind alles andere als seniorenfreundlich, mit zu wenigen und unbequemen Sitzgelegenheiten, Übersichtsplänen und Wegweisern in mikroskopisch kleiner Schrift hinter Plexiglas sowie Ruhezonen, die hinter abgelegenen Durchgängen versteckt sind. Um die Kaufkraft der Senioren abzuschöpfen, wird die Einkaufsmeile der Zukunft bequeme Pendeldienste zwischen den großen Geschäften vorsehen, außerdem Tiefpreistage und Zeiten für Senioren sowie Restaurants mit niedrigem Geräuschpegel, damit man sich in Ruhe unterhalten kann.

Allerdings erwartet man, daß Speiselokale, ob sie sich nun in Einkaufszentren oder in der Nachbarschaft befinden, in den kommenden Jahrzehnten Marktanteile verlieren werden. Die Wirtschaftsanalytiker sagen voraus, daß die Amerikaner im Jahr 2000 drei Prozent weniger für Restaurantbesuche ausgeben werden als 1995 und 20 Prozent weniger als 1988. In dem Maß, wie die Bevölkerung älter wird, dürften Lebensmittelgeschäfte von dem Spardrang der Senioren und ihrer Abneigung, nachts durch die Gegend zu fahren, profitieren. Derweil werden die Geschäfte, deren Regale sich bereits unter fettarmen, cholesterinarmen, salzarmen und zuckerarmen Spezialitäten biegen, noch mehr Fertiggerichte und kleinere Packungen von Lebensmitteln anbieten.

Auch eigens entwickelte diätetische Lebensmittel, die Krankheiten bekämpfen sollen, dürften populär werden. Fitneßsteigernde Lebensmittel stellen derzeit den am schnellsten wachsenden Sektor im Lebensmitteleinzelhandel dar, wobei allein der Markt für »Diätfette« jährlich zwei Milliarden Dollar umsetzt. Die Entwicklung neuer Lebensmittel wird auch mit Kalzium angereicherte Diätetika, ballaststoffreichen Fleischersatz sowie gentechnisch verändertes Obst und Gemüse anpeilen. Die Genetiker haben z. B. ein Betakarotin produzierendes Gen in eine neue Kartoffelsorte eingeschleust. Die Kartoffeln bekommen dadurch eine leicht orangefarbene Tönung, aber auch die Eigenschaft, antioxidativ zu wirken.

Das Aussehen der neuen Lebensmittel wird weniger wichtig sein als ihr Geschmack, zumal sie dem älteren Gaumen schmecken sollen. Da der Geschmackssinn mit zunehmendem Alter abnehmen kann, werden die Lebensmitteldesigner das Aroma verstärken, aber dabei die schwächere Verdauung und geringere Nährstofftoleranz berücksichtigen müssen. So wie die Hersteller von Vitaminen begonnen haben, den Seniorenmarkt mit speziellen Kombinationspräparaten zu erobern, ist auch damit zu rechnen, daß die Werbung mit altersspezifischen Ernährungsempfehlungen aufwarten wird.

Natürlich werden die Lebensmittelgeschäfte genauso wie alle anderen mit Freuden liefern. Inzwischen werden konkurrierende Restaurants zusammenarbeiten, um Fertiggerichte für die Mikrowelle anzubieten. Was immer benötigt wird, kann geliefert werden – Möbel, Kleidung und sogar individuelle Pflegeprodukte. Manche Drogerien und Lebensmittelgeschäfte sind dabei, einen telefonischen Kundendienst zu entwickeln, wobei man die Produkte via Kabel auf den Bildschirm holen und per Knopfdruck bestellen kann; die Lieferung erfolgt dann automatisch. Für die medizinische Betreuung wurde in größeren Zentren in den Metropolen bereits wieder das Hausrufsystem eingeführt, z. B. machen die Doctors on Call (Telefonbereitschaft) in New York jährlich 50 000 Hausbesuche. Es gibt auch mobile Laboratorien, die zu den Patienten fahren, um an Ort und Stelle Röntgenaufnahmen, EKGs, Blut- und Urinuntersuchungen zu machen.

Medizinische Belange

Abgesehen von dem Service mit Hausruf und Rezeptauslieferung am Tag der Verordnung ist das Gesundheitswesen wahrscheinlich der Wirtschaftsbereich, der die tiefgreifendsten Veränderungen erfahren wird. Alt sein bedeutet nicht automatisch, krank zu sein, aber so wie Kinder andere gesundheitliche Bedürfnisse haben als Erwachsene, so wird die medizinische Betreuung der großen Bevölkerungsgruppe von über 60jährigen ganz neue Anforderungen stellen. Die Planer gehen davon aus, daß die Strategien, mit denen die Säuglingssterblichkeit gesenkt und Infektionskrankheiten erfolgreich bekämpft wurden, in dem Maß durch andere ersetzt werden müssen, wie die Zahl der alten Menschen wächst. In gewissem Sinn wurde das Gesundheitswesen entwickelt, um einen Krieg zu führen, der bereits gewonnen war. Jetzt muß es mit den Leuten fertigwerden, die durch den Sieg gerettet wurden.

Um das Überleben so vieler Menschen zu erreichen, stellte sich die Medizin darauf ein, akute Krankheiten zu diagnostizieren, in den Griff zu bekommen und eine Nachsorge zu sichern, damit sie nicht erneut auftreten konnten. Zu diesem Modell gesellten sich präventive Strategien – Impfprogramme, der Kampf um bessere Ernährung und Hygiene und der mahnende Hinweis auf Gewohnheiten wie Rauchen und Mißbrauch von Genußmitteln. In den kommenden Jahrzehnten wird dieses System in seinen Wartezimmern Millionen von Patienten empfangen, die keine akuten, sondern chronische Gesundheitsprobleme haben werden. Abgesehen von der jährlichen Grippeimpfung werden diese Leute kaum Impfungen benötigen. Entweder werden sie ihre schlechten Gewohnheiten überwunden haben oder mit den Folgen leben. Die Medizin, die mit den Werkzeugen und Strategien für schnelle Erfolge und den Kampf um Leben und Tod ausgerüstet ist, wird harte Schlachten zu schlagen haben, die Jahrzehnte andauern werden. Da neue Behandlungsverfahren aufkommen werden, profitieren chronische Krankheiten von einer zunehmend differenzierteren Betreuung. Zwischen Behandlung und Heilung ist allerdings ein himmelweiter Unterschied.

Wendet man die derzeitige Strategie an, dann entsteht der größte Teil der medizinischen Kosten eines Individuums in den beiden letzten Jahren seines Lebens. Auch davor geben die Älteren einen größeren Teil ihres Einkommens für medizinische Betreuung aus – 23 Prozent verglichen mit 8 Prozent bei den unter 65jährigen. Zunehmend belastet durch steigende Gesundheitskosten, geben ältere Personen im Durchschnitt jährlich 2 800 Dollar aus der eigenen Tasche für ihre Gesundheit aus. Das ist viermal soviel wie bei jüngeren Leuten und doppelt soviel wie 1987.

Bei den derzeitigen Behandlungen älterer Patienten müssen die Ärzte an mehreren Fronten kämpfen und wachsam bleiben, weil sich die Krankheiten gegenseitig verschlimmern können. Sie geben ein Medikament gegen Arthritis, nur um festzustellen, daß es die Gefahr eines Schlaganfalls erhöht. Sie verabreichen Grippeimpfungen und Antibiotika, ohne imstande zu sein, die lauernden Gefahren einer verschlechterten Immunfunktion einzudämmen. Sie wägen Operationsrisiken gegen die Tatsache ab, daß ein älterer Organismus mehr Zeit braucht, um sich zu erholen. Mittlerweile fürchten sich immer mehr Patienten vor einem Lebensende, bei dem ihr Körper durch Maschinen vereinnahmt wird, die ihn künstlich am Leben erhalten, und das ihre Familien finanziell und emotional ins Unglück stürzt.

Das derzeitige geniale System ermöglicht medizinische Wunder und ein verlängertes Leben, aber die Politik hat erkannt, daß die Medizin neue Wege beschreiten muß. Für die Klinik wird das bedeuten, daß die geriatrische Medizin einen ähnlichen Boom erlebt wie die Kinderheilkunde in den vierziger und fünfziger Jahren dieses Jahrhunderts, als die Nachkriegsgeneration ihre Kinderkrankheiten bekam. Dies wird vermehrte Laborforschung erfordern, um die Krankheiten verhindern und behandeln zu lernen, die im Alter auftreten – Arthritis, Herzleiden, Krebs und neurologische Erkrankungen. Für die Grundlagenforschung wird es bedeuten, die Kräfte zu verdoppeln, um die genetischen, zellulären und hormonellen Mechanismen zu ergründen, die das Altern beschleunigen.

Der einfachste und preiswerteste Teil dieser Akzentverschiebung ist bereits im Gang. Reden ist schließlich billig, und so werden wir von allen Seiten belehrt, daß Art und Ausmaß unserer Ernährung, unseres Nikotinmißbrauchs und unserer körperlichen Aktivität bestimmen, wie es uns im Alter gehen wird. Als die Nachkriegsgeneration jung war, war allenfalls ein so bemerkenswerter medizinischer Durchbruch wie die Entwicklung der Impfung gegen Kinderlähmung würdig, daß die Medien darüber berichteten. Heute sind Informationen über Gesundheitsfragen wichtiger Bestandteil von Tageszeitungen, Illustrierten, Rundfunk- und Fernsehsendungen, nicht nur regional, sondern landesweit.

Knallharte Fragen

Der schwierigste Teil bei der Reform des Gesundheitswesens wird sicherlich viel länger dauern. Weder geht es darum, Informationen zu verbreiten noch eine Technologie zu entwickeln, sondern es ist eine Notwendigkeit für die Gesellschaft, über ethische Fragen zu diskutieren und Entscheidungen zu treffen. Wir werden nicht nur über Eingriffe zur Verlängerung des Lebens nachdenken müssen, sondern auch unsere Einstellungen gegenüber dem Ende des Lebens überprüfen müssen.

Infolge des medizinischen Fortschritts wird sich der Unterschied zwischen gesundem Alter und langsamem Abbau immer deutlicher abzeichnen. Er wird die Alten, denen es eigentlich gut geht, von denen scheiden, bei denen Gene, Lebensweise oder schlichtes Pech zur Folge haben, daß sie im Alter jahrelang krank und gebrechlich sind. Welchen Anteil beide Gruppen unter den Hochbetagten, also den über 85jährigen haben werden, hängt davon ab, wie schnell auch in der Zukunft neue Durchbrüche beim Kampf gegen das Alter erzielt werden. Während z. B. in den achtziger Jahren die Zahl der über 65jährigen zunahm, sank gleichzeitig der Anteil älterer Menschen, die durch Behinderungen in ihrer Bewegungsfreiheit eingeschränkt waren. Die Tatsache, daß es mehr elektrische Rollstühle und Seh- und Hörhilfen gab, ermöglichte diese Abnahme erst. Doch neben den Entdeckungen, die den meisten Leuten das Altsein erleichtern, deuten weniger ermutigende Entwicklungen auf die Zukunft jener hin, die alt und krank sind.

Seit mehr als zehn Jahren diskutieren Medizinethiker, wie die Gesellschaft mit bedürftigen Mitgliedern einer zunehmend überalterten Gesellschaft umgehen wird. Bald mag diese Überlegung auf einen Streit hinauslaufen, bei dem die Meinungen so kontrovers sind wie in der heutigen Abtreibungsdiskussion. Es ist z. B. kaum überraschend, daß Initiativen, welche die ärztliche Sterbehilfe legalisieren wollen, plötzlich auf Wahlzetteln erscheinen. Ebenso wenig sollte es überraschen, daß Anfang 1995 Forscher an der Johns-Hopkins-Universität ankündigten, sie hätten zwei Computerprogramme entwickelt, die verführerisch einfache Lösungen anbieten.

Eines dieser statistischen Modelle berechnet, welche Chancen ein Individuum hat, einen bestimmten Zustand, z. B. Organversagen oder Krebs, zu überleben. Das zweite Modell sagt voraus, mit welcher Wahrscheinlichkeit ein Individuum nach einer lebensbedrohlichen Erkrankung unabhängig zu leben vermag. Beide Computerprogramme sollten Ärzten und Familienangehörigen helfen, begründetere Entscheidungen über die weitere Betreuung eines Erkrankten zu treffen, doch beide beinhalten das Risiko, daß aufgrund von Zahlen Entscheidungen über Leben und Tod getroffen werden.

Politische Entscheidungen über ärztlich unterstützten Selbstmord oder darüber, wo die begrenzten medizinischen Mittel eingesetzt werden sollen, werden von den Menschen getroffen, denen es finanziell an den Kragen gehen soll. Seit 1972 ist der Anteil der Wähler über 45 Jahre um 38 Prozent gestiegen. Bei den Wahlen zum amerikanischen Kongreß waren 1994 mehr als 84 Millionen über 45jährige wahlberechtigt, schätzungsweise 44 Prozent der potentiellen Wähler. Gegen Ende dieses Jahrhunderts wird sich die Zahl der jüngeren potentiellen Wähler, also der 18- bis 44jährigen, praktisch nicht ändern. Gleichzeitig wird die Verschiebung des Altersaufbaus, vom U.S. Census Bureau (Amt für Volkszählung) scherzhaft »Ergrauen des Wahlalters« genannt, weitergehen.

▬ Therapie-Optionen

Die Entscheidungen über Leben oder Tod, mit denen ältere Wähler sich künftig auseinandersetzen müssen, werden schwierig genug sein. Darüber hinaus stehen unzählige Entscheidungen darüber an, was die Medizin tun darf, um die Lebensqualität zu verbessern. Wenn die Technologie die durchschnittliche Lebenserwartung auf 90 oder 100 Jahre auszudehnen vermag – und das ist wahrscheinlich –, sollen dann auch routinemäßig hundertjährige Herzen ersetzt werden? Wenn die Gentherapie die ablaufende Uhr in den Zellen zurückstellen kann, wem sollte das angeboten werden? Wenn eine Frau mehrere Jahre nach der Menopause schwanger werden kann, sollte man das im Einzelfall realisieren?

Auf die letzte Frage hat der Rat des Weltärzteverbandes, eines internationalen Zusammenschlusses von Ärzten, 1994 eine Antwort gegeben. Die Ratsmitglieder entschieden, daß es unethisch ist, wenn Ärzte einer Frau nach der Menopause helfen, schwanger zu werden und Kinder zu gebären. Nach dieser Auffassung sind künstliche Eingriffe, wie sie bereits erfolgreich an einer 63jährigen Italienerin und einer 59jährigen Britin vorgenommen wurden, unfair gegenüber dem Kind. In dreizehn Jahren, wenn diese Kinder Teenager sind, werden ihre Eltern so alt sein wie heutige Urgroßeltern.

Natürlich läßt sich nicht voraussagen, wie im Jahr 2007 der Gesundheitszustand der dann 72jährigen Engländerin und der 76jährigen Italienerin sein wird. Falls der derzeitige Trend anhält, werden viel mehr Menschen dieser Altersgruppe in den Siebzigern gesund und aktiv sein. Vorher werden die alternden Nachkriegsgeborenen, die das Kinderkriegen hinausgeschoben haben, der Einstellung dieser Ärzte wahrscheinlich widersprechen. Die medizinische Ethik mag die Menopause als äußerste Grenze für das Kinderkriegen ansetzen, doch niemand kann diktieren, was geschehen wird, wenn Fertilitätskliniken mit den Bedürfnissen einer künftigen Klientel konfrontiert werden.

Die potentiellen Gefahren des Kinderkriegens nach der Menopause standen bei der Entscheidung des Weltärzteverbandes ironischerweise nicht an erster Stelle. Das mag zum Teil daran liegen, daß die Technologie Sicherheitsmaßnahmen gegen die mit einer späten Schwangerschaft verbundenen Risiken entwickelt hat. Außerdem finden ältere Menschen und ihre Ärzte oft, daß sie ihren Wunsch nach Lebensqualität und ihre Lebenserwartung miteinander in Einklang bringen müssen. In dem Maße, wie es neue Therapien gegen das Altern geben wird, wird dieser Trend viele neue Konflikte hervorbringen.

Heute diskutieren die Menschen routinemäßig Nutzen und mögliche Risiken der Hormonersatztherapie. In den kommenden Jahrzehnten werden Frauen in den Fünfzigern und darüber vielleicht zu wählen haben, ob sie – trotz möglicher unerwünschter Nebenwirkungen – menschliches Wachstumshormon nehmen wollen, um Muskeln und Knochen zu kräftigen. Wenn die zusätzliche Einnahme von Melatonin oder anderen Verbindungen die Altersuhr zurückstellen kann, wird sich die Gesellschaft der Älteren vielleicht spalten in diejenigen, die potentielle Schäden zu riskieren bereit sind, und jene, deren Schicksal es ist, auf natürliche Weise alt zu werden. Falls eine Verjüngung durch Gentherapie oder durch Implantation sogenannter Nanomaschinen möglich wird, ist eine Weltbevölkerung, die bereits infolge der erhöhten Lebenserwartung zugenommen hat, mit den Fragen der Überbevölkerung konfrontiert. Computermodelle mögen imstande sein vorauszusagen, wer leben oder sterben wird, sie können aber nicht bestimmen, für wie viele Jahre es lohnt, sich künstlich erzeugte Jugend zu kaufen.

Blick in die Vergangenheit, Blick in die Zukunft

Im 16. Jahrhundert gingen die Philosophen, die sich Utopien ausdachten, davon aus, daß die Alten einer Gemeinschaft im Krankheitsfall so höflich sein würden, Selbstmord zu begehen. Damals galten Menschen, die ihren vierzigsten Geburtstag erlebten, als vom Glück begünstigt. Fast vier Jahrhunderte später, 1893, war die durchschnittliche Lebenserwartung auf 47 Jahre angestiegen. Experten, die damals in Amerika (Chicago) an der Weltausstellung teilnahmen, prognostizierten, daß die durchschnittliche Lebenserwartung hundert Jahre später, um 1990, auf 150 Jahre gestiegen sein würde.

Weder die Utopien noch die Lebenserwartung von mehr als hundert Jahren sind bisher Wirklichkeit geworden, wohl aber viele andere Dinge. Von allen, die älter als sechzig Jahre geworden sind, leben heute noch zwei Drittel. Allerdings sind sie eine kleine Gruppe, bloß der Kamm einer anrollenden Flutwelle.

Eines schönen künftigen Frühlings wird vielleicht ein Büroangestellter seine Mittagspause im Park verbringen. Er wird »jung« sein, aber in seiner Generation wird diese Vokabel jeden unter sechzig bezeichnen. Er wird in den Fünfzigern sein. Von unserer Zeit bis zu seiner Zeit wird sich die Vorstellung, was Altsein bedeutet, gründlich geändert haben.

Könnten wir ihm in jenem Park begegnen, würden wir uns wie auch andere anders sehen als jetzt. Wir würden ihn für einen Mann in den Dreißigern halten, so wie er da gedankenvoll gegen einen Baum gelehnt steht und über seine Zukunft nachdenkt. Obwohl er bereits ein halbes Jahrhundert auf Erden wandelt, denkt er nicht daran, seinen Job mit 24 Wochenstunden aufzugeben, bevor er achtzig ist. Dieses Arrangement hält er für gesichert.

Fast jeder arbeitet so viele Stunden, eine Übereinkunft, die im Jahr 2020 getroffen wurde, als die unter 50jährigen gegen einschneidende Kürzungen der Sozialversicherung streikten. Jetzt bekommen nur noch die ältesten und ärmsten Bürger staatliche Unterstützung. Die jüngeren Berufstätigen erklärten sich mit einer 30-Stunden-Woche einverstanden, sofern die Alten später in Rente gingen und geringere Rentenzahlungen in Kauf nähmen.

Der junge Berufstätige dort im Park begann seine Karriere aber erst mit Mitte Dreißig. Davor war er bis zum 15. Lebensjahr in die Schule gegangen, hatte die üblichen fünf Jahre pausiert, um an einer Raumfahrt teilzunehmen, und anschließend noch zehn Jahre studiert. Im Jahr 2005 hatten die Politiker dieses System eingeführt, um die Bildungsphase zu verlängern und die kindlichen Entwicklungsstadien optimal zu nutzen.

Die Frau unseres Büroangestellten erwartet gerade das zweite Kind. Natürlich wird es kein Postmenopausenbaby sein, obwohl viele Mütter dieser Generation auf diese Weise ihre Familie gründeten. Zwar warten manche Frauen mit der Schwangerschaft immer noch bis nach der Menopause, aber ihre Zahl ist doch gering. Die Mutter unseres Büromenschen ist gerade vor einem Jahr im Alter von 110 gestorben, damit war sie ganze zehn Jahre älter geworden als der Durchschnitt der Frauen.

Drüben auf der Wiese trainieren zwei Hundertjährige ihre Reaktionsgeschwindigkeit durch Jonglieren. Im Rosengarten dahinter, zwischen gentechnisch veränderten Blumen, die dadurch das ganze Jahr über blühen, versammeln sich die 70- und 80jährigen für ihren nachmittäglichen Gymnastikkurs. Unser Büromensch schaltet seine elektronische Zeitung ein, überhört das Geräusch der Füße, die auf dem Weg vorbeirennen. Marathonlaufende Rentner sind in dieser Zeit ein zu gewohnter Anblick, als daß man sie noch wahrnehmen würde.

Die elektronische Zeitung, ein Leichtgewicht, das man bequem in der Hand tragen kann, macht es einem sehr einfach, sich über aktuelle Ereignisse zu informieren. Während er die Angebote über den Bildschirm laufen läßt, gibt er den Befehl ein, die neuesten Informationen über das Langlebigkeits-Projekt abzurufen. Für Leute in seinem Alter ist der neueste Stand der Forschung von vitalem Interesse.

Das Projekt »Langes Leben« begann im Jahr 2025. Damals unterzog sich eine Gruppe 110jähriger freiwilliger Probanden einer Gentherapie. Ähnliche Versuche hatte man bereits früher unternommen, aber sie hatten die obere Grenze des Menschenlebens, 130 Jahre, nur um wenige Jahre hinausgeschoben. Von dem Langlebigkeits-Projekt wußten zunächst nur die unmittelbar Beteiligten, aber es sickerte allmählich durch.

Nach der Zeitangabe der elektronischen Zeitung, exakt um 12:57:08 Uhr dieses herrlichen Frühlingstags, waren von den ursprünglich 24 Probanden noch 15 am Leben. Von den neun Gestorbenen erlagen drei den Nebenwirkungen der Therapie, einer beging Selbstmord, und vier – typisch für die Waghalsigen, die oft an derartigen Versuchen teilnahmen – erlitten tödliche Unfälle bei der Ausübung gefährlicher Sportarten. Die überlebenden Probanden waren jetzt 140 Jahre alt. Die elektronische Zeitung gibt auch die Stunden und Minuten an, danach liegt die Lebenserwartung der Probanden tatsächlich zwischen 140 Jahren 3 Tagen und 20 Minuten und 140 Jahren 9 Monaten 7 Tagen und 3 Stunden 44 Minuten.

Per Knopfdruck könnte die durchschnittliche Herz- und Atemfrequenz sowie die Glukosetoleranzschwelle der Probanden abgerufen werden, ferner die Sauerstoffverwertung ihres Gehirns und so ziemlich alle Daten über ihren Gesundheitszustand. Unser Büromensch verzichtet auf diese Informationen. Ihm widerstrebt das unheimliche Gefühl, in das Innere des Körpers anderer Menschen hineinzusehen, obwohl die Probanden erlaubt haben, daß die Daten von den Meßfühlern, deren Implantation eine Bedingung der Gentherapie war, für die Öffentlichkeit freigegeben werden.

Statt dessen sucht er auf dem Bildschirm die neuesten Nachrichten über den Kryo-Aufstand. Eigentlich handelt es sich nicht um einen Aufstand, aber die Journalisten haben mit dieser Formulierung Schlagzeilen gemacht. In Wirklichkeit handelt es sich allenfalls um Geplänkel, das ein paar Mal im Monat ausbricht und sich gegen Firmen richtet, die tiefgefrorene Leichen lagern. Das Einfrieren von Personen mit Krankheiten im Endstadium fing kurz nach 2010 an, und es heißt, daß inzwischen Tausende in einem Zustand zwischen Leben und Tod gehalten werden. Die Konflikte brachen auf zwischen den Angehörigen von denen, deren Körper konserviert wurden, und anderen, die ein Verbot der Gefrierkonservierung fordern, um die Überbevölkerung zu stoppen. Neuerdings ist die Kontroverse besonders heftig.

Der Anführer der Kryonikbefürworter schlägt vor, einige der konservierten Körper ins Leben zurückzuholen und ihnen die Chance zu geben, am Projekt »Langes Leben« teilzunehmen. Die aktuellen Nachrichten melden, daß sich die Liga für Kryonik gespalten hat. Viele finden den Vorschlag verfrüht; andere bestehen darauf, daß jedermanns Angehörige, außer ihren eigenen, als erste die Behandlung versuchen sollten.

Jetzt klappt unser Büromensch seine Zeitung zu, steckt sie in die Tasche und lehnt sich zurück, um wie jeder in diesen Tagen darüber nachzudenken, was es bedeuten wird, sollte das Projekt »Langes Leben« erfolgreich sein. Heute in fünfzig Jahren wird er länger als ein Jahrhundert gelebt haben. Sein zweites Kind ist dann fünfzig, das älteste siebzig und wird vielleicht in Rente gehen. Lange vorher wird die Gentherapie denen, die es wünschen, sicherlich hundert zusätzliche Lebensjahre bescheren.

Werden seine Hirnströme in ferner Zukunft – vielleicht in 100, 150 oder gar 200 Jahren, von heute an gerechnet – weiterhin elektrische Impulse aussenden? Werden seine Zellen mit winzigen Sendern versehen sein, um der Welt seine Mißachtung des Todes zu verkünden? Und werden womöglich im gesamten All fremde Menschen in öffentlichen Parks sitzen und die neuesten Informationen über ihn lesen wollen?

Der Stamm des 400jährigen Redwoodbaums in seinem Rücken fühlt sich fest und echt an. Er schließt die Augen und hält sein Gesicht den wärmenden Strahlen der uralten Sonne entgegen.

Danksagung

Dieses Buch vereint Einsichten und Erkenntnisse von Hunderten von Denkern und Forschern – von Historikern und Molekularbiologen bis zu Ärzten und Soziologen. Beim Recherchieren und Schreiben habe ich fast 500 Bücher, wissenschaftliche Zeitschriftenbeiträge, Magazin- und Zeitungsartikel gelesen und ausgewertet. Ich bin der Arbeit dieser Autoren zu tiefem Dank verpflichtet. Ich hoffe, daß mein Buch – in bescheidenerem Umfang – zur weiteren Diskussion unter den zahlreichen begabten Menschen beitragen wird, die ihre Aufgabe darin sehen, unsere Gesundheit zu verbessern und unser Leben zu verlängern.

Außerdem danke ich Steve Goetz, meinem Kollegen am Shoreline Community College, daß er das Manuskript durchgesehen und mir geholfen hat, Fehler auf dem Gebiet zu vermeiden, auf dem er forscht und lehrt – der Biologie.

Literaturhinweise

Beauvoir, Simone de: Das Alter. rororo tb 7095

Fossel, Michael: Das Unsterblichkeitsenzym. Die Umkehrung des Alterungsprozesses ist möglich. Piper, München 1996

Franke, Hans: Hoch- und Höchstbetagte. Ursachen und Probleme des hohen Alters. Springer, Reihe Verständliche Wissenschaft 118, Berlin/Heidelberg 1987

Hayflick, Leonhard: Auf ewig jung? Ist unsere biologische Uhr beeinflußbar? VGS, Köln 1996

Prinzinger, Roland: Das Geheimnis des Alterns. Die programmierte Lebenszeit bei Mensch, Tier und Pflanze. Campus Verlag, Frankfurt am Main 1996

Sachverzeichnis